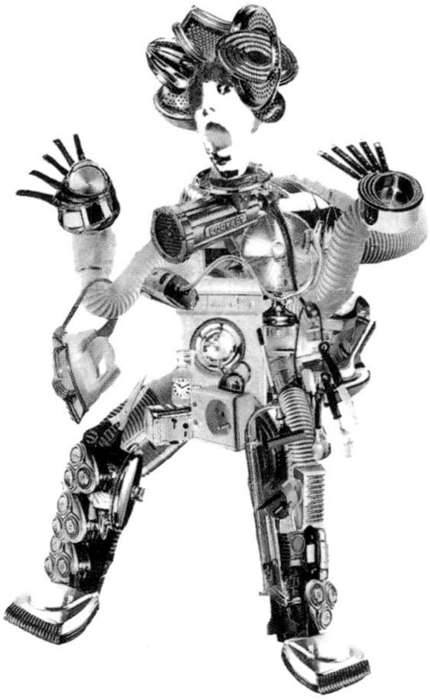

P.

ISBN : 2-84426-057-8
N° d'éditeur 1143
Dépôt légal : octobre 2000

Page précédente :
Personnage de *Angèle Dust et les machines*, collage de Zab, Serial Cleaners, Paris, 2000

Les Bons Génies de la Vie Domestique

Exposition présentée
au Centre Pompidou, Galerie Sud
11 octobre 2000 – 22 janvier 2001

Centre
Pompidou

Centre national d'art et de culture Georges Pompidou

Jean-Jacques Aillagon
Président

Guillaume Cerutti
Directeur général

Alfred Pacquement
Directeur du Musée national d'art moderne-
Centre de création industrielle

Commissaires
Raymond Guidot
Marie-Laure Jousset

L'exposition
Les Bons Génies de la vie domestique
a été réalisée avec le soutien de

Moulinex

PHILIPS

Trium
MITSUBISHI ELECTRIC TELECOM

Que les institutions – et tout particulièrement la Neue Sammlung, Staatliches Museum für angewandte Kunst, Munich, et le Musée Electropolis, Mulhouse –, les entreprises, galeries et personnes privées qui, par leurs prêts ou leurs dons, ont contribué à la réalisation de l'exposition trouvent ici l'expression de notre gratitude

Archives nationales, Centre des archives contemporaines, Fontenaibleau
Bibliothèque Forney, Ville de Paris, Paris
Bibliothèque du film, Paris
Bibliothèque nationale de France, Paris
Centre national de la recherche scientifique (CNRS), Meudon
Cité des Sciences et de l'Industrie, Paris
Cinémathèque française, collection des appareils, Paris
France Telecom, Direction de la communication, Paris
Fonds national d'art contemporain, ministère de la Culture, Paris
Institut national de l'audiovisuel (INA), Bry-sur-Marne
Institut national de la propriété industrielle (INPI), Paris
Laboratoire d'ethnologie, Musée de l'homme, Paris
Musée d'art moderne de la Ville de Paris, Paris
Musée d'art moderne, Saint-Étienne
Musée des arts décoratifs, Bordeaux
Musée des arts décoratifs, Lyon
Musée des arts et métiers du CNAM, Paris
Musée des années 30, Boulogne-Billancourt
Musée national des arts et traditions populaires, Paris
Musée de la Poste, Paris
Musée de la publicité, Union centrale des arts décoratifs, Paris
Musée de Radio France, Paris
Städtische Kunstsammlung Darmstadt, Darmstadt
Stuttgarter Gesellschaft für Kunst und Denkmalpflege, Stuttgart
Union centrale des arts décoratifs, Paris
Vitra Design Museum, Weil-am-Rhein, Allemagne
Zentralstelle Medien, Daten und informationen, Francfort

AEG, Nuremberg, Allemagne
Alcatel, Colombes
Apple Computer Inc., Cupertino, Californie
Apple Computer France, Les Ulis
Atlinks, Colombes
Bang & Olufsen, Struer, Danemark
Braun, Kronberg-im-Taunus, Allemagne
DaimlerChrysler Classic Archives, Stuttgart
Dharma, Paris
Dyson Appliances Ltd, Malmesbury, Royaume-Uni
Elmar Flötotto, Allemagne
Ericsson, Paris
Flos France, Paris
France Telecom, Direction de la communication, Paris
Fuji Films Co., Tokyo
Groupe Electrolux, Senlis
Groupe Moulinex, Paris
Groupe Seb, Lyon
Kartell, Noviglio (Milan)
KitchenAid, Benton Harbor, Michigan
Lars Netopil Classic Cameras, Wetzlar, Allemagne
Lexon, Argenteuil
Miele, Gütersloh, Allemagne
Nikon France, Champigny-sur-Marne
Nokia, Agence 14 juillet, Paris
Philips Design, Eindhoven, Pays-Bas
Philips France, Suresnes
Sharp Corporation, Osaka
Sony France, Paris
Tim Thom, Thomson, Boulogne-sur-Seine
Trium/Mitsubishi Electric Telecom Europe, Nanterre
Tupperware Corp., Orlando, Floride
Whirlpool Europe, Comerio (Varese), Italie
Whirlpool France, Suresnes

Ateliers Jean Perzel, Paris
Olivier Boissière, Paris
Jean-Marie Boursicot, Paris
François Chéry, Paris
Jacque Doillon, Paris
Gero Furchheim, Solms, Allemagne
Galerie de la Corbeille, Paris
Galerie Jacques Lacoste, Paris
Jeanne et Jean-Pierre Guélon, Juvisy-sur-Orge
Sabine et François Hameury-Blanc, Pourrières
Mona Hatoum and White Cube, Londres
Manfred Hubert, Paris
Zizi Jeanmaire et Roland Petit, Paris
Delphine Kohler, Paris
Alain Ménard, Paris
Ernest Mourmans, Maastricht, Pays-Bas
Pierre Péchon, Paris
Jean Plantey, Paris
Jacqueline Poinsot, Paris
Marguerite Prot, Paris
Paolo Quaregna et Mahamane Souleymane
Étienne Robial, Paris
Jacques Rouaud, Paris
Marie-Claude Steger et Aro Jalal, Paris
Roger Von Barry, Paris
Gérard Winter, Paris

Nous remercions enfin tout particulièrement la société Layher pour son concours à la réalisation de la scénographie de l'exposition.

Sommaire

Avant-propos

Avec « Les Bons génies de la vie domestique », le Centre Pompidou renoue avec la mission d'exploration d'un pan essentiel de la culture moderne, la culture du quotidien, qui avait si fortement contribué – grâce à l'activité du Centre de création industrielle – à façonner son identité, et à asseoir son succès auprès du public.
En choisissant de programmer une importante manifestation consacrée aux « Arts ménagers », l'institution entend ainsi réaffirmer sa vocation de considérer, dans un même regard, ce qui relève de champs trop souvent cloisonnés, ceux de l'esthétique, de la sociologie, de l'industrie, de la technique... De croiser l'histoire des formes avec celles des idées, des sensibilités et des sociabilités au long de notre siècle.
Cette exposition, au titre malicieux à dessein, témoigne également de l'attachement du Centre à une définition ouverte, vivante et généreuse de la modernité. Cette définition inclut, en premier lieu, toutes les formes de création, arts visuels, architecture, design, spectacle, musique... qui doivent trouver au Centre les conditions de leur étude, de leur soutien, et de leur diffusion auprès du plus large public, mais embrasse également le vaste espace des sciences humaines et des sciences sociales.
« Les Bons génies » constituent donc une invitation à mettre en perspective, sur l'ensemble du siècle écoulé, des écoles ou mouvements esthétiques, comme le Bauhaus, le fonctionnalisme ou le « streamline »..., des courants idéologiques, comme l'hygiénisme, des avancées technologiques – liées notamment à l'apparition de matériaux nouveaux –, et des mutations sociales majeures, comme l'évolution du rôle des femmes ou les modifications de la structure de la cellule familiale. L'enjeu de ce projet dépasse donc de loin l'anecdote ou la nostalgie, puisqu'il vise à établir la cartographie d'un siècle d'invention du quotidien, et à esquisser avec liberté ses possibles devenirs.
Je tiens à remercier toute l'équipe qui, autour de Marie-Laure Jousset et Raymond Guidot, ses commissaires, a pris part à la réalisation de cette exposition, et à exprimer ma vive gratitude aux sociétés Moulinex, Philips et Mitsubishi Electric Telecom qui ont eu la générosité de s'y associer.

Jean-Jacques Aillagon
Président du Centre national d'art et de culture
Georges Pompidou

Ces appareils qui nous ménagent

En consacrant une exposition à ces appareils de la vie domestique qui nous rendent l'existence plus facile et plus agréable, le Centre Georges Pompidou reconnaît à ce domaine de la production industrielle le mérite de proposer à l'homme « moderne » des objets utilitaires complexes, dont l'importance culturelle s'impose désormais : fabriqués en grande série, ils ont largement contribué aux changements de modes de vie qu'ont connus, tout au long du XXe siècle, les habitants des pays industriels. En évolution technique constante, ils se sont peu à peu rendus indispensables aux consommateurs plus ou moins impénitents que nous sommes. Les fondateurs du pop' art ne s'y sont pas trompés qui, dès la fin des années cinquante, ont fait de l'esthétique du produit « de grande consommation » la source d'une nouvelle expression artistique. Aux côtés de paquets de lessive, de bouteilles de Coca Cola et autres bombes insecticides, ont accédé ainsi au domaine de l'art des lave-linge, des réfrigérateurs, des ventilateurs, des téléphones, des postes de radio... Représentés par le dessin et la peinture, ou simplement montrés dans leur réalité physique et tridimensionnelle, ces objets usuels, produits en série, apparaissent comme composants essentiels d'œuvres en prise directe avec leur temps. Ce n'est donc pas par simple goût du paradoxe que les instigateurs des « Bons Génies de la vie domestique » leur ont livré un espace que l'on pouvait supposer dévolu à l'œuvre contemporaine, unique et singulière.

Il s'agissait de montrer que la conception de ces « appareils » – prolongateurs de la main, voire stimulateurs de l'ouïe et de la vue – explique particulièrement bien le sens profond du design : peu ou prou héritiers d'ustensiles simples mais efficaces que nos ancêtres avaient conçus pour mieux accomplir les tâches essentielles à la vie de chacun ou du groupe, ils sont très représentatifs d'une union réussie entre la logique de fonctionnement et la logique de la forme.

Ainsi le parcours de l'exposition retrouve-t-il tout naturellement celui de l'histoire du design, et plus précisément du design industriel. Il en rappelle les origines lointaines, évoque les courants qui l'on traversée au cours du XXe siècle, et s'attache à souligner à quel point le temps de la révolution industrielle – qui est aussi celui des sciences appliquées – a définitivement relégué les ustensiles au rang d'accessoires, au bénéfice d'appareils dont le rôle consiste à remplacer l'homme dans ses besognes journalières et à le dépasser dans leur bon accomplissement.

Lorsque les ustensiles de la vie domestique se dotent de mécanismes, dans un premier temps, c'est la main qui les actionne. Mais, dès la fin du XIXe siècle, les sciences appliquées font naître le moteur électrique, qui élimine tout effort musculaire, et vont très vite engendrer des appareils sans précédents, notamment ceux qui permettent l'enregistrement et la restitution du son, puis de l'image, ou encore la communication à distance.

Partie introductive de l'exposition, ce « retour aux sources » conduit le visiteur des objets superbement archaïques des sociétés traditionnelles aux premiers brevets d'appareils garantissant à leur titulaire, face à la concurrence industrielle en train de naître, le monopole temporaire de leur fabrication.

Parallèlement à la technique est évoqué le rôle joué aux États-Unis par Catherine Beecher et sa sœur Harriet Beecher-Stowe, véritables pionnières qui, en 1869, dans *The American Woman's Home*, définissaient l'organisation rationnelle des espaces de travail dans la maison, avec une attention toute particulière pour la cuisine. Les idées contenues dans leur ouvrage seront développées vers 1910 par Christine Frederick, émule de Frederick W. Taylor, aux États-Unis, puis, dans les années vingt, par Erna Mayer et Grete Schütte-Lihotzky en Allemagne, ou par Paulette Bernège en France – les préceptes de cette dernière frisant parfois l'excès, pour ne pas dire la caricature.

Pour donner à voir les transformations sensibles qu'ont connues les appareils domestiques, nous avons choisi d'élargir le champ du Salon des arts ménagers, tel qu'il régna en maître à Paris de 1923 à 1983, à celui des images et des sons. Le découpage du siècle en périodes de dix à quinze années nous a semblé être un parti de mise en scène à la fois attrayant et lisible : il situe les objets dans une évocation des contextes d'utilisation correspondant à ce que l'époque offrait de plus exemplaire – mobilier, luminaires, tissus d'ameublement, papiers peints, etc. –, et correspond aux différents moments de l'histoire du design.

Ces transformations sont d'abord d'ordre technique puisque, après l'heure du moteur électrique, vient celle de l'électronique puis de l'informatique, qui s'insinuent au plus profond de la maison pour doter les appareils des perfectionnements issus de la recherche de pointe. En proposant à l'industrie des composants dont le volume ne cesse de décroître, électronique et informatique ont d'ailleurs permis, dans de nombreux cas, d'aboutir à des miniaturisations spectaculaires, qu'il s'agisse de la radio, de la télévision ou de la communication téléphonique.

Outre les immenses progrès techniques intervenus dans les principes mêmes de fonctionnement des appareils, les matériaux qui constituent les composants interne et l'enveloppe ont eux aussi considérablement évolué, et se sont multipliés : depuis que s'est ouvert le « temps des plastiques », les recherches en laboratoire ont offert un large éventail de possibilités aux designers. Les formes et le couleurs des boîtiers et autres éléments de carrosserie visibles de ces objets en témoignent amplement.

Contraints de se plier aux impératifs technologiques et aux exigences ergonomiques visant un plus grand confort d'utilisation, les appareils se sont montrés, pour la plupart d'entre eux, réceptifs aux tendances stylistiques du moment. Aussi assistons-nous à une sorte de défilé, non pas de mode, mais des modes, où les objets sélectionnés se présentent dans leur « plastique » du moment – la ligne souvent massive et austère des ancêtres contrastant avec celle, toute d'aménité, des derniers-nés.

Ce défilé s'accompagne d'un important programme audiovisuel, dont les images de grandes dimensions proposent des séquences d'actualités et de spots publicitaires, cinématographiques d'abord, télévisuelles ensuite. Ce périple au long du XXe siècle accorde une place particulière à l'évocation du Salon des arts ménagers, manifestation annuelle typiquement française qui se tint à Paris pendant soixante ans – la première, modestement intitulée « Salon des appareils ménagers », remonte à 1923.

Point final – ou d'interrogation – du propos, les années 2***. Le futur proche, avec ses parts relatives de prévisible et d'imprévisible, est suggéré sous forme d'impromptu : sur trois grands écrans, un personnage imaginaire, Angèle Dust, évolue dans un monde fantastique peuplé d'appareils d'aujourd'hui et de concepts-objets à l'existence encore incertaine – anticipations présentes dans le dernier tronçon du parcours, sous forme de prototypes ou de maquettes prêtées par les firmes qui, dans leurs bureaux d'études, s'ingénient à créer le beau et l'utile de demain.

Raymond Guidot, Marie-Laure Jousset
Commissaires de l'exposition

Françoise Cousin

Vie domestique, ailleurs : la main et l'outil

Qu'appelle-t-on « activités de la vie domestique » ? Définir ces activités comme l'ensemble de celles qui, dans une société donnée, sont quotidiennement nécessaires à la survie du groupe familial – de la *domus* – manque de précision. Qu'y a-t-il de commun, en effet, entre la vie domestique à Paris, au seuil du XXIe siècle, et celle que l'on pouvait observer dans un village alpin ou breton quelques décennies plus tôt [1] ? Et quel intérêt y aurait-il à comparer le quotidien d'un village d'agriculteurs ou d'un campement d'éleveurs nomades avec celui d'une famille malienne, indienne ou amazonienne, sinon de rendre visible, palpable, l'évidence que ce quotidien dépend de l'environnement, de l'action d'un groupe sur cet environnement, de son organisation sociale et, enfin, de son « milieu technique » ? La présence de professionnels ou, à l'inverse, leur absence permet notamment de préciser l'étendue du champ des activités de la vie domestique dans une société donnée.

Si les aspects matériels de ces activités – les unes liées à l'espace domestique, d'autres aux personnes – s'illustrent particulièrement bien dans l'outillage qu'elles mettent en œuvre, cela ne signifie pas pour autant que des rituels religieux ou profanes ne peuvent y trouver leur place : la protection d'une maison dépend certes de la solidité de sa construction ou de celle de son toit, mais aussi de la présence d'un talisman ou d'un signe bénéfique, de la pratique quotidienne ou occasionnelle d'une cérémonie privée.

À travers les acteurs, les outils et les gestes, quelques exemples permettront d'évoquer la variété des situations nées de modes de vie différents.

Fabriquer et entretenir l'espace domestique La maison, au sens large, fait l'objet de soins qui délimitent l'espace domestique tout en assurant son intégrité. Sa construction ou la fabrication du mobilier ne nécessitent pas toujours l'intervention de professionnels : édifier la hutte chez les Peuls, la yourte chez les Mongols, l'abri précaire chez les éleveurs transhumants de l'Inde, la tente chez les Touaregs constitue une activité domestique sinon quotidienne, du moins qui se répète à un rythme régulier. De même, réaliser une maison d'agriculteurs sédentaires, ou l'agrandir, peut relever du groupe domestique, lequel aménage les volumes en fonction de sa composition et de la place de chacun, de son rôle public et privé, mais aussi en fonction des besoins collectifs [2]. Cette architecture à la carte requiert un entretien et des soins réguliers : on s'attelle

1. Voir, par exemple, Pierre-Jakez Hélias, *Le Cheval d'orgueil. Mémoires d'un Breton du pays bigouden*, Paris, Plon, coll. « Terre humaine », 1975.
2. La construction d'une maison par ses occupants permet d'aménager l'espace à sa guise, de prévoir ici une niche pour recevoir les jarres à eau, là quelques marches pour accéder à une terrasse, ou encore un foyer pour la préparation des repas.

À la halte, les éleveurs transhumants du Rajasthan (Inde) installent une tente sommaire et fabriquent un foyer précaire pour la préparation du repas.

Des femmes dament la terrasse d'une maison au Burkina Faso.

Page de gauche :
Dans les villages du Rajasthan, la mouture des céréales se fait quotidiennement sur une meule manuelle à mouvement circulaire. Aujourd'hui, toutefois, un moulin électrique ou à essence est installé dans les villages, permettant la mouture en grande quantité du blé, mais pas des autres céréales.

Calandrage domestique du linge au Danemark.

Dans les pays scandinaves, jusqu'à la fin du XIXe siècle, le repassage des tissus se faisait à froid, à l'aide d'une planche à calandrer, le tissu étant enroulé autour d'un cylindre de bois.

Le repassage par martelage, qui renforce le brillant des tissus, est pratiqué par des professionnels. Guinée, Fouta Djalon.

Tissage sur le métier à tisser amérindien, à Nebaj, dans le nord du Guatemala.

Chez les Kabyles, en Algérie, la poterie fait partie des activités domestiques. Ici, la transmission du savoir de mère à filles.

à la réfection des revêtements pour des causes climatiques ou rituelles – les unes n'excluant d'ailleurs pas les autres, puisque les changements de saison correspondent souvent à des périodes où le besoin de protection matérielle et spirituelle se fait particulièrement sentir.

Si, d'une manière générale, l'entretien quotidien s'effectue tout simplement avec des balais et de l'eau, il n'est pas toujours assuré par un membre de la maisonnée. Ainsi, dans certaines familles indiennes, le ménage est confié à des professionnels, souvent rémunérés en nature, dans une relation d'échanges de services respectant la hiérarchie sociale.

La production d'objets de la vie quotidienne, notamment le tissage de tapis et de couvertures, peut faire aussi partie intégrante des activités domestiques, tout comme la poterie : en Kabylie, par exemple, chaque femme réalise les récipients qui lui sont nécessaires pour la cuisine, le stockage de l'eau, l'éclairage, et la décoration de la maison.

Se vêtir Parmi les soins apportés aux personnes, les vêtements constituent un volet important des activités domestiques, où, là encore, l'intervention de professionnels varie très sensiblement selon les sociétés. Aujourd'hui, dans nos sociétés occidentales, le lavage, le repassage et le raccommodage du linge s'effectuent encore dans le cadre domestique, même s'ils sont parfois confiés à des membres extérieurs à la famille ou réalisés par des machines. Mais, sauf de rares exceptions individuelles, le tissage et la confection des vêtements et, a fortiori, la réalisation de leurs décors échappent maintenant à cette sphère, alors même que, jusqu'à une date relativement récente, savoir tisser et avoir réalisé son trousseau était pour les jeunes filles une condition préalable au mariage dans les communautés rurales européennes.

En revanche, dans bien des sociétés, comme en Afrique du Nord, tisser vêtements et tapis fait partie du quotidien de la plupart des femmes berbères. Dans les sociétés amérindiennes, où le tissage constitue une activité importante, les femmes exécutent certaines pièces vestimentaires nécessaires au groupe familial, alors que les hommes ont investi le domaine du tissage professionnel. Cette spécialisation s'accompagne d'une différenciation dans les produits réalisés et dans l'équipement : l'attachement des femmes au métier à dossière garantit la permanence du tissage à quatre lisières, liée à la fonction symbolique de ces tissus [3], tandis que l'adoption du métier à pédales a accompagné le développement d'un artisanat textile masculin. Toutefois, là où l'organisation sociale a mis en place des groupes professionnels, tissage et confection de vêtements, voire lavage et repassage, sont volontiers confiés à des spécialistes extérieurs à la sphère domestique ; c'est le cas, par exemple, au Mali et en Guinée.

Parmi les techniques de décoration textile, la broderie occupe une place à part. Nécessitant un matériel limité, elle est un des champs de l'activité domestique, souvent féminine, où s'expriment le plus nettement à la fois un style décoratif spécifique propre à un groupe et une liberté individuelle d'interprétation.

Le jus toxique des tubercules de manioc est extrait par étirement de la « couleuvre ».
L'élasticité de cette presse est obtenue par une technique particulière de vannerie. Ce type d'objet, illustré ici par un exemple pris chez les Wayãpi de Guyane, est présent dans toute l'Amazonie.

Se nourrir Des soins aux nouveau-nés aux diverses pratiques d'hygiène, l'entretien des corps appartient largement au domaine privé. Mais c'est surtout la préparation des aliments qui, par son caractère répétitif et impératif, occupe une grande partie du temps.

Observons la chaîne de transformation des ingrédients et les moyens mis en œuvre, depuis des actions exclusivement manuelles jusqu'à l'automatisation complète.

À partir de quel maillon de cette chaîne se trouve-t-on dans la sphère strictement domestique, c'est-à-dire à partir de quel point la transformation des ingrédients se fait-elle dans le cadre familial ? Tous les cas sont attestés. On peut partir d'un produit brut, non transformé, voire non extrait de son site de production : les tubercules de manioc, aliment de base des Indiens d'Amazonie, sont récoltés à même le champ au fur et à mesure des besoins [4]. Après quoi se succèdent les étapes de la chaîne de transformation – les principales visant à la détoxication des tubercules vénéneux – mettant en œuvre un outillage très spécialisé

Différents outils – pilon/mortier, meule à mouvement linéaire individuelle ou collective – sont utilisés dans un même pays pour broyer divers aliments ; ici au Burkina Faso.

3. Dans les sociétés amérindiennes, les pièces de tissu à quatre lisières sont assimilées à des êtres vivants. Ne pouvant être coupées, elles sont assemblées par couture pour la réalisation des vêtements. Les tissus artisanaux produits par les hommes n'ont pas cette valeur symbolique. Sur ce sujet, voir entre autres Sophie Desrosiers, « Le tissu comme un être vivant ? À propos du tissage à quatre lisières dans les Andes », dans *Lisières et Bordures*, sous la dir. de F. Cousin, S. Desrosiers, D. Geirnaert, N. Pellegrin, Bonnes, Les Gorgones, 2000, p. 117-125.
4. Voir notamment Françoise Grenand, *L'Art et les techniques culinaires des Indiens Wayãpi de Guyane*, Paris, Institut d'ethnologie, coll. « Archives et documents », 1972.

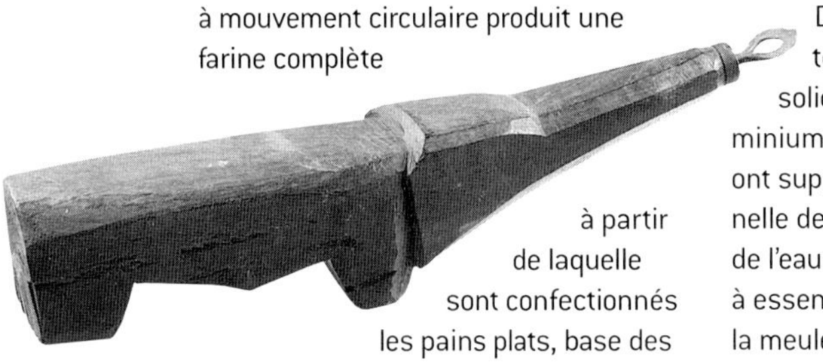

et individualisé. Toutefois, la plupart du temps, un début de conditionnement a été effectué. C'est le cas, en particulier, des céréales : elles peuvent être stockées en épis, ou en grains après battage.

La chaîne de transformation dans le cadre domestique commence alors, s'il s'agit d'épis, par l'égrenage. Sinon, c'est en fonction de l'état de la matière nécessaire à la préparation d'un mets qu'interviendront les différentes étapes. La mouture des céréales sur une meule à mouvement circulaire produit une farine complète à partir de laquelle sont confectionnés les pains plats, base des repas dans l'ouest du sous-continent indien. La séquence pilage-vannage permet d'obtenir des grains fragmentés. Lorsque cette opération est répétée à plusieurs reprises, les fragmentations, de plus en plus fines, sont employées pour des préparations spécifiques en Afrique sahélienne et tropicale : bouillies diverses, couscous, « pâte ». Le couple pilon/mortier et le van, outils les mieux adaptés à cette recherche de variété dans la fragmentation, coexistent parfois avec une meule à mouvement linéaire. En Asie du sud-est et extrême-orientale, l'état de transformation des différentes variétés de riz est un des critères de différenciation des styles culinaires. Enfin, l'utilisation d'un produit fini, par exemple la farine de froment moulue industriellement (restons dans le domaine des céréales), restreint d'autant le champ des activités culinaires domestiques. Le cas extrême consiste à acheter un mets prêt à être consommé.

La définition des tâches domestiques dans le domaine culinaire, et l'utilisation de l'outillage – qui présente tantôt une grande diversité, tantôt une convergence remarquable de formes [5] – sont directement liées à la production et la transformation des ingrédients. Les changements dans les pratiques alimentaires sont particulièrement intéressants à observer de ce point de vue.

Pour les populations immigrées, par exemple, ils ne se situeraient pas seulement lors du déplacement du pays d'origine vers le pays de résidence, mais aussi au moment du passage du village, où se réalisait quotidiennement toute la chaîne alimentaire, à la ville, où il leur faut composer avec des produits déjà partiellement ou totalement transformés [6]. À la perte de la source de production s'ajoute celle des repères techniques, donc culturels.

En matière d'outillage, les changements et les évolutions ne datent pas d'aujourd'hui. Emprunts et innovations ont permis la réalisation ou l'adoption d'outils nouveaux, à condition que ces derniers soient adaptés à leur fonction et, éventuellement, à des contraintes d'ordre idéologique ou symbolique.

Dans de nombreux pays, compte tenu de leur légèreté et de leur solidité, la matière plastique ou l'aluminium des seaux et bidons modernes ont supplanté la céramique traditionnelle des jarres servant au transport de l'eau ; le moulin communautaire à essence ou électrique a remplacé la meule manuelle individuelle dans la plupart des villages de l'Inde, la mouture des céréales quittant alors l'aire domestique pour l'espace villageois.

En résumé, les acteurs intervenant dans les activités quotidiennes n'ont pas toujours la même position, ni le même statut : ils peuvent être des professionnels ou des membres de la famille. Les rôles attribués aux uns et aux autres selon leur sexe ne sont ni universels ni éternels. L'observation des outils montre que les solutions techniques peuvent être aussi fort différentes ou, au contraire, d'une très grande homogénéité. Enfin, la persistance d'un type d'outils n'est pas synonyme d'immobilisme : changement dans les formes, les matériaux ou dans les moyens d'action sur la matière accompagnent l'évolution des activités quotidiennes dans toutes les sociétés.

Françoise Cousin
Musée de l'homme, Paris

Une grande parenté de forme, intégrant une partie siège et une lame dentelée, caractérise les râpes à noix de coco employées sur toute la ceinture tropicale où ce fruit est présent, de l'Océanie à l'Afrique orientale.

Ci-dessus : Îles Marquises, Thaïlande, Malaisie, Cambodge, Tanzanie.

5. Voir *Histoires de cuisines*, guide de l'exposition présentée au Musée de l'homme, Paris, MNHN, 1996.
6. C'est du moins ce qui ressortait des exemples présentés lors des journées d'étude de la Société d'ethnologie française sur « Le métissage culinaire » organisées en 1997 au Musée national des arts et traditions populaires et au Musée de l'homme par Françoise Cousin et Marie-France Noël.

Les ancêtres de nos appareils ménagers

En Occident, les sociétés traditionnelles n'ont pas toujours accordé à la vie domestique, à la vie familiale au sein du foyer, la place prépondérante que nous connaissons ; Philippe Ariès [1] a montré comment un goût nouveau pour l'intimité et pour une vie privée fondée sur la vie familiale se répand dans l'aristocratie française au XVIIIe siècle. La bourgeoisie imite et impose ce modèle qu'elle perçoit comme favorable au règne de l'ordre et de la moralité.
En corollaire, l'espace dont dispose la famille augmente, et la pièce unique, dont Daniel Roche [2] estime qu'elle est le lot des deux tiers de la population française à la fin de l'Ancien Régime, est moins souvent la norme. Avec la chambre distincte de la « salle », l'organisation de la vie domestique change pour une plus grande spécialisation des espaces, des circulations, des rangements. Peu à peu, on possède plus de mobilier et plus d'objets pour assumer les tâches liées à l'alimentation, à l'habillement, aux soins des enfants et à celui du ménage, ces activités devenant de plus en plus complexes par l'effet conjugué d'un meilleur niveau de vie et du développement des échanges.

L'alimentation S'occuper de la nourriture est incontestablement la plus absorbante et la plus répétitive des activités ménagères jusqu'au début du XXe siècle. De l'approvisionnement à la cuisson, les étapes sont nombreuses, car les produits que l'on trouve à la ferme ou au marché sont vendus sans aucune transformation. Laver, éplucher, râper, couper, hacher, piler, écraser, égoutter, pétrir, mouler... quantité de gestes sont nécessaires avant même que de cuire ; et cuire c'est encore surveiller, retourner, contrôler, arroser... Cuire c'est aussi se donner les moyens de disposer en temps voulu d'une source de chaleur, la préparer, l'entretenir, en maîtriser la vigueur, l'adapter à l'aliment, choisir parfois – et donc renoncer à une autre cuisson. La prévoyance est de rigueur. Toutes ces occupations relèvent d'un savoir-faire qui implique un apprentissage et s'enrichit d'un tour de main. Elles conduisent à manier différents outils dont il faut tirer le meilleur parti. Couteaux, couperets et hachoirs ont des formes et des dimensions différentes selon l'usage qui leur est destiné : le tranchelard a une lame longue et étroite ; le couperet de cuisine à manche court et lame forte s'utilise comme une hache pour casser les os ; le hachoir à viande, plus petit, utilisé par frappe, peut avoir un dos en forme d'animal ; avec sa lame cintrée munie de deux poignées à laquelle on imprime un mouvement de bascule, le berçoir hache finement des aliments plus tendres. Le mortier, dans sa forme domestique, permet de réduire en poudre le sel, les épices ou les condiments. Effectuant les mêmes tâches avec moins d'effort, le moulin à sel est constitué de meules en pierre, comme les moulins à céréales ; le moulin à épices est en métal depuis le XVe siècle.

1. Voir Philippe Aries, *L'Enfant et la vie familiale sous l'Ancien Régime*, Paris, Plon, 1960.
2. Voir Daniel Roche, *Histoire des choses banales*, Paris, Fayard, 1997.

Fouet à œufs, 1re moitié du XXe siècle
Fer étamé. France
Musée national des arts et traditions populaires, Paris

***L'Intérieur d'une cuisine*, 1815**
Huile sur toile
Martin Drolling
Musée du Louvre, Paris
Le peintre décrit avec minutie les activités domestiques dans une famille parisienne du XIXe siècle : la cuisine est évoquée par les instruments représentés, âtre avec son tournebroche, potager à gauche, divers ustensiles posés sur des étagères ou suspendus ; la couture se présente comme une sorte d'activité des temps de repos ; le ménage est suggéré par les balais du premier plan, et surtout par la propreté que souligne la lumière entrant à flots à travers la très haute fenêtre pour illuminer un espace dont le sol n'est plus encombré d'objets, comme dans les scènes de genre des siècles précédents.

Crémaillère à dents, porte la date 1843
Fer forgé. France
Musée national des arts et traditions populaires, Paris
La manivelle permet de régler sans effort la longueur de la crémaillère. Un cliquet bloque la roue à la hauteur désirée.

Deux siècles plus tard, ce dernier sert aussi à moudre le café : une noix conique cannelée écrase, dans la cage où elle tourne par l'action d'une manivelle, les grains qui descendent de la trémie supérieure. Il s'agit d'une véritable machine produite par une industrie élaborée, et non par le forgeron. La poudre de café est moulue à la demande par l'épicier, ou par la ménagère si la consommation familiale justifie l'acquisition d'un de ces beaux moulins montés dans une jolie boîte de bois et de cuivre. Le principe du moulin expulse des cuisines les derniers pilons après la mise au point du moulin à légumes en 1932. Enfin, le fouet pour battre les œufs, dont l'ancêtre est à chercher dans le brise-caillé, simple tige végétale branchue, est fabriqué en fils de métal et mécanisé, au début du XXe siècle, par un mouvement à vis centrale et régulateur, puis par un dispositif de manivelle et engrenage.

Du Moyen Âge au XIXe siècle, si le nombre d'ustensiles augmente, leur forme n'évolue guère et ne présente pas de différences fondamentales d'une région à l'autre, d'un pays à l'autre. L'archéologie médiévale pratiquée dans différents pays d'Europe sur des sites de villages abandonnés montre l'usage universel de couteaux de métal, d'oules à cuire en terre cuite dont le fond arrondi doit être calé dans les braises ou sur un réchaud, de cuillères de bois, de systèmes de crémaillères auxquelles on suspend une marmite de métal au-dessus d'un foyer. Ces recherches ont montré que partout, dans l'habitat pauvre, prédominaient les foyers au milieu de la salle, la fumée s'évacuant par une simple ouverture du toit. La cheminée adossée, dont la forme varie selon les régions, témoigne d'un mode de construction plus élaboré.

Lorsqu'au XVIIe siècle les Européens émigrent en Amérique du Nord, ils emportent leurs outils professionnels et domestiques. Quelques-uns peuvent alors subir un métissage dû aux nouvelles conditions de vie ou à un nouvel aliment, mais le plus souvent l'équipement de la maison conserve les caractéristiques de l'Europe. En revanche, un tri s'effectue entre les solutions adoptées par les différentes régions européennes, tri qui sélectionne la forme la plus adaptée au nouveau pays ; les colons de Nouvelle-France renoncent à la vaste cheminée à hotte de leurs régions d'origine au profit de la petite cheminée, puis, dès la fin du XVIIe siècle, du poêle, plus efficace en climat rigoureux.

L'exploitation d'un feu ouvert pour chauffer et cuire nécessite des outils qui, pour la plupart, ont été mis au point avant le Moyen Âge. Il s'agit principalement des chenets, de la crémaillère, du trépied, du cale-pot.

Destinés à maintenir les bûches et à les surélever pour faciliter le tirage, les chenets utilisés dans un foyer central sont symétriques afin de retenir les bûches de part et d'autre. Pour l'âtre des cheminées adossées, ils sont devenus asymétriques, avec une seule tige verticale à l'avant ; cette dernière peut être très haute et répondre par ses accessoires à différents besoins des opérations de cuisson : crochet pour supporter la broche, le manche de la poêle, les instruments à feu, corbeille pour contenir une écuelle dont on veut conserver le contenu au chaud.

La crémaillère sert à suspendre au-dessus du feu, mais à une distance réglable, un récipient muni d'une anse supérieure, chaudron ou bouilloire à eau ; différentes conceptions permettent ce réglage : la crémaillère à anneaux et crocs, inventée durant le Second Âge du fer, s'est maintenue dans le Sud, espace où, par îlots – en Corse, en Navarre espagnole et même en Bresse –, la cheminée centrale a perduré. Associant des anneaux et des éléments munis de crochets, c'est une sorte de grosse chaîne qui peut être très longue et se raccourcir à volonté. Pour les cheminées adossées, le Moyen Âge inventa la crémaillère à dents faite de deux tiges coulissantes ; un étrier retient à la hauteur souhaitée la tige dentée à laquelle est suspendue la marmite. Les forgerons ont apporté des améliorations techniques pour un réglage plus commode – dont un modèle à manivelle – et le raffinement d'un décor figuré : étrier en forme de coq, inscriptions, éléments en cuivre. La crémaillère était devenue le symbole du foyer, lui-même symbole de la famille.

Prisée depuis toujours pour traiter gibier et volailles, la cuisson à la broche exige une intervention permanente pour tourner la tige métallique. On a donc cherché à mettre au point des automatismes. De nombreuses gravures montrent ces ingénieux systèmes : tournebroche à air chaud au XVe siècle, à poids au XVIe, à ressort à la fin du XVIIIe. Le tournebroche a été décrit comme le premier instrument mécanisé de la cuisine [3].

3. Voir Raymond Lecoq, *Les Objets de la vie domestique*, Paris, Berger-Levrault, 1979 ; voir aussi Bertrand Gille, « Le premier appareil automatique au foyer : le tournebroche », *Culture technique*, n° 3, septembre 1981.

La cuisson au gril est plus simple, mais le banal gril à manche qui supporte la viande, le poisson ou les fruits au-dessus d'un tapis de braises peut être perfectionné avec un plateau tournant. De la même manière, le grille-pain pivotant évite d'avoir à repositionner la tranche de pain devant le feu.

L'âtre n'épuise pas les modes de cuisson. Le pain ou les ragoûts nécessitent en effet d'autres dispositifs : le four à pain et le potager.

Le four à pain s'inscrit en France dans une séquence historique complexe ; la féodalité soumet à l'impôt le four banal, d'usage obligatoire. Échapper à cette contrainte et avoir le droit de construire et d'utiliser son four est une liberté conquise lentement. Toutefois, dans bien des régions, la cuisson familiale ne fait pas partie des représentations fortes, et le four communal anticipe la présence de boulangers vécue comme un progrès. En Amérique du Nord la ménagère fabrique ses pains, utilisant selon les cas la farine blanche, la farine complète, voire la farine d'orge. Ces réserves multiples de céréales moulues et l'espace nécessaire au pétrissage de la pâte font partie intégrante de la cuisine familiale américaine jusqu'au XXe siècle.

Pour la cuisson lente des ragoûts on recourt aux réchauds à braises ; tableaux et gravures les montrent dans l'âtre ou devant celui-ci, posés au sol. Ils sont en terre cuite ou en métal. L'alternative à cet objet est le potager, construction en maçonnerie adossée au mur, à hauteur d'appui ; une table de pierre, de métal ou de céramique percée de plusieurs trous munis d'une grille constitue le dessus ; la façade est ouverte pour permettre le tirage lorsqu'on y fait brûler le charbon de bois. Le potager peut se trouver à côté de la cheminée, dont il est le complément, ou même à l'intérieur de celle-ci, sous la hotte – encore que le choix d'un endroit éclairé, sous une fenêtre, ne soit pas rare. Ce mode de cuisson très répandu dans toute l'Europe était si indispensable à la cuisine du XIXe siècle que l'on a fabriqué des meubles potagers pour les maisons qui en étaient dépourvues.

Même si, de près ou de loin, ces dispositifs apparaissent comme les ancêtres des cuisinières, c'est le poêle de l'Europe du Nord-Est qui constitue la filiation directe ; la cuisinière construite en briques au XVIIe siècle conservée au musée Westercamp, à Wissembourg, en offre un bon exemple. Transposée au siècle suivant en métal, tôle ou fonte, munie de perfectionnements comme

Mécanisme de tournebroche à poids, XVIIIe siècle
Fer forgé, tambour en bois
Région de Niort, France
Musée national des arts et traditions populaires, Paris

Rôtissoire italienne, 1670
Gravure d'après B. Scappi
Bibliothèque nationale de France, Paris

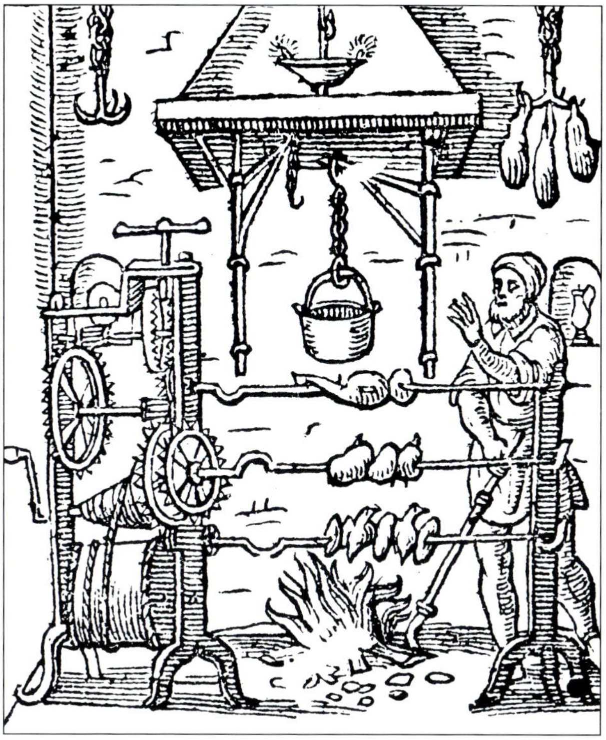

ceux dont la dote l'Anglais Rumford, mobile, alimentée au charbon, plus efficace que le bois, elle associe surface chaude qui peut s'ouvrir pour un contact direct avec le feu, four et chaudière à eau. Fabriquée en série par l'industrie, elle sera la première modernité des foyers urbains et ruraux. Enfin la cuisinière à gaz, moins polyvalente puisqu'elle perd la production d'eau chaude, mais plus propre, permet d'accéder à un grand mythe moderne : l'immédiateté.

Les ustensiles de cuisine subissent des transformations pour s'adapter physiquement à la cuisinière : les casseroles doivent impérativement avoir des fonds plats, le gaufrier devient rond pour s'ajuster sur l'ouverture des rondelles, la poêle à frire n'a plus besoin d'un manche aussi long. D'autres tombent en désuétude, parfois provisoirement, comme la rôtissoire de céramique ou de tôle qui renvoyait la chaleur sur la pièce à cuire et récupérait le jus ; la cuisson au four devient plus fréquente.

L'utilisation de l'électricité a suscité moins d'enthousiasme en Europe qu'outre-Atlantique. En abolissant la flamme, restée longtemps un outil d'évaluation et un symbole utile pour la ménagère, cette énergie invisible rompt avec une culture. D'autant qu'elle rend les ustensiles de cuisson indépendants de la cuisinière, voire de la cuisine : bouilloire, cafetière, grille-viande, gaufrier, pierre à cuire, et même certaines poêles et casseroles américaines dans les années cinquante, permettent de s'affranchir d'un point de cuisson spécifique.

Rôtissoire et sa broche, 2e moitié du XIXe siècle
Terre vernissée, broche en fer forgé
Sarthe, France
Musée national des arts et traditions populaires, Paris

Cafetière à filtre, fin du XIXe siècle

Fer émaillé. France

Musée national des arts et traditions populaires, Paris

Moulin à café, début du XIXe siècle

Bois, acier et cuivre. France

Musée national des arts et traditions populaires, Paris

L'habillement La fabrication des textiles à partir de fibres animales ou végétales constituait une activité féminine, au moins dans sa première phase, la fabrication du fil. En gardant les troupeaux, parfois debout, ou le soir à la veillée, les femmes étiraient en les tordant les fibres maintenues sur une quenouille. Le rouet mécanise la deuxième phase de travail : tordre le fil et l'embobiner. Il est beaucoup plus rapide, mais implique une position sédentaire. Sous sa forme élaborée, c'est-à-dire muni d'un épinglier, il se répand en France à la fin du XVe siècle.

Les mises en œuvre du fil ainsi fabriqué sont variées : tissu, tricot, dentelle. Dernier tissage domestique en France, les rubans ont été fabriqués en Auvergne jusqu'à la fin du XIXe siècle. Avec la très élémentaire passette à rubans[4], sorte de peigne séparant en deux nappes un faisceau de fils fixés à une chaise ou à tout autre support, l'on peut tisser des bandes étroites – rubans pour l'habillement ou sangles servant à maintenir les bébés dans leur berceau. Pour le reste, les tisserands de village se chargent un peu partout de fabriquer les pièces d'étoffe à partir du fil préparé par chaque famille, avant que les circuits industriels et commerciaux ne centralisent la production des tissus.

Passettes à rubans, 1re moitié du XIXe siècle

Bois. Auvergne, France

Musée national des arts et traditions populaires, Paris

Rouet à filer et quenouille, vers 1890

Bois, mouille-doigt en étain

Soupir, Aisne, France

Musée national des arts et traditions populaires, Paris

La confection des vêtements ou du linge fait partie des activités domestiques et des savoir-faire des femmes jusqu'à une période récente. L'aiguille est pendant longtemps le seul outil nécessaire. Les premiers essais de machine à coudre mécanique ont lieu en Allemagne en 1735 pour un usage artisanal. Puis l'Américain Elias Howe invente en 1845 la technique, déterminante, du point noué. Dopée par des méthodes de vente révolutionnaires, la production d'Isaac Singer atteint 10 millions d'exemplaires en 1891. Destinée à un usage aussi bien artisanal que domestique, la machine à coudre mécanique s'exporte dans toutes les colonies d'Amérique, d'Asie ou d'Afrique, où beaucoup sont encore en activité.

Le tricotage, répandu en Europe depuis le XVIe siècle, est une autre façon de confectionner des vêtements, bas et chaussettes en particulier, réalisés à quatre aiguilles. Pour la fabrication des chandails et de la layette qui a marqué la première moitié du XXe siècle, on a conçu des machines à tricoter mécaniques, puis électriques, mais leur diffusion n'a jamais atteint celle de la machine à coudre.

La propreté L'entretien du linge, du corps et de l'espace domestique sont

4. Voir André Leroi-Gourhan, *L'Homme et la Matière*, Paris, Albin Michel, 1943. « La grille à mouvements verticaux semble très ancienne et sa répartition en Europe s'étend de la Laponie à la Méditerranée ; elle est restée en usage en France jusqu'au XIXe siècle. »

Femme faisant la lessive, vers 1890-1900
France

Battoir à linge, XIXe siècle
Bois. Camargue, France
Musée national des arts et traditions populaires, Paris
Les battoirs décorés étaient généralement des cadeaux de mariage.

des besoins plus tardifs, profondément culturels, qu'il faut mettre en relation avec les usages de l'eau, l'histoire de la lumière, le statut social du corps[5].

La propreté du linge, son lavage et son repassage ne sont pas des tâches véritablement domestiques avant le XXe siècle. En ville, on donne à laver aux lavandières qui vont exercer leur métier au bord des rivières ; à la campagne, c'est une activité saisonnière qui réunit les femmes d'un quartier dans des relations croisées d'entraide intégrées à une sociabilité forte. Le coulage de l'eau chaude à travers la cendre sur le linge rassemblé dans une cuve de bois ou de céramique se fait dans les cours, sous abri sommaire, les opérations telles que brossage, rinçage, essorage et étendage au soleil – gage du « blanchissage » des toiles bises – s'effectuant là où se trouvent l'eau et l'espace. Le terme « lavage » remplace celui de blanchissage lorsque l'activité devient banale, qu'elle entre à la fois dans la maison et le temps quotidien[6]. L'introduction de la machine à laver achève de matérialiser cette évolution, mais la lessiveuse de fer étamé avait déjà quitté les buanderies pour les cuisines et pénétré les logements urbains dès lors que l'eau y était disponible. Nouveaux objets pour

5. Voir Jacques Revel, « Les usages de la civilité », dans *Histoire de la vie privée*, Paris, Éditions du Seuil, 1986, t. 3 (De la Renaissance aux Lumières).
6. Voir Marie-Cécile Riffaut, « De Chaptal à la mère Denis », *Culture technique, n° 3, op. cit.*, p. 257.

Fers à repasser,
2e moitié du XIXe siècle
Fonte. France
Musée national des arts et traditions populaires, Paris
La fumée des braises s'échappe par les ajours ou par la cheminée.

de nouvelles pratiques, l'une et l'autre sont distinctes de l'univers culturel domestique de la société traditionnelle.

Les changements intervenus dans le domaine de l'hygiène corporelle procèdent en partie du même phénomène d'introduction dans l'univers domestique d'une pratique longtemps exercée à l'extérieur. Afin de proscrire le bain à la rivière, dangereux pour les corps et pour la morale, les pouvoirs publics favorisent les établissements de bains municipaux. Peu à peu, les changements anthropologiques se traduisent par l'émergence d'un goût pour la commodité. La maîtrise des fluides – eau, gaz et électricité – est un paramètre important de l'évolution des modes de vie et de l'architecture au XIXe siècle, dans un mouvement commun issu de la pression des besoins et des révolutions technologiques.

L'entretien de la maison prend tardivement place parmi les activités domestiques. Son apparition est conditionnée par les conquêtes de la lumière, et sa diffusion par l'influence des hygiénistes. C'est dans l'entourage de la marquise de Rambouillet, au XVIIe siècle, que l'architecture savante invente la notion d'espace intérieur lumineux en perçant de très hautes fenêtres placées en vis-à-vis. Ce goût pour la clarté fait que l'on se détourne peu à peu des hôtels et appartements sombres, et finit par influencer l'architecture vernaculaire, malgré l'impôt [7] et la lente diffusion du verre [8]. La fenêtre de menuiserie permet en outre une aération plus facile. La chambre à coucher se substitue au lit clos, les meubles de rangement aux cabinets, en favorisant un moindre encombrement des pièces qui s'individualisent. La notion de rangement émerge. La maison s'éloigne du statut de consommation nécessaire – abri et outil de travail – pour se rapprocher de celui de consommation superflue – lieu de confort. Autant de transformations qui induisent une recherche générale de meilleur éclairage pour sortir du « monde des travaux qui s'arrêtent quand le soleil se couche [9] ». On perfectionne la lampe à huile, on teste d'autres énergies : le gaz, l'alcool, le pétrole. À la notion de confort d'une maison s'ajoute celle d'art de vivre.

Bien qu'avant tout objets d'usage, les « outils » domestiques ont souvent été le support d'une autre dimension, esthétique, technique ou symbolique. Productions artisanales, voire individuelles, certains objets traditionnels présentent un décor qui marque bien la charge symbolique par laquelle on aspire à un meilleur ancrage du couple dans le monde. L'irruption de la technologie répond à une recherche d'efficacité, de performance, qui relève d'une logique de rationalité développée dans la société moderne, sans que l'on puisse dire qu'elle renouvelle définitivement les représentations : plusieurs dizaines de Fêtes des mères marquées par des présents choisis pour une bonne part dans l'équipement électroménager disent bien la continuité des univers culturels. Avant que ces outils n'entrent dans la catégorie des produits de grande consommation, ils ont illustré le concept d'« arts ménagers », association du beau et du technique dans les règles d'une activité domestique.

Chantal Waltisperger
Conservateur en chef du Patrimoine MNATP – CEF

7. Au XVIIIe siècle, le nombre de fenêtres et de portes était un indice servant à fixer le montant de la taille personnelle. L'Angleterre utilisait ce même « signe extérieur de richesse ».
8. Papier ou toile huilés, parchemin ou fines lames de gypse permettaient de clore, tout en laissant entrer la lumière dans les habitations. Ils laissent peu à peu la place au verre plat, dont la technologie se diffuse. L'Angleterre, l'Allemagne et le Nord de la France l'utilisent dès le XVIe siècle. Le Sud de l'Europe ne l'adopte parfois qu'au XIXe siècle.
9. Dans son *Histoire des choses banales, op. cit.*, Daniel Roche parle aussi de « pédagogie de la lumière ».

Moulinex libère la femme ?

« Moulinex libère la femme. » Lancé en 1960, le célèbre slogan publicitaire est encore dans toutes les mémoires. Il n'aurait pu s'imposer avec tant de force s'il n'avait reposé sur une évidence unanimement partagée : le progrès technique diminue le poids des corvées ménagères. L'innovation dont il vantait les mérites – la moulinette presse-légumes – était, certes, relativement modeste, mais il suffit d'extrapoler pour imaginer l'importance de l'allégement théorique que pourraient offrir des appareils chargés d'effectuer des tâches plus lourdes. La palme revient certainement au lave-linge, qui, après la lessiveuse en tôle galvanisée des débuts du siècle, révolutionna véritablement le quotidien ménager des femmes. Et pas seulement ce quotidien-là : la vie tout entière. Il n'est pas exagéré de dire que, sans la « machine à laver », la seconde moitié du XXe siècle n'aurait pu être celle de l'émancipation féminine. La masse de travail que constitue une lessive à la main aurait en effet fortement entravé l'accès des femmes au salariat, condition de leur émancipation.

Donc, en théorie, Moulinex et toutes les autres marques d'appareils ménagers devraient libérer la femme. Or les faits semblent contredire cette thèse. L'analyse des statistiques révèle en effet que le temps consacré aux occupations domestiques n'a cessé d'augmenter à mesure qu'apparaissaient sur le marché de nouvelles inventions. Certes, cette augmentation tient largement au fait que de nouvelles activités sont classées non pas dans la catégorie « travail » mais dans celle intitulée « loisirs » – terme qui, de surcroît, recouvre souvent des types d'activité ambigus, à la fois ludiques et nécessaires à l'amélioration du fonctionnement familial : jouer avec les enfants s'inscrit désormais dans les tâches éducatives, décorer avec créativité le chez-soi est devenu une extension du bricolage. Plus il y a plaisir, plus le travail est efficace. Quoi qu'il en soit, le temps consacré au travail ménager proprement dit ne diminue pratiquement pas. Seule compensation pour les femmes : la participation des hommes s'est accrue. Encore que l'écart entre hommes et femmes reste presque inchangé, puisque, au rythme d'évolution actuelle, il faudrait des siècles pour parvenir à l'égalité dans le partage des tâches ménagères.

Les innovations techniques font gagner du temps – un temps vite employé à développer des activités nouvelles, plus ou moins créatives ou à contenu culturel. Prendre soin des animaux domestiques, entretenir le gazon, peindre et tapisser, « faire le taxi » pour conduire les enfants ici ou là, s'intéresser de près aux pratiques familiales figurent parmi celles qui sont en forte augmentation. Quant à l'image négative habituellement associée aux tâches ménagères – la corvée dont on cherche à tout prix à se débarrasser –, elle ne

« Moulinex libère la femme », 1962
Première version graphique parue dans le catalogue du Salon des arts ménagers

Couverture de *Jours de France*, mars 1958

Stand Rapid'passoire, Salon des arts ménagers, années 50

Moulin à légumes

Brevet d'invention

n° 912.951 demandé

le 17 juillet 1945

RÉPUBLIQUE FRANÇAISE.

MINISTÈRE DE LA PRODUCTION INDUSTRIELLE.

SERVICE DE LA PROPRIÉTÉ INDUSTRIELLE.

BREVET D'INVENTION.

Gr. 9. — Cl. 1. **N° 912.951**

Perfectionnements aux organes d'écrasement des presse-purée et ustensiles similaires.

Société dite : LE MOULIN-LÉGUMES, MANUFACTURE D'EMBOUTISSAGE DE BAGNOLET (M. E. B.), ANCIENS ÉTABLISSEMENTS MANTELET ET BOUCHER (Société anonyme) résidant en France (Seine).

Demandé le 17 juillet 1945, à 13h 40m, à Paris.

Délivré le 20 mai 1946. — Publié le 26 août 1946.

(Demande de brevet déposée au Maroc le 30 janvier 1940. — Déclaration du déposant)

On sait que les presse-purée et ustensiles similaires sont constitués par un récipient dont le fond perforé forme tamis et dans l'axe duquel est monté rotatif un arbre manivelle solidaire d'un organe d'écrasement en contact par sa base avec le tamis. Cet organe d'écrasement est généralement constitué par une palette en forme de rampe, du genre hélicoïdal, dont la partie inférieure est maintenue en contact constant avec la surface supérieure du tamis par un moyen élastique approprié.

Les divers inconvénients suivants ont été constatés avec les presse-purée ainsi constitués :

a. Le mouvement de rotation de l'organe d'écrasement produit par suite du frottement de sa tranche contre le tamis, un bruit fort désagréable et auquel correspond, tout au moins lorsque l'appareil est neuf, une résistance assez importante;

b. Dans le cas d'aliments relativement résistants ou filandreux, ces derniers ont tendance à s'accumuler sous l'organe d'écrasement qui est soumis à un effort transversal de flexion assez important; il est donc nécessaire d'employer pour la constitution de la palette un métal suffisamment épais pour résister à la déformation, ce qui grève le prix de revient;

c. Le meilleur mode d'emploi de l'appareil consiste à animer l'organe d'écrasement de mouvements alternatifs successifs et non d'un mouvement de rotation continu, qui tend à pousser les aliments devant l'organe d'écrasement au lieu de les forcer à traverser le tamis. Or le mouvement de retour en arrière de l'organe d'écrasement correspond à un temps mort de la manœuvre, pendant lequel les aliments ont tendance à passer par dessus la base de l'organe d'écrasement.

Les perfectionnements, qui font l'objet de la présente invention, obvient à ces divers inconvénients; ils sont caractérisés par les points principaux suivants pouvant exister séparément ou en combinaison :

1° La partie inférieure de la palette constituant l'organe d'écrasement comporte à sa base une bande de frottement épousant par sa face inférieure la face correspondante du tamis;

2° Cette bande se prolonge par une rampe ayant, par rapport au tamis, une inclinaison inverse de celle de l'organe d'écrasement;

3° Cette bande comporte sur sa face infé-

6 - 00573 **Prix du fascicule : 15 francs.**

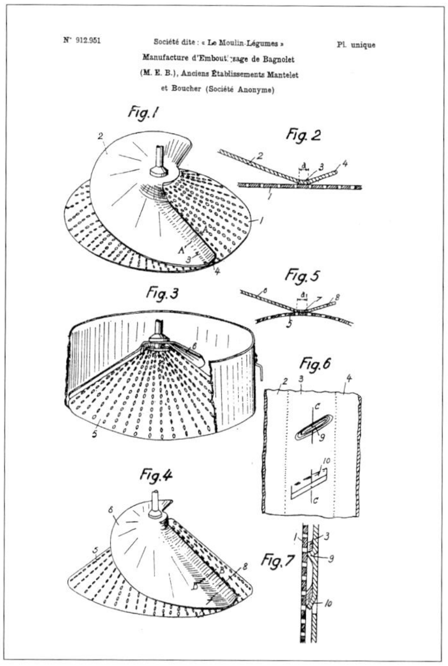

correspond qu'à une part, minoritaire, de la réalité. Si certains gestes peuvent devenir très pénibles dans des contextes précis, la plupart d'entre eux s'inscrivent discrètement dans la fondation quotidienne du fait familial. Nous n'avons pas encore suffisamment compris que la famille se fabrique, jour après jour, avec les mains [1], tout en se tissant dans les échanges relationnels et affectifs. L'essentiel se joue en effet dans la (re)construction permanente du cadre de vie par le truchement d'activités apparemment fort banales, ingrates ou plaisantes : passer le balai, écosser les petits pois, confectionner un bouquet de fleurs. Elles constituent une sorte de matière première de la vie familiale : sans elles la famille serait une pure abstraction. Voilà pourquoi ces menus travaux quotidiens ne sont perçus comme des corvées que dans certains contextes particuliers. Et c'est également pourquoi le temps libre est souvent volontiers rempli par une activité nouvelle. On recourt aux services de « pizza-express » ou au micro-ondes pour passer rapidement à table en semaine, mais on consacrera tout son dimanche à faire des confitures maison « comme grand-mère ».

Technique, rôle, identité Ces quelques notations tiennent simplement lieu d'invitation à comprendre la complexité de l'univers domestique. Ce qui s'y joue n'est rien d'autre que la fabrication du familial et de la part d'identité liée à ce dernier. Les innovations ne peuvent donc s'installer dans cet univers à partir de leurs seuls critères techniques intrinsèques : le gain de temps, la rationalité de l'action. Elles doivent au contraire affronter un poids historique considérable, enfoui au plus profond des pensées et des automatismes corporels, gardien de la culture familiale et des repères identitaires. Rien n'est pire que l'illusion techniciste – l'appareil ménager censé remplacer une corvée – si l'on souhaite comprendre le rôle joué par les machines à l'intérieur des foyers.

Remontons brièvement dans l'histoire pour évoquer les bouleversements qu'a connus l'univers domestique

Passoire mécanique à légumes, 1935

Agrafage du dispositif

1. Voir Jean-Claude Kaufmann, *Le Cœur à l'ouvrage. Théorie de l'action ménagère*, Paris, Nathan, 1997.

depuis un peu plus de cent ans. Au XIXe siècle, dans les campagnes, le quotidien est régi par ce que Guy Thuillier appelle l'« Ancien Régime des Gestes [2] ». Les pratiques étant fixées par la tradition, contrôlées et transmises par la communauté, les innovations ne peuvent être que lentes et infinitésimales. Avec Jules Ferry et la généralisation de l'école (gratuite, laïque et obligatoire) apparaît un nouveau type de savoir, fluide, venu d'en haut, prenant comme support l'individu plutôt que la communauté. Au nom de la science, la tradition est combattue, dans tous les domaines, y compris celui de l'univers domestique. L'idée se forme, enflammant les esprits, qu'il pourrait exister une science ménagère. Dans les premières décennies du XXe siècle, elle s'impose, alors que deux points de vue, très différents, tendent à se croiser. Le premier, d'ordre technico-scientifique, s'appuie sur l'hypothèse d'un progrès des innovations qui ouvre la perspective d'une mécanisation des foyers. Le second, d'ordre social, table sur le retour au foyer des femmes dans l'entre-deux-guerres. La révolution scientifique ménagère a dès lors trouvé son héroïne : la femme moderne et rationnelle, attachée à son intérieur et aux siens.

Pourtant, cette révolution échouera [3]. Et pour deux raisons. La première s'explique aisément. Le retour au foyer ne constitue en effet qu'une parenthèse historique, et va à l'encontre de la tendance à long terme d'émancipation féminine : la femme moderne ne se reconnaît pas dans l'image de la ménagère, aussi dynamique soit-elle, qui lui est proposée. La seconde est plus complexe. L'idée de science ménagère repose sur un présupposé d'universalité du geste (omniprésent dans l'univers de la fabrication des appareils), tout éventuel démenti à ce postulat ne pouvant être que d'ordre technique et affaire de degrés : il y aurait des gestes plus ou moins adaptés, plus ou moins efficaces. Or la réalité est bien autre, et le devient historiquement de plus en plus. Cette divergence résulte pour l'essentiel d'un renversement du régime de production des identités. Autrefois données par le contexte (la place sociale définissait l'individu), ces dernières tendent à être auto-produites : chacun décide de sa vérité et de sa morale. Or il n'est pas deux personnes qui effectuent les activités du quotidien exactement de la même manière. Une analyse fine montre que le moindre geste – plier un torchon ou mettre un bol au lave-vaisselle – contient un fort potentiel de discrimination individuelle [4]. Notre spécificité identitaire est donc portée à s'inscrire dans ce qui n'était qu'une diversité de manières de faire. Nous avons désormais un patrimoine d'habitudes comme nous avons un patrimoine génétique : c'est un marqueur essentiel de l'identité. En se situant à contre-courant de cette évolution irréversible, la conception universaliste de la science ménagère ne pouvait qu'échouer dans son ambition de révolutionner le quotidien des foyers.

À travers certains appareils, en particulier les plus complexes ou les plus innovants du point de vue technique, la science ménagère parvient cependant à obtenir quelques succès, à imposer une gestuelle, voire un nouveau type de comportement. En fait, deux logiques s'affrontent de façon permanente : celle, universaliste et scientifique, du fabricant, et celle, identitaire, de l'usager. Bien que cette dernière soit toujours déterminante (l'usager subordonne la technique à son propre savoir, et ne l'accepte que s'il n'y a pas discordance majeure), la logique universaliste et scientifique parvient néanmoins, une fois introduite dans l'univers personnel, à diffuser ses modèles d'action. Il en résulte une combinaison qui, en

Buanderie de ménage

Gravure d'après un dessin de Jahandier, 1873

Machine à laver électrique, 1949

L'essorage reste manuel

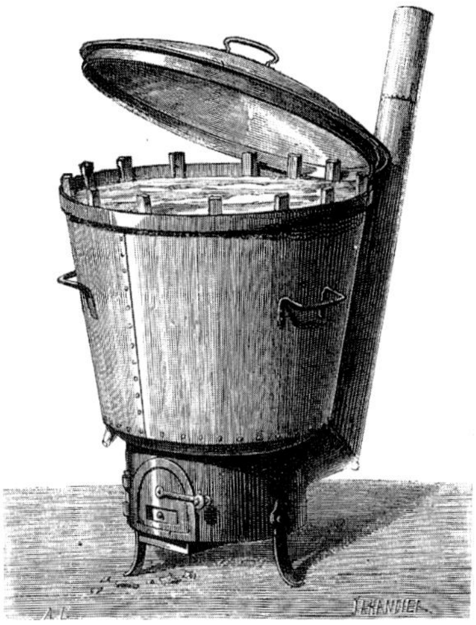

2. Voir Guy Thuillier, *Pour une histoire du quotidien au XIXe siècle en Nivernais*, Paris/La Haye, Mouton, 1977, p. 162-168.
3. Les cours de science ménagère disparurent peu à peu ; l'innovation se restreignit progressivement au secteur de la production industrielle d'appareils ménagers.
4. Voir J.-C. Kaufmann, *Le Cœur à l'ouvrage...*, *op. cit.*

Stand Cocotte-minute ; Salon des arts ménagers, 1951

Cocotte-minute, affiche, 1952
André del Bosco fils
Bibliothèque Forney, Ville de Paris, Paris

Cocotte à pression, vers 1930
L'Auto-Thermos, France
Coll. Jacqueline Poinsot, Paris

Cocotte à pression et cafetière L'Auto-Thermos, affiche, 1946
Paul Mohr
Bibliothèque Forney, Ville de Paris, Paris

tendance historique, laisse une place de plus en plus large au savoir technico-scientifique – lequel reste, en principe, toujours subordonné à la culture personnelle et à la logique identitaire.

La femme et la Cocotte-minute Les choix ménagers donnent matière à la construction personnelle de l'identité. En ce qui concerne les femmes, ils s'inscrivent dans deux trajectoires possibles, très contrastées, qui révèlent deux figures opposées. La première de ces trajectoires, celle du dévouement, puise dans le mode traditionnel de construction de l'identité féminine, et fait apparaître une figure simple et forte : la « fée du logis ». La femme est celle qui sait dépasser son horizon personnel en se donnant par amour au groupe familial, dont elle devient l'irremplaçable cheville ouvrière. Son identité se définit par cet amour et cette fonction ; son individualité se fond dans l'ensemble qu'elle parvient à créer. Quant à la trajectoire de l'autonomie, elle propulse au contraire dans l'inconnu, et il n'est pas facile de se représenter clairement où elle entraîne. Elle esquisse une figure floue, mais irrésistiblement attirante : une image de la femme qui se détache d'un socle immémorial pour inventer sa vie à son idée. Observons par ailleurs que chaque hésitation quotidienne, aussi légère soit-elle, constitue souvent un micro-déchirement entre ces deux visions de soi. Les appareils annoncés comme libérant la femme devraient donc – toujours en théorie – l'aider à choisir dans le sens de la seconde trajectoire. Ce n'est évidemment pas si simple, comme le montre l'exemple de la Cocotte-minute.

Apparu dans les années 1950, cet ustensile était le symbole parfait de la modernisation technique des foyers, alors en plein développement. Venu du monde des ingénieurs (serrage du couvercle, cuisson sous pression), il installait au centre de la cuisine une référence technologique nouvelle. La figure de l'utilisatrice qui lui était associée était celle d'une femme efficace, sachant gérer son temps. Aujourd'hui cette référence n'a pas disparu, mais elle est occultée par de nouvelles aspirations culturelles. La modernisation technologique des cuisines est désormais largement accomplie (et la Cocotte-minute concurrencée sur ce plan par de nouveaux appareils, tel le micro-ondes) alors que se pose un difficile problème autour de la nouvelle place des repas dans les familles contemporaines. Aussi, de la même

manière que son entrée en scène avait affirmé la réalité de la modernisation technique, la Cocotte-minute peut nous donner des indications sur cette discrète reformulation domestique qui incite la femme à se replacer à la base de la vie familiale.

Une vie dans laquelle les comportements tendent de plus en plus à s'individualiser. Les repas, en particulier, sont davantage déstructurés. Malgré tout, certains sont encore pris en commun, et leur rôle symbolique fédérateur de l'entité familiale s'est paradoxalement accru à mesure que se développait l'individualisation : ils sont la preuve vivante que la déstructuration ne joue qu'à la marge et n'atteint pas le cœur du foyer. Deux types de repas jouent ce rôle symbolique : ceux dits « de fête » et ceux que l'on qualifie d'« ordinaires ». Apparemment plus insignifiants, ces derniers n'en sont pas moins les plus fondateurs. Une liste, souvent assez courte, de plats rituels et répétitifs, sains et simples, profondément enracinés dans la mémoire du groupe constitue le cœur de cette symbolique commune. Lorsque les commensaux disent « hum ! c'est bon ! », le plaisir qu'ils expriment n'est pas, comme au restaurant, celui de la découverte d'un goût nouveau : leur « c'est bon ! » équivaut à une réaffirmation identitaire, reconnaît dans le goût partagé une définition de la communauté qu'ils constituent. Et ce plat basique, sain et simple, mémoire du groupe et constitutif de la famille, est typiquement celui que l'on réalise avec la Cocotte-minute.

Par ses aspects contradictoires, cette innovation vieille d'un demi-siècle illustre parfaitement le conflit identitaire qui fait hésiter les femmes entre deux trajectoires. Tout comme dans les années 1950-1960, elle permet théoriquement de gagner du temps. Or son utilisation en exige quand même davantage que le simple fait de réchauffer un plat préparé ou du surgelé... si ce n'est que le plat réalisé dans cet ustensile sera de la vraie cuisine, faite par soi-même – une cuisine qui réactive la mémoire commune. S'investissant volontiers dans la confection de ces nourritures basiques, constitutives de la famille, les femmes détournent alors de sa stricte finalité d'économie de temps l'instrument privilégié de cette construction affective. Malgré sa technicité et son apparente froideur métallique, la Cocotte-minute

Cocotte-minute Seb, affiche, 1965
Raymond Savignac
Bibliothèque Forney, Ville de Paris, Paris

Couverture de la revue *Arts ménagers*, mars 1951

L'actrice américaine Barbara Roscoe présente les agréments d'une cuisine "moderne", 1963

s'installe ainsi comme une pièce maîtresse de la symbolique féminine de la mère nourricière.

D'où le maintien de son appellation d'origine, contre la volonté des fabricants d'imposer le terme plus technique d'« autocuiseur ». Cocotte-minute est un mot composé associant deux contraires : « cocotte », dénomination affective renvoyant à la marmite ancestrale où mijote le repas, et « minute », terme évocateur de la rapidité. Ce qui lui a permis de se maintenir à travers la variation des contextes. Aujourd'hui, l'appareil est communément appelé « cocotte » dans les familles. Ce n'est pas un hasard. Sa charge culturelle familialiste, liée à un investissement de la femme dans la trajectoire du dévouement, a totalement renvoyé au second plan l'apport technologique théoriquement libérateur. La Cocotte-minute, qui aurait pu libérer la femme, l'attache plus intimement au foyer.

La libération par transfert d'activités

La technologie ne libérera-t-elle donc jamais la femme ? Sommes-nous irrémédiablement condamnés à des détournements culturels qui annulent les gains de temps théoriques ?

La libération ne peut pas venir uniquement de la technique : elle met trop profondément en jeu les identités. Elle ne peut résulter que d'un réaménagement d'ensemble des rapports entre les hommes et les femmes, dans tous les domaines de la vie sociale et personnelle. Or le plus difficile se joue justement dans l'univers ménager, où des mécanismes anthropologiques profonds (qui vont bien au-delà de la mauvaise volonté masculine) freinent l'évolution vers l'égalité [5].

Pourtant, la technique n'est pas neutre. En effet, si elle n'a pas le pouvoir en elle-même de changer les rôles domestiques, elle intervient de façon indirecte. Dans une enquête récente de l'INSEE, Cécile Brousse [6] montre que la répartition du travail domestique n'évolue que très lentement, et que cette évolution est due pour l'essentiel à un transfert d'activités. Alors que des activités manuelles traditionnelles à dominante féminine (comme la couture) diminuent, de nouvelles activités plus mécanisées apparaissent, où les hommes sont plus présents. Ces derniers s'impliquent grâce aux nouvelles machines (lave-vaisselle, ordinateur) ; et leurs compagnes se trouvent ainsi – un peu – libérées.

Encore qu'il faille nuancer cette note optimiste : la machine, quel que soit son pouvoir, reste sous surveillance identitaire. L'homme est, par exemple, particulièrement résistant pour tout ce qui concerne les activités liées au linge, les plus lourdement marquées par un poids historique de féminité [7]. Seule la machine, notamment le lave-linge, peut l'inciter à être coopérant. Mais il ne l'utilise pas comme sa partenaire. Dans les jeunes couples actuels, il n'est pas rare que l'homme mette ensemble « à tourner » chaussures de sport et chemises. Si sa compagne ne supporte pas ce mélange et préfère procéder elle-même au tri qu'elle juge indispensable, la technologie ne lui sera d'aucun secours libérateur. Elle orientera sa trajectoire biographique davantage dans le sens du dévouement familial que dans celui de l'autonomie.

Jean-Claude Kaufmann
Sociologue au CNRS

5. Voir J.-C. Kaufmann, *La Trame conjugale. Analyse du couple par son linge*, Paris, Press Pocket, 1997.
6. Voir Cécile Brousse, « La répartition du travail domestique entre conjoints reste très largement spécialisée et inégalitaire », *France, Portrait social*, Paris, INSEE, 1999-2000.
7. Voir J.-C. Kaufmann, *La Trame conjugale...*, *op. cit.*

Machine à coudre Elias Howe, affiche, vers 1900
Abel Pann
Bibliothèque Forney, Ville de Paris, Paris

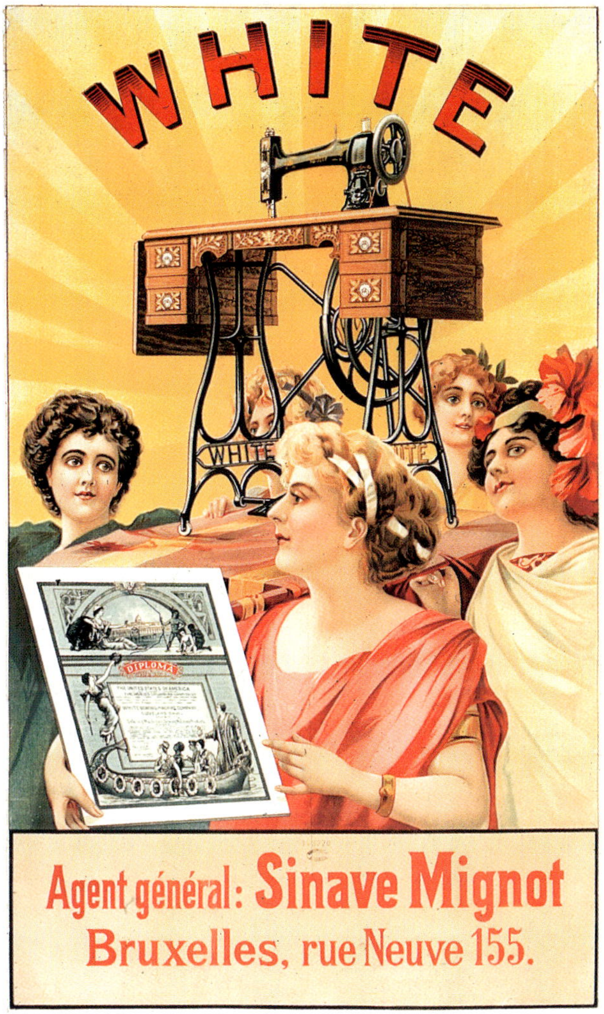

Machine à coudre White, affiche, 1904
Bibliothèque Forney, Ville de Paris, Paris

« J'ai visité un salon dont les hôtes m'ont apparu singulièrement compétents et attentifs… Ce n'était partout que petits cris de surprise, questions fébriles, regards brillants et mains tendues [1] ». Le journaliste de *L'Illustration* relatait ainsi, en 1923, sa visite au premier Salon des appareils ménagers.
Il ne rendait hommage ni aux pouvoirs publics, commanditaires de cette manifestation, ni aux exposants, producteurs et commerçants. Il s'étonnait de ce que des « ustensiles pouvant accomplir automatiquement les opérations du nettoyage, du chauffage, de la lessive et de la cuisine » soient manipulés par d'élégantes visiteuses avec le recueillement et le respect accordés d'ordinaire à la chose belle et précieuse, au matériau rare et cher. L'accessoire utile dans le foyer semble ici apprécié comme un « bijou mécanique ».

D'utilitaire, l'objet est devenu, sous le regard du public, une « merveille », une « curiosité », une « nouveauté ». Nous sommes entrés dans le domaine des émois que procure une « chose » à son admirateur, tel cet amateur de la Renaissance qui aimait et ordonnait le monde à sa manière en collectionnant dans son cabinet « curiosités » et « merveilles ». Peut-on, dès lors, penser qu'il existe entre ces « merveilles » de l'époque, pour la plupart issues des continents exotiques ou du Nouveau Monde, et celles des années 1920, de provenance américaine, une sorte de filiation ? Que reste-t-il d'utilitaire quand on aime une « chose », fût-elle technologique ?

Le XIXe siècle a fait l'expérience, en grand, de cette tension entre le nécessaire et le divertissant, entre le reproductible et l'accessoire. En retracer rapidement les scansions, ce n'est pas décliner un programme ayant abouti à la naissance d'une civilisation matérielle « moderne », mais montrer en quoi la distorsion entre l'utile et le futile, loin d'être périphérique, se retrouve au centre d'enjeux étatiques et industriels. C'est développer en quoi la valorisation du progrès technologique est amenée, sous peine de transformer l'objet technique en fétiche d'usage, à accréditer l'hypothèse d'une « civilisation de merveilles ». Enfin, si, comme le rappelait Adam Smith, la consommation est l'unique terme de toute production, il nous faut dégager en quoi le couple que constituent les professionnels de la fabrication et de la vente des objets techniques et les consommateurs de « masse » laisse aux intermédiaires (que nous appellerons ici « amateurs ») le soin de créer et d'expérimenter librement des « nouveautés » et des « curiosités ».

L'État, l'utile et le reproductible Revendiquer l'utile n'est pas fortuit et passe par une volonté de légiférer sur la technique – en particulier sur la découverte technique. La définition de l'invention engage depuis longtemps les plus hautes instances de l'État. Dans la France du XVIIIe siècle, « l'inventivité technique s'inscrit dans une conception utilitaire du service commun, dans la logique d'un fonctionnement de l'État [2] ». Quand l'Assemblée constituante vote, le 7 janvier 1791, la loi sur

1. *L'Illustration*, 3 novembre 1923, p. 442.
2. Daniel Roche, *Histoire des choses banales. Naissance de la consommation XVIIe-XIXe siècle*, Paris, Fayard, 1997, p 65.

Planche n° 4 extraite du *Supplément à l'Encyclopédie* de Diderot et d'Alembert

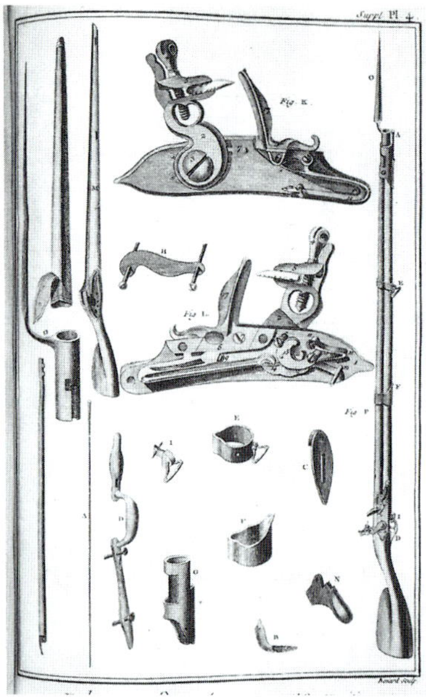

Machine à coudre H. Vigneron, affiche, 1907
Étienne Joannon
Bibliothèque Forney, Ville de Paris, Paris

Compagnie française des machines à coudre, affiche, vers 1896-1897
Ogé.
Félix Faure, président de la République française et artisan du renforcement de l'alliance avec la Russie, cousant ensemble le drapeau russe et le drapeau français.

les brevets d'invention, elle ne trahit pas cette définition de l'intérêt public. Si cette loi garantit à n'importe quel inventeur la propriété, et donc la pleine et entière jouissance de sa découverte, celui-ci s'engage en retour à en justifier l'utilité sociale – c'est-à-dire les futures applications au service du collectif : une bonne invention sera lisible et duplicable par n'importe quel tiers.

Les missions de l'État se sont clarifiées : avant la Révolution, il lui revenait de créer les instances de sélection capables de dégager l'invention technique de son appartenance au monde des « choses » secrètes et trompeuses, de séparer l'utile du factice[3]. Il s'agissait alors de quitter le monde de l'amateur, ce lettré humaniste qui, dans son cabinet de curiosités, étudiait toutes sortes de « choses » pour connaître le « tout » du monde, et de promouvoir, avec la rationalisation mathématicienne introduite par Descartes, un monde d'experts à la fois scientifiques et techniques, destinés à devenir des « professionnels ». Pour eux, l'objet technique au service de l'usage du plus grand nombre est clairement prioritaire : il fait partie du patrimoine national, à la fois comme objet promoteur de richesses privées et collectives, et comme objet pédagogique participant à la formation du citoyen-consommateur. Le génie de la technique trouve ainsi une incarnation nationale dans ces objets « utiles » – car à l'usage de tous – que sont les routes, les ponts et les trains, mais aussi les mines, les centrales et les réseaux de communication.

À cette emprise de l'État sur les « machines collectives », dont il est le commanditaire, s'oppose son absence d'intervention dans le domaine industriel. En France, il est supposé laisser aux acteurs du marché – les propriétaires des forces productives et les usagers – le soin de définir « l'utile ». Pourtant, ce désengagement affiché, cette recherche d'un équilibre entre puissance publique, industriels, ouvriers et consommateurs, laisse le champ libre à une intervention plus subtile de sa part. Dans la seconde moitié du XIXe siècle, l'État – dans ses ateliers, ou en sa qualité de client privilégié – choisit, adapte et valorise certains produits ou procédés de fabrication. L'ordre qu'il garantit prendra appui à la fois sur le changement permanent (le progrès technique) et sur les technologies de reproduction à l'identique (l'interchangeabilité des pièces) : peu à peu, avec les professionnels formés dans ses écoles ou ses ateliers, le reproductible tend à devenir l'essentiel de l'utile.
Pour illustrer ce passage, prenons le cas d'une machine individuelle, d'abord appelée « familiale » et plus tard « de ménage », un « bijou » mécanique : la machine à coudre.

Le 8 juin 1830 se crée à Paris l'entreprise Germain Petit, première au monde à exploiter le brevet des sieurs Thimonnier et Ferrand pour une machine à coudre. L'invention de l'artisan-tailleur Thimonnier est en fait une œuvre collective, étroitement dépendante de savoir-faire issus de l'École des mines de Saint-Étienne : que ce soit Ferrand (répétiteur de dessin industriel), Clair (responsable de l'atelier de mécanique), Combes (enseignant les mathématiques) ou Beaunier (ingénieur, directeur de l'École, et industriel), tous participent à l'élaboration à l'exploitation de l'invention.

La machine à coudre est mise au point dans une école d'État, est agréée par les services de l'État, et fait l'objet d'un brevet ; elle fonctionne et peut donc être dupliquée. Elle est utilisée par des ouvriers dans une entreprise privée dont le principal actionnaire est membre du Conseil d'État, pour répondre à une commande de l'État : en 1831, à la faveur du compte rendu d'un jugement concernant des manifestants supposés briseurs des machines à coudre, l'invention est présentée comme « une machine ingénieuse employée jusqu'ici à la confection des habits militaires ».
Par toutes ces caractéristiques, la mécanique à coudre fait donc partie du registre de l'utile, tel que le garantissait la puissance publique au début du siècle.

3. Voir Liliane Hilaire-Perez, *L'Invention technique en France et en Angleterre : XVIIe siècle-XVIIIe siècle*, Paris, Albin Michel, 2000.

Pourtant, c'est un échec. Cette nouveauté technique n'a pas encore d'usage dans un atelier civil, en dehors des adjudications de l'armée. Il en va de même en Amérique pour Walter Hunt, inventeur d'un autre prototype. L'invention devient innovation quand cet autre Américain, Elias Howe, trouve en Angleterre, en 1846, un commanditaire pour l'adapter à la couture industrielle, montrant ainsi la voie à ses concurrents d'outre-Atlantique (Grover and Baker, Singer, Wheeler and Wilson). En France, c'est l'État qui, le premier, à partir de 1860, accrédite ces mécaniques auprès des entrepreneurs et des ouvriers, en introduisant la machine à coudre dans les ateliers d'intendance de l'armée, ou en accordant faveurs, crédits et monopole à des industriels du privé qui mécanisent la fabrication des fournitures militaires.

S'ajoutant à ce rôle de pionnier, l'armée, en France (comme aux États-Unis), sera à l'origine d'une expérimentation beaucoup plus radicale : les principes de fabrication en série d'objets mécaniques sont lentement mis en pratique dans les manufactures d'armes de l'État [4]. Transférés par la suite aux industries civiles, ces principes vont révolutionner la production industrielle. Pendant les années 1874-1886, des ingénieurs polytechniciens et des ouvriers élaborent dans les manufactures nationales, non sans difficulté, les outils et les protocoles de précision pour l'invention d'une arme aux pièces interchangeables : le fusil Lebel. Cette nouvelle organisation du travail mécanique constitue simultanément la mise en pratique d'un nouveau contrôle social, et l'occasion de concrétiser les normes d'une nouvelle « beauté » technique, qui dépend maintenant de la précision des pièces produites sans l'intervention de la main de l'ouvrier. L'exactitude apparaît comme cet idéal de l'objet technique : l'esthétique industrielle tient à la normalisation d'éléments assemblables et, par voie de conséquence, à la standardisation des assemblages.

À la fin du siècle, mieux que l'utilité, et malgré ses contraintes, la reproductibilité mécanique, principe universel pouvant s'appliquer à n'importe quel objet technique, est devenue le centre d'une relation particulière, pour ne pas dire « émerveillée », à l'objet technique : le « modèle » n'est plus l'objet fini mais chacune des pièces réalisées en « laboratoire » industriel et servant d'étalon à leur reproduction à la machine-outil. Anonyme, parce que fabriquée à l'identique, chaque pièce de l'objet peut alors s'intégrer dans la vaste circulation des objets de série. Cet idéal d'identité mécanique obtenue dans des laboratoires industriels est un gage de fiabilité dans la production en grande série. À partir de la dernière décennie du XIXe siècle, elle s'applique à des produits « civils » : ainsi validée dans sa conception et dans sa fabrication par les technologies militaires, la machine à coudre devient, elle aussi, une « beauté utile », non par son usage, mais par l'enchantement que procure son infinie précision mathématique.

Le peuple, l'utile, le futile et le divertissant Pour faire aimer et connaître ces nouveautés utiles et reproductibles, pour susciter une émulation entre industriels concurrents et entre producteurs et consommateurs, les États industriels organisent à partir de 1851 des Expositions universelles internationales. Très vite, il s'agit moins de mettre en valeur l'objet technique pour son usage que d'éduquer les foules à la grandeur nationale : la « fée électricité » sera cet « objet » qui associe science, technique, compétences de l'État et professionnels formés dans ses écoles, à une « merveille » propice au plaisir des foules : la magie jaillit du courant électrique. De même, avec la tour Eiffel, la jeune Troisième République fédère ses nouveaux citoyens, lesquels se promènent dans un nouveau décor urbain. Que ce soit dans les hôtels, les théâtres et autres bâtiments publics, ou dans les immeubles inspirés de l'utopie fouriériste [5], le confort moderne est d'abord conçu comme un usage collectif du « progrès ».

Cette scénographie de merveilles n'est-elle là que pour mieux affirmer le nouvel ordre productif qui, pour tous, impose la transformation d'un objet utile en objet marchand ? À la fin du XIXe siècle, les visiteurs-consommateurs des Expositions universelles ne sont-ils pas proches de ces peuples anciens dont parle La Boétie, qui aimaient « les théâtres, les jeux, les farces, les spectacles, les bêtes étranges, les médailles, les tableaux, et autres drogueries de même nature », sans s'apercevoir qu'ils

Machine à coudre New Home, affiche, vers 1890
Bibliothèque Forney, Ville de Paris, Paris

Machine à coudre Helvetia, affiche, vers 1890
Bibliothèque Forney, Ville de Paris, Paris

4. Ces pratiques avaient déjà été expérimentées en France dans les dernières décennies du XVIIIe siècle. Voir Ken Alder, *Engineering the Revolution, Arms and Enlightenment in France*, 1763-1815, Princeton University Press, 1997.
5. Voir Roger-Henri Guerrand, « Naissance d'un modèle », dans Claudette Seze (eds), Confort moderne, une nouvelle culture du bien-être, *Autrement*, n° 10, 1994.

Première machine à coudre Singer
Gravure, 1851
États-Unis

Showroom Singer à New York
Gravure parue dans le *Frank Leslie's Illustrated Newspaper*, 29 août 1857

Brevet de machine à coudre n° 8294 déposé le 12 août 1851, par I. M. Singer.

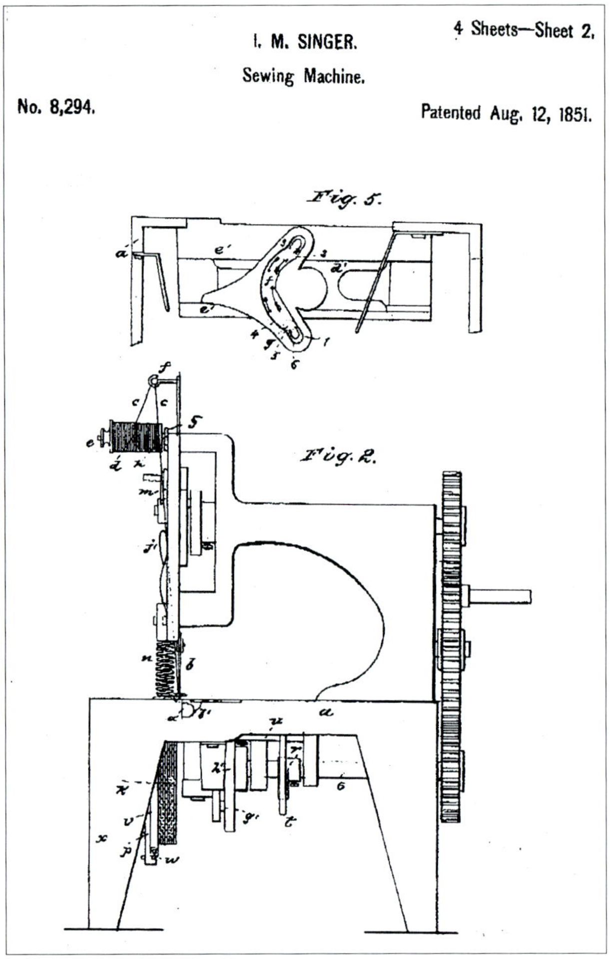

Machine à coudre Singer, affiche, 1891
Bibliothèque Forney, Ville de Paris, Paris

Machine à coudre Singer, affiche, 1872-1873
Jules Chéret
Musée de la publicité, UCAD, Paris

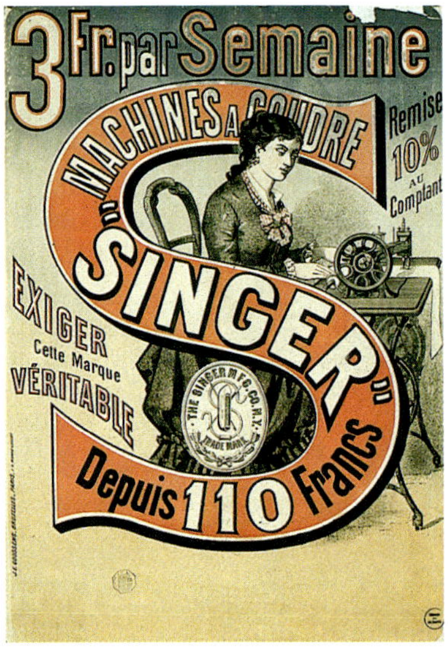

étaient pour eux « les appâts de la servitude, le prix de la liberté, les outils de la tyrannie »[6] ? Une société de consommation n'est-elle donc qu'un ordre technologique déguisé en civilisation de « merveilles » ? Les Expositions universelles internationales vont peu à peu rendre explicite ce lien entre innovation, persuasion et marché. Elles deviennent un vaste lieu d'apprentissage d'une société de consommation et de divertissement : les pavillons de l'industrie américaine offrent, les premiers, des produits qui attirent les visiteurs par leur côté nouveau et insolite.

Pourtant, le visiteur de l'exposition n'est pas encore un consommateur individuel. Là réside la difficulté rencontrée par les marchands de machines : en masquant la haute technologie de l'objet technologique au profit d'une mise en scène spectaculaire, ils risquent, à terme, de faire apparaître celui-ci comme simple pacotille, objet sans usage, sans garantie, guetté par la panne ; bref, une « camelote ».

Les premiers à comprendre la nécessité de construire une organisation entrepreneuriale autour de ces articulations produit / merveille / panne / maintenance sont sans conteste les managers américains de la Singer

6. Étienne de La Boétie, *Discours sur la servitude volontaire* (1576), Paris, Flammarion, 1983, p 155.

Machine à coudre Singer, recto et verso de carte publicitaire, vers 1900

Victor Courmont

Archives M. Peyrière

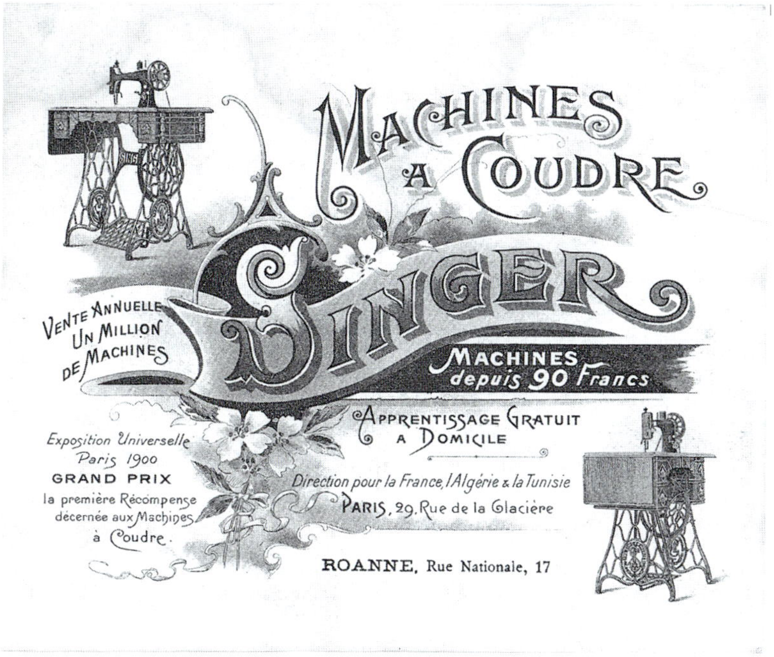

Machine à coudre Singer

Publicité parue dans la presse, années 30

Machine à coudre Singer, affiche, vers 1935

Atelier Draeger, Paris

Bibliothèque Forney, Ville de Paris, Paris

Machine à coudre Singer, affiche, 1962

Lefor-Openo

Bibliothèque Forney, Ville de Paris, Paris

Sewing Machine Company ; ils sont également les premiers à se risquer à vendre une machine technologique à un consommateur final incompétent et insolvable [7]. En 1856, l'entreprise dispose d'un produit de bonne facture mécanique et d'un bon « design », une machine à coudre appelée « familiale », protégée mondialement de la contrefaçon par son intégration à un pool de brevets américains. Cette « Great Combination » réunit les brevets essentiels au bon fonctionnement de toute machine à coudre et, de fait, limite l'arrivée de nouveaux inventeurs sur le marché.

Cette promotion précoce d'un objet technique au rang de machine du foyer ne fait pourtant pas de la machine à coudre l'objet de consommation de masse, le « génie domestique » du XIXe siècle. C'est cent ans plus tard que l'on parlera, en France, de son « âge d'or » : pendant les « trente Glorieuses ». Pour séduire les futures femmes au foyer et en faire des clientes, la firme multinationale Singer aura entre-temps organisé la fabrication et la vente de ses machines en fidélisant un « conso-amateur ». Pour ce faire, sans négliger les différents professionnels des métiers de la couture – ses premiers clients –, l'entreprise américaine met peu à peu au point

7. Voir Monique Peyrière, « L'industrie de la machine à coudre en France, 1830-1914 », dans L. Bergeron (sous la dir. de), *La Révolution des aiguilles. Habiller les Français et les Américains, 19e-20e siècle*, Paris, EHESS, 1996, p 95.

une stratégie en direction de l'utilisatrice individuelle de la machine à coudre.

Dès 1856, le fabricant vend et répare ses machines dans ses propres magasins, installés dans les rues chic des villes américaines et européennes, et dirigés par des vendeuses et des mécaniciens tous employés et formés par l'entreprise. De même, à cette date, la firme introduit l'achat à tempérament : la cliente peut louer une machine en versant régulièrement une somme d'argent et devenir à terme propriétaire. En attendant, elle reçoit chaque semaine la visite d'un vendeur qui collecte les acomptes, véritable prospecteur de la clientèle de voisinage et agent de liaison de la firme.

Cette organisation de la distribution et de la production constitue une véritable « machine collective » tout entière au service de la réputation de la marque Singer. Le nom de la marque, objet de toutes les attentions de la multinationale, est ce qui permet à la machine à coudre d'entrer dans l'ère de la consommation de masse. Grâce à lui, la machine reproductible, vendue à une foule anonyme, se différencie de l'objet « camelote », tout en gardant quelque chose de la « merveille », un petit rien qui fait la différence.

Au XXe siècle, nombreuses seront ces clientes qui n'achèteront pas une « vulgaire » machine à coudre : elles feront l'acquisition d'une « Singer ». La marque aura transformé l'acte d'appropriation d'un objet technique en geste de filiation ; l'acheteuse anonyme fera désormais partie d'une société en nom collectif[8], dont les membres seront les conso-amateurs de l'ensemble des produits Singer.

L'amateur, ses passions et ses curiosités En cette fin de siècle, on commence à peine à parler de consommation de masse. En France, toutefois, la plupart des acheteurs solvables opposent encore la chose anonyme, avec toute sa décevante monotonie – ces produits fabriqués en quantité dans les usines américaines –, aux puretés de la ligne et au finissage artistique, au cachet français des fabrications hexagonales.

L'image stéréotypée des produits américains, machines lourdes et peu élégantes, est pourtant en pleine mutation : en 1893, à l'Exposition de Chicago, les Européens découvrent, quatre cents ans après Christophe Colomb, une « nouvelle » Amérique : les gratte-ciel, les théâtres, les usines, les églises, les ponts, créent un décor spécifiquement américain. Au même moment, les États-Unis présentent fièrement aux visiteurs de l'Exposition leur propre version de l'histoire américaine, de son sol comme de son peuplement, à travers les collections naturalistes, ethnologiques et ethnographiques[9] de la Smithsonian Institution. De vastes rétrospectives, à l'origine de collections de machines industrielles, confirment le rôle joué par la jeune nation dans l'histoire universelle du progrès scientifique et technique. Ainsi, pour promouvoir sa modernité et ses produits, l'Amérique exhibe son passé et porte l'offensive dans le domaine des arts.

Les amateurs-collectionneurs américains participent à cette promotion d'une Amérique raffinée, de même que les créateurs qui, tel Tiffany, associent le goût pour l'exotisme, source inépuisable de « merveilles », à l'utilisation de méthodes de production industrielle pour donner naissance à un Modern Style. Dès lors, le marchand parisien Samuel Bing, collectionneur d'art d'Extrême-Orient et amateur d'Art nouveau, pourra, en France, publier en 1896 un ouvrage qui consacre cette nouvelle appréciation de la modernité américaine. Le titre en est simple : *La Culture artistique en Amérique*.

La clientèle bourgeoise, des deux côtés de l'Atlantique, n'en affirme pas moins son penchant, non pour le « nouvel art », mais pour le rococo, les meubles d'époque et les antiquités, ces « curiosités » historiques. On peut dire, comme l'écrit Michel Vernes, qu'à la fin du XIXe siècle « les intérieurs bourgeois en France ressemblent à s'y méprendre aux cabinets de curiosités d'un amateur du XVIe siècle : aux meubles d'apparat des grands salons, symboles de légitimité sociale, s'ajoutent les petits salons, où règnent les collections de reliques, les bibelots. Ceux-ci sont signes d'individualisme ; ils soulignent l'originalité sentimentale de leur propriétaire, en rehaussent le prestige, et témoignent de sa culture[10] ».

Le monde intime du bourgeois est sous la dépendance étroite de la fabrication de copies à l'identique d'objets anciens, traces du patrimoine mondial ou de celui, convoité, de l'aristocratie.

Machine à coudre Omnia, affiche, vers 1962
Robert Michel
Bibliothèque Forney, Ville de Paris, Paris

8. Voir Claude Morali, Sylvie Korcarz, « Les deux logiques de la circulation des objets », *Culture technique*, Design, n° 5, 1981.
9. Voir Linda Aimone, Carlo Olmo, *Les Expositions universelles, 1851-1900*, Paris, Belin, 1993, p. 198.
10. Michel Vernes, « Aboli bibelot, profusion et confusions de l'art industriel au XIXe siècle », dans *Design, miroir du siècle*, Paris, Flammarion, 1993, p. 70.

« Dans un tel intérieur, écrit Walter Benjamin, vivre, c'était chercher refuge dans une toile d'araignée serrée qu'on avait soi-même filée et tissée, et à laquelle étaient accrochés les événements de l'histoire universelle, éparpillés comme autant de dépouilles d'insectes vidées de leur substance [...] là les choses prenaient lentement possession de l'appartement [11] ». La bourgeoisie développe, au centre de sa vie intime, une relation paradoxale aux « choses ». En effet, la collection d'objets antiques du bourgeois et du petit-bourgeois est à la fois accumulation d'un capital (reconnu dans la sphère de l'échange marchand) et refus d'acquérir des objets dans un but utilitaire : à terme, les « choses seront libérées de la servitude d'être utiles [12] ».

Comment cet univers éclectique qui détache l'objet de ses rapports fonctionnels pourrait-il accueillir des machines modernes, dont le « design » et la décoration, certes, s'améliorent par des dessins inspirés des japonaiseries à la mode, mais dont l'utilité familiale est le vecteur de réclame ? En 1894, la firme Singer prend l'initiative de pousser les portes de cette intimité bourgeoise. Les meilleurs artisans d'art parisiens sont convoqués pour reproduire dans le quartier de l'Opéra, à Paris, les salons du pavillon Singer de l'Exposition de Chicago. Les intentions de l'entreprise apparaissent clairement à la lecture du carton envoyé aux invités, lequel vante, à l'ouverture de ces Salons artistiques, « une exposition unique en Europe de broderies, tapisseries, tentures, dentelles et autres travaux d'art, exclusivement exécutés par nos machines à coudre [...] (post-scriptum : les travaux artistiques exposés ne sont pas mis en vente) [13] ».

Pour entrer dans le « foyer », la machine à coudre est ainsi projetée, sur un mode virtuel, en tant que machine d'agrément. Non qu'elle entre effectivement par là dans cette intimité contrôlée de la maison bourgeoise ; à peine le fait-elle pour faciliter aux domestiques le raccommodage du linge de maison. Le sur mesure, fait main, règne encore sur la garde-robe des femmes de rang. Cependant, l'initiative de l'entreprise Singer n'est pas anodine. La machine à coudre ne sert pas ici de gagne-pain, mais s'adresse à la femme oisive et de bonne éducation, pour son plaisir : l'objet se dégage de sa finalité utilitaire. Avant de s'épanouir dans le monde de la consommation de masse, elle marque un arrêt à la case passe-temps, juste assez pour attirer l'intérêt de celles qui ont des loisirs.

En s'introduisant dans ces pratiques amateurs, la machine acquiert ce que Walter Benjamin appellera une « destinée », ce qui permet à l'objet de se faire « re-marquer ». Pour les industriels, la re-marque sera la plus sûre des réclames : non seulement elle confirme la marque, et donc une production et une distribution pérenne du produit, mais, de plus, elle fait du

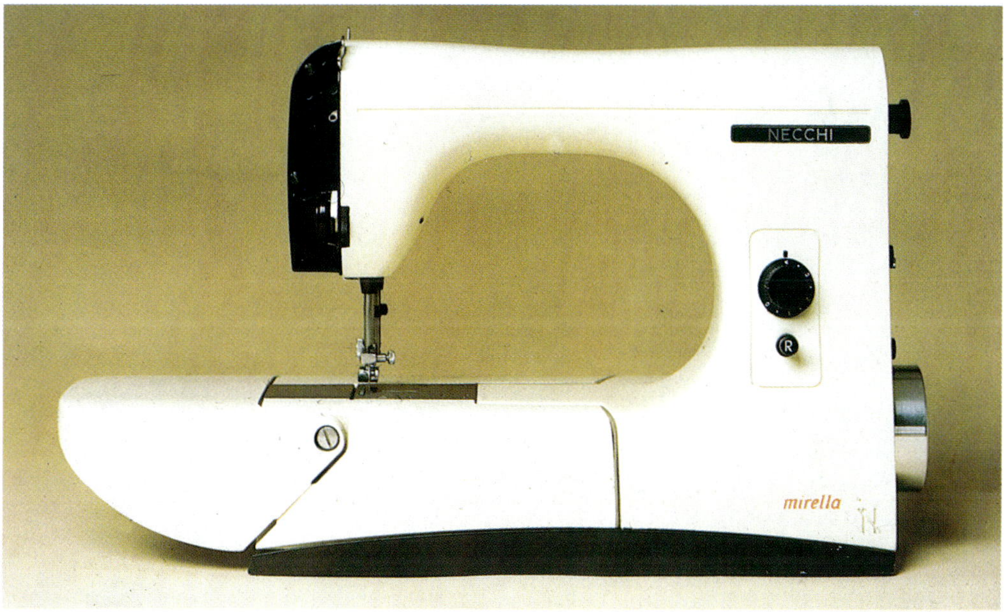

Machine à écrire, vers 1875
Remington, États-Unis

Machine à coudre Mirella, 1957
Marcello Nizzoli
Necchi, Italie

11. Walter Benjamin, *Paris, capitale du XIXe siècle*, Paris, Cerf, 1989, p. 234.
12. *Ibid.*
13. Archives Singer, box 99, 21 juillet 1894, State Historical Society, Madison, Wisconsin, États-Unis.

client-amateur (soit par sa pratique sans but lucratif, soit par son bénévolat, soit par sa sociabilité en clubs ou en associations) le partenaire idéal de l'innovation permanente pour un produit de qualité. La bicyclette, l'automobile, tout comme la machine à écrire et la machine à coudre, vont aller chercher cet amateur passionné, ce consommateur que l'on dit « expérimental » ou « pionnier ». En 1909, ce dernier est considéré par Marc de Nansouty comme un artiste, un inventeur, un précurseur utile. Les entrepreneurs pensent à lui : on ne tarde pas de parler à son sujet « d'industries d'amateurs [14] ».

Sur ce chapitre, nul n'aura mieux montré l'exemple que l'Américain George Eastman, lequel, en lançant en 1889 le Kodak, avait donné son essor à un usage populaire de la photographie [15]. Cet amateur averti la pratiquait pendant ses loisirs. Il commença par innover en « bricolant », continua en menant une stratégie d'acquisitions de brevets relatifs à la photographie sur pellicule. L'entreprise Eastman ouvrit ses propres usines et ses magasins, mais le système de film en rouleau n'intéressa que peu de professionnels, experts en plaques photographiques.

Décidé à toucher le grand public, l'inventeur transforma le système pour l'adapter aux amateurs et porta son attention sur un appareil simple à manier, un film pelliculable et un service industriel de développement et de tirage du film. Ce changement de conception, fondé sur l'intuition qu'il existait un large potentiel de clients amateurs (en particulier les pères de famille), fut l'une des idées les plus révolutionnaires de la photographie et fit le succès de la multinationale et de sa marque Kodak. Le ton était donné. En France, après l'Exposition universelle de 1900, le préfet Lépine lança un concours destiné à récompenser les amateurs-inventeurs. Après-guerre, le concours Lépine allait devenir un « bazar » propice aux rencontres entre amateurs et professionnels. Il en ira de même pour le Salon des arts ménagers.

Pourtant, le siècle commençait à ressembler aux prédictions énoncées en 1897 par Jules-Louis Breton, « l'inventeur » du Salon des arts ménagers. Alors que naissait le cinéma et que l'on parlait déjà d'une chronophotographie pour amateurs [16], prémices d'un « cinéma chez soi » tel qu'allait le développer Pathé à partir de 1912, Breton écrivait : « La chronophotographie, grâce aux perfectionnements que ne tarderont pas à subir les appareils, grâce à la photographie des couleurs et au phonographe, constituera le théâtre de demain, et demain est peut-être proche. [...] Quant au théâtre d'après-demain, il sera réalisé par les mêmes appareils augmentés du téléphone, déjà trouvé, et de la vision à distance encore à l'état de germe inféconde [17]. »

Les radioamateurs de la première décennie du XXe siècle allaient donner son essor à ce nouveau théâtre du monde qu'évoquait Jules-Louis Breton. Dans leur « chez-soi », les auditeurs de la TSF (tour Eiffel et PTT) écoutaient, le 26 mai 1930, la retransmission de la soirée solennelle donnée dans le grand amphithéâtre de la Sorbonne, à Paris, en l'honneur du centenaire de l'invention française de la machine à coudre.

Aujourd'hui, au Deutsches Museum de Munich, sont exposées dans leurs écrins de très belles poupées, avec leurs toutes petites machines à coudre. Chacune est un objet aussi « étrange, bizarre, contourné dans sa forme, intense par sa couleur et quelquefois délicat jusqu'à l'évanouissement » que l'était pour Baudelaire, lors de sa visite à l'Exposition universelle de 1855, un produit chinois qu'il avait remarqué. Cependant, pour que ce produit manufacturé devienne « un échantillon de la beauté universelle », il fallait, ajoutait-il, « que le critique, le spectateur opère en lui-même une transformation qui tient du mystère » [18].

Monique Peyrière
Historienne, chargée de cours
à l'université d'Evry-Val-d'Essonne

Machine à coudre Elna, affiche, s.d.
Donald Brun
Bibliothèque Forney, Ville de Paris, Paris

14. Marc de Nansouty, *Le Machinisme dans la vie quotidienne*, Paris, P. Roger, 1909, p. 268.
15. Voir Reese V. Jenkins, « George Eastman et les débuts de la photographie populaire », *Culture technique*, n° 10, juin 1983, p. 75 et suiv.
16. Voir Laurence Allard, « L'amateur : une figure de la modernité esthétique », et Laurent Creton, « L'économie et les marchés de l'amateur, dynamiques évolutionnaires », *Communications*, « Le cinéma en amateur », n° 68, 1999.
17. Jules-Louis Breton, *La Revue scientifique et industrielle de l'année*, vol. 1, 1897, p. 215.
18 Charles Baudelaire, « De l'idée moderne du progrès appliquée aux beaux-arts », cité par Giorgio Agemben, *Stanze*, Paris, Rivages, 1992, p. 79.

Les fils électriques aériens à Philadephie
Gravure extraite de *La Nature*, 1885

Choisir les objets techniques – électromécaniques et électroniques – à usage domestique comme exemples pour observer l'évolution des formes des objets produits industriellement, de la fin du XIXe siècle à nos jours, permet de se situer sur le terrain d'un conflit : celui qui naîtra de la confrontation des usages, coutumes, goûts et styles de vie avec des objets conçus hors du champ de l'univers culturel de la société traditionnelle [1]. Mais, pour comprendre la complexité de cette évolution, il faut connaître au préalable les conditions qui ont permis l'introduction de toutes ces innovations dans le foyer domestique.

Les conditions du changement

L'équipement du foyer domestique « moderne » a commencé il y a plus de cent années, ce qui nous donne assez de recul pour comprendre que trois conditions principales ont rendu le changement possible : l'installation de nouveaux réseaux, la préoccupation hygiéniste, et le développement des mouvements féministes aux États-Unis.

Une définition d'un foyer domestique, occidental et contemporain, doit, pour être complète, prendre en compte le fait qu'il s'agit d'une construction obligatoirement reliée à de nombreux réseaux qui permettent de recevoir l'eau, le gaz, l'électricité, le téléphone, la radio, la télévision, et de brancher tous les appareils aujourd'hui disponibles (dans certains lieux on peut aussi disposer du chauffage urbain par la vapeur ou recevoir, comme les dentistes du 17e arrondissement de Paris, de l'air comprimé). L'habitant de ce foyer est donc devenu, au fil du temps et par nécessité, l'abonné de tous ces réseaux. L'usage de la centaine d'objets électromécaniques et électroniques dont nous disposons à notre domicile ne serait simplement pas pensable sans cette liaison constante à un ou plusieurs réseaux. Les seules exceptions à cet état de fait concernent des objets techniques comme la machine à coudre, la machine à écrire, le phonographe, les jouets mécaniques à ressort, l'appareil photographique et la caméra, qui, dans leur premier état, peuvent fonctionner sans être reliés à un réseau.

La possibilité de se brancher au réseau électrique [2] a joué, cela va de soi, un rôle prépondérant, et ce n'est qu'au fur et à mesure de son développement que des innovations déjà existantes, comme la lampe à incandescence, la résistance et le petit moteur électrique asynchrone mis au point par Nicolas Tesla en 1889 (c'est le premier des multiples petits moteurs à courant alternatif qui vont proliférer dans la maison) ont été en mesure de transformer l'équipement du foyer domestique. Parce qu'il avait mis au point la lampe à filament de carbone en 1879, Thomas Edison, qui était préoccupé par la commercialisation de son innovation, a conçu le premier réseau de distribution d'électricité. En 1882, une centrale à courant continu, permettant par l'intermédiaire de câbles d'assurer l'éclairage des clients, est installée à New York. Dans une livraison de la revue *La Nature* de 1882 [3], on peut lire la description suivante : « Dans un grand bâtiment de Pearl Street, on a installé la machine à vapeur, les machines dynamo-électriques et les appareils divers. Six générateurs électriques sont

Électricité de France, affiche, vers 1946
Pierre Mario
Bibliothèque Forney, Ville de Paris, Paris

1. Voir Siegfried Giedion, *Mechanization Takes Command*, New York, Oxford University Press Inc., 1948 ; trad. française, *La Mécanisation au pouvoir*, Paris, Centre Georges Pompidou/CCI, 1980.
2. Voir Harold C. Passer, *The Electrical Manufacturers, 1875-1900*, Cambridge University Press, 1953.
3. Philippe Delahaye, « La Lumière électrique par incandescence » *La Nature*, second semestre 1882, p. 298.

Présentation du téléphone par son inventeur Graham Bell
Image d'Épinal, 1875
Musée de la Poste, Paris

Comment utiliser le téléphone Bell
Image d'Épinal, 1875
Musée de la Poste, Paris

actuellement en marche. Chaque machine complète pèse plus de trente tonnes, y compris le moteur, qui marche à la vitesse de 350 tours. La puissance maximum de chaque dynamo est de 1 800 lampes de 16 bougies. Dans le quartier de New York actuellement éclairé, on a placé environ 23 kilomètres de conducteurs de rues, qui distribueront le courant par les branchements à 15 000 lampes environ, réparties entre 946 clients : le lundi 4 septembre, on a allumé 5 000 lampes dans différentes maisons et boutiques, notamment dans les bureaux du *New York Herald* et du *Times* » (L'Edison Company deviendra en 1992 la General Electric Co.). L'éclairage électrique sera installé dans l'Assemblée nationale, à Paris, en 1898, mais il faudra attendre 1920 pour que soit achevée l'électrification des grandes villes du monde occidental, et, dans certaines campagnes, 1950, pour que le maillage du territoire soit presque complet.

Depuis 1829, en France, le mouvement hygiéniste (organisé autour des *Annales d'hygiène publique et de médecine légale*) rencontre un écho puissant, et la question de la salubrité du logement devient une priorité [4]. En 1850, une commission des logements insalubres est mise en place sur ordre du gouvernement ; elle est la conséquence d'un courant d'opinion où se côtoient des paternalistes, des catholiques et des bourgeois bien-pensants. Dans son roman *Les 500 Millions de la Bégum* (1879), Jules Verne décrit avec beaucoup de détails, en s'inspirant des préoccupations des médecins de l'époque et d'un utopiste comme Charles Fourier, les caractéristiques d'une cité hygiénique idéale :
« [...] cette question de la propreté individuelle et collective est du reste la préoccupation capitale des fondateurs de France-Ville. Nettoyer, nettoyer sans cesse, détruire et annuler aussitôt qu'ils sont formés les miasmes qui émanent constamment d'une agglomération humaine, telle est l'œuvre principale du gouvernement central. La police sanitaire, si nécessaire et si délicate, est confiée à des hommes expérimentés,

« La cour téléphonique »
Gravure, 1884
Albert Robida

Microphone à charbon de Thomas Edison,
Image d'Épinal, 1878
Musée de la Poste, Paris

4. Voir *Culture technique*, n° 3, numéro spécial « Machines au foyer », éditions du CRCT, 1980.

Plan de travail en continu
Gravure extraite de l'ouvrage de Catherine E. Beecher et Harriet Beecher Stowe, *The American Woman's Home*, New York, 1869

Tableau électrique d'une cuisine avec les branchements des divers appareils, Allemagne, 1907

à de véritables spécialistes, élevés à cet effet dans les écoles normales » (à cette époque il faut surveiller et punir, comme l'a justement remarqué Michel Foucault). La salle de bains, toute en porcelaine blanche, qui ressemble à une annexe hospitalière dans la maison, est le résultat de ce contexte où la lutte contre l'agression des microbes est avant tout une affaire de prévention : c'est par « l'éclat et la blancheur » que l'on administre la preuve de sa propreté. Il faudra attendre le développement des vaccins et, surtout, des antibiotiques pour que la peur de la contagion s'estompe et que, après 1950, la couleur apparaisse dans le linge de maison.

Le mouvement féministe américain, et plus particulièrement deux femmes, Catherine E. Beecher et Christine Frederick, ont joué un rôle fondateur dans la rationalisation du foyer domestique. Catherine E. Beecher, dans son livre *The American Woman's Home*, publié en 1869, avec un énorme succès, indique à l'aide de dessins et de descriptions soignées comment doit, dans son esprit, être organisé le travail ; elle cite comme exemple l'organisation du travail dans un bateau : « [...] dans la cuisine d'un navire tous les articles et ustensiles qui servent à faire le repas de 200 personnes sont disposés de telle façon que le cuisinier peut les atteindre tous sans faire plus d'un ou deux pas ». Christine Frederick a eu une plus grande influence en Europe. Elle a défini dans un ouvrage de 1913 ce que doit être *Le Taylorisme chez soi*, et le dessin de sa cuisine sera la principale source d'inspiration pour Grete Schütte-Lihotzky quand cette dernière concevra la « Cuisine de Francfort » en 1927.

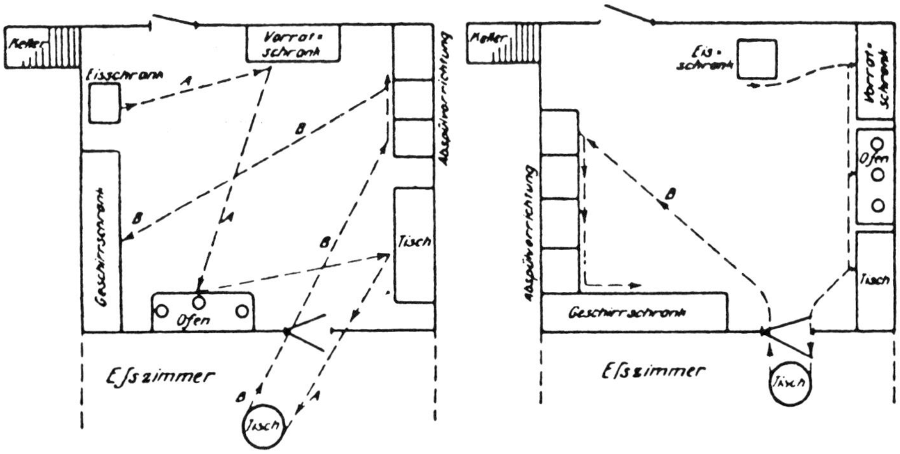

Organisation rationnelle de la cuisine
Propositions de l'Américaine Christine Frederick reprises par l'architecte allemand Bruno Taut en 1926

De l'imitation à la modernité : 1880-1930

« Il ne faut pas confondre le passé avec le présent du passé [5]. »

Quand on regarde les reportages photographiques du Salon des arts ménagers, qui se tient au Grand Palais à partir de 1926, on est frappé par le contraste entre, d'une part, la mise en scène du Salon, directement inspirée par un souci de modernisme dans la communication visuelle et la décoration des stands, aménagés au fil des années dans un style néo-Art déco, et, de l'autre, par l'aspect traditionnel, voire archaïque parfois, de tous les objets électrodomestiques exposés. Ce constat conduit à une remarque préliminaire.

Quand l'innovation technologique est au point – quand le stade de la proto-forme est dépassé – et que la société estime qu'elle peut en faire usage, on se trouve face au problème de l'introduction de la nouveauté dans la chose établie. Et la forme des premiers objets commercialisables est le plus souvent le résultat d'un compromis avec la tradition : tout se passe comme si l'innovation se comportait comme un parasite qui investit la première forme déjà existante avec laquelle il se sent des affinités [6]. Cette situation s'explique par le fait que le temps de la technique et celui de la culture sont différents. Elle témoigne

Phonographe Edison
Publicité parue dans le *Saturday Evening Post*, 1905

Appareils
La Voix de son maître
Pochette de disque, vers 1935

Phonographe Pathéphone, affiche, 1910
Lorant-Heilbronn
Coll. Pierre Péchon, Paris

Radio à huit lampes extérieures
Ultra hétérodyne, 1925-1926
Fernand Vitus, France
Coll. Pierre Péchon, Paris

Radio à huit lampes
Georges Oyer
Fernand Vitus, France
Coll. Pierre Péchon, Paris

Haut-parleur Brunet,
affiche, vers 1900
R. Gazay
Bibliothèque Forney,
Ville de Paris, Paris

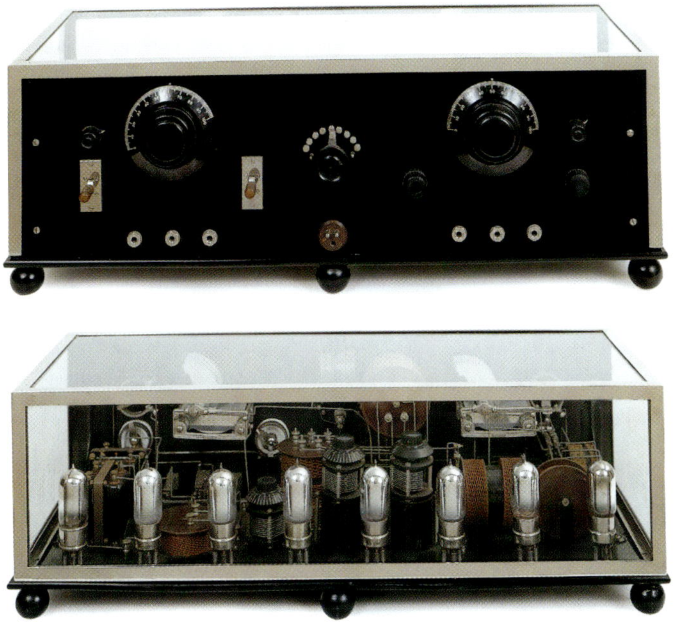

des multiples contradictions qui apparaissent à la fin du XIXe siècle entre innovation technique et tradition, entre un processus de conception industrielle nouveau et des techniques artisanales éprouvées, entre une culture humaniste et une culture scientifique et technique en plein essor, entre la ville et la campagne, et, surtout, entre des usages et des coutumes qui cèdent difficilement la place à de nouveaux styles de vie. Il s'ensuit que la tradition et l'innovation sont à tout moment susceptibles de se télescoper et d'entrer, parfois avec violence, en compétition ; d'où les erreurs, les détours, les décalages inattendus. Cela met aussi en évidence le fait que les structures d'une société sont non seulement de caractère déterministe mais aussi de forme buissonnante. Il faut cependant relativiser et admettre que la mise en forme d'une nouvelle culture matérielle ne sera pas uniforme ; elle sera variable, suivant les différents champs d'application des techniques émergentes.

L'électrification des appareils domestiques de base – fer à repasser, four, réchaud, bouilloire, moulin, batteur, hachoir, mixeur, ventilateur, etc. – devient possible vers 1890. Il s'agit de se servir d'un petit moteur électrique, de type Tesla, qui se substitue à un geste manuel pour faire tourner un appareil déjà existant, ou d'introduire une résistance électrique dans des objets comme le fer à repasser et la bouilloire ; dans ce cas de figure, c'est la forme ancienne qui sera « squattée », sans pour autant subir de modification majeure. À ce propos, on remarquera que les fameuses bouilloires électriques dessinées en 1909 par Peter Behrens (1868-1940) sont en fait une évolution formelle des théières conçues par le Hollandais Jan Eisenloeffel (1876-1957) et présentées à la première Exposition des arts décoratifs de Turin en 1902 [7], dans lesquelles Behrens a introduit une résistance électrique. Dans une revue de vulgarisation scientifique comme *La Nature*, en 1892, à l'occasion d'une

Jeune femme écoutant la radio, New York, 1923

5. Luigi Pareyson, *Conversazioni di estetica*, Milan, Ugo Murcia editore, 1966 ; trad. française *Conversations sur l'esthétique*, Paris, Gallimard, 1992.
6. Voir Miles Orvell, *The Real Thing*, The University of North Carolina Press, 1989.
7. Voir T. Bröhan & T. Berg, *Avant-garde Design*, 1994, Cologne, Taschen Verlag GmbH, 1994.

Brevet d'invention pour un appareil photographique, déposé le 4 septembre 1888

George Eastman

États-Unis

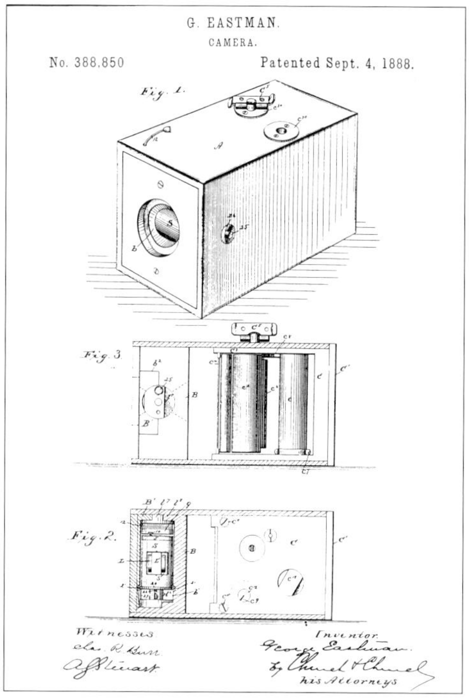

Appareil photo Kodak

Publicité parue dans la presse, 1894

Projecteur de film Super Pathé Baby, 1926

Pathé, France

Cité des sciences et de l'industrie, Paris

exposition d'électricité, on ne parle des nouveaux appareils que du point de vue de leur valeur d'usage : « À l'exposition d'électricité tenue au Crystal Palace [Londres, 1851] pendant les premiers mois de cette année, on avait installé toute une série d'appareils de cuisine électrique, et chaque jour, un démonstrateur spécialiste faisait, avec le concours d'un cordon-bleu de l'école moderne, une série de conférences théoriques et expérimentales sur l'art de cuisiner à l'électricité, conférences qui obtinrent le plus grand succès, car elles se terminaient invariablement par la consommation des plats préparés et cuisinés électriquement en présence des auditeurs. Nous n'en sommes pas encore au jour où le fourneau à charbon de bois et le fourneau à gaz seront remplacés par une cuisinière électrique munie de fourneaux avec commutateurs, ampèremètres et rhéostat de réglage surveillés et commandés par une cuisinière-électricienne ; mais au train où vont les choses, ce progrès ne saurait tarder bien longtemps. Aussi bien devons-nous n'être pas trop ambitieux et laisser quelque chose à faire à nos petits-enfants du siècle prochain ; les applications du chauffage électrique tiendront certainement une bonne place parmi ce que nous leur laisserons à perfectionner et à développer. »

L'apparition du chauffage central dans les immeubles se traduira par l'installation de radiateurs en fonte décorés suivant le style haussmanien des appartements, alors que la chaudière, qui se trouve dans la cave, restera un objet technique, brut de décoffrage. Les petits ventilateurs électriques (il s'agit plutôt d'éventails électriques, puisqu'ils ne sont reliés à aucun conduit d'aspiration et de refoulement) que l'on trouve dans les appartements bourgeois américains à partir de 1894 sont également décorés suivant le style de l'époque.

Toujours dans le domaine des objets domestiques, le développement industriel de la galvanoplastie (procédé industriel qui permet d'appliquer un dépôt de sels métalliques libérés par électrolyse sur des objets que l'on veut recouvrir) va permettre, entre autres, la prolifération des objets en métal argenté. Ainsi l'argenterie, réservée jusqu'alors à un petit nombre de privilégiés, deviendra accessible à un public beaucoup plus large, sans pour autant que la forme des objets ainsi traités soit modifiée. Il existe, heureusement, des exceptions qui permettent d'imaginer le futur : Christopher Dresser (1834-1904), en Angleterre, Josef Hoffmann (1870-1956) et Koloman Moser (1868-1918), en Autriche, ont dessiné au tournant du siècle de nombreux objets en métal argenté dont le style très dépouillé sera une source d'inspiration pour les designers du Mouvement moderne.

Innovation considérable, l'ampoule à incandescence inventée simultanément par Thomas A. Edison et J. Swan en 1879 se logera avantageusement dans les luminaires déjà existants en prenant la place de la bougie, de la mèche, du bec de gaz ou de la lampe à carbure d'acétylène. Le téléphone, le phonographe (les haut-parleurs des premiers phonographes emprunteront leur forme aux instruments de musique à vent) et la TSF s'inspireront eux aussi des formes existantes, dont ils ne s'émanciperont pas avant 1930.

Ce bref panorama nous permet de constater qu'une innovation technologique, même d'importance, n'est pas suffisante pour entraîner un changement radical de forme. Les seules exceptions à cette loi, non écrite, sont le fait d'innovations, qui, pour des raisons impératives de fonctionnalité, ne peuvent prendre des formes déjà existantes, comme c'était le cas pour

Lampe à incandescence
Edison, vers 1885

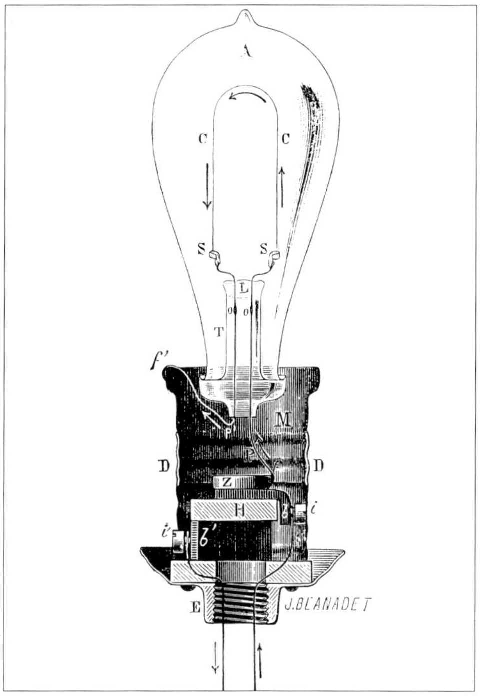

Moteur de la firme allemande AEG
Publicité, 1911
Ici, le moteur est combiné à un presse-fruits.

la machine à écrire et l'appareil photographique. Pendant cette période d'imitation, le choix de la forme empruntée par l'innovation technique est opportuniste ; il est dicté par le hasard et la nécessité. Et la question du style, de ces formes empruntées, est un peu du même ordre que celle qui consisterait à s'interroger et à bâtir des théories à propos du style des charpentes où les hirondelles construisent leur nid et à suggérer que leur préférence pour le « gothique charpentier » relève d'un souci esthétique, alors qu'il s'agit, tout naturellement, d'un choix fonctionnel ! Les styles choisis sont simplement ceux qui correspondent à l'esthétique dominante des foyers bourgeois, où ces objets seront tout d'abord implantés. C'est le plus souvent avec un temps de retard, quand la rupture dans l'organisation matérielle et culturelle de la société est consommée, que le changement décisif de forme devient possible. Si les créateurs du Bauhaus n'ont pas appliqué les formes nouvelles qu'ils ont conçues aux objets électrodomestiques, c'est parce que, outre le contexte politico-économique dans lequel leur recherche a été entreprise, la demande de visibilité dans ce domaine n'était pas

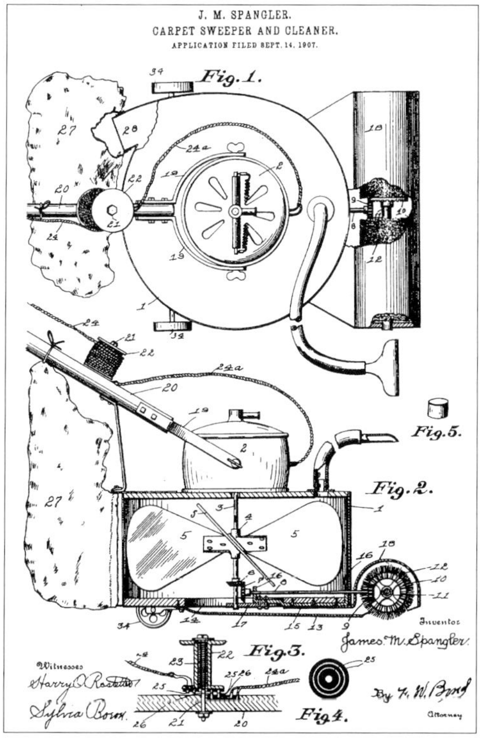

Brevet d'invention pour un aspirateur, déposé le 2 juin 1908
J. M. Spangler
États-Unis

Un des premiers modèles d'aspirateurs, vers 1914
États-Unis

Couverture de la revue *La Nature*, mars 1924

Couverture de la revue *La Science et la Vie*, mai 1927
Téléphone automatique « Rotary » destiné à remplacer les téléphonistes, présenté à la Foire de Paris, mai 1927.

Couverture de la revue *Je sais tout*, novembre 1930

suffisante. Et aussi, ne l'oublions pas, parce que le Bauhaus était une école, certes novatrice à plus d'un titre, mais néanmoins une école d'art et d'arts décoratifs.

Des formes « modernes » ? 1930–1980

La Première Guerre mondiale a marqué une rupture avec le passé de la culture occidentale, rupture qui a favorisé la généralisation d'un nouveau mode de vie : la modernité doit devenir évidente, et, pour que cela soit possible, il faut qu'une révolution du regard s'accomplisse. À partir de 1930, les conditions nécessaires et suffisantes sont réunies pour que la plupart des artefacts que la révolution industrielle a rendu possibles témoignent par leurs formes des changements culturels qu'ils induisent. Plusieurs facteurs vont favoriser l'accélération de ce phénomène.

Les objets électrodomestiques qui existent depuis plus de trente années sont devenus familiers, fiables, et leur fonctionnalité d'un usage satisfaisant pour les usagers. On sait qu'il faut qu'un objet atteigne cette maturité technique avant que l'on puisse lui donner une forme authentique. Cette règle semble se vérifier à plusieurs périodes différentes : prenons un exemple récent comme l'apparition de l'iMac d'Apple, en 1998. On s'aperçoit que cette forme nouvelle, conçue pour affirmer que le foyer domestique a une identité différente de celle du bureau, devient possible parce que la fiabilité, la puissance et la connexion à Internet de l'ordinateur domestique sont devenues satisfaisantes et évidentes.

À partir de 1930, on dispose de répertoires formels qui ont déjà fait leurs preuves dans le domaine des arts décoratifs, comme les structures géométriques et les couleurs primaires proposées par les avant-gardes post-cubistes, le style Art déco et le « streamline » américain. Ces formes ont été popularisées après 1925 grâce aux décors de cinéma, au music-hall et à la publicité.

Ce n'est pas un hasard si c'est aux États-Unis, à partir de 1930, que le design industriel est né. Cette société est industriellement en mesure de s'affirmer comme une société de consommation, et le développement de son économie après la crise de 1929 constitue une urgence. La Foire mondiale de New York en 1939-1940, consacrée au monde du futur, sera l'occasion pour la première génération de designers industriels – Norman Bel Geddes, Henry Dreyfuss, Raymond Loewy, Walter Dorwin Teague, etc. – de promouvoir le streamline esthétique, qui, par son dynamisme, est bien adapté à la promotion de la notion de progrès sans fin et sans nuisance [8].

L'Europe, à cause de la guerre, devra attendre que le plan Marshall produise ses effets, et c'est à partir de 1950 – alors qu'entrant dans les temps des plastiques on apprécie leur formidable aptitude au moulage – que le foyer domestique commencera à se moderniser [9]. L'école d'Ulm, le « style Braun », l'Exposition internationale de Bruxelles de 1958 et l'essor du design milanais seront les premiers signes concrets de l'apparition d'un design industriel européen authentique.

L'électromécanisation du foyer domestique s'est achevée, après 1970, avec l'apparition du congélateur et du four à micro-ondes, et la nouvelle aventure qui commence est celle de la domotique [10]. C'est une autre histoire, à peine ébauchée, et on ne sait pas encore quelles modifications formelles elle entraînera.

Jocelyn de Noblet
Docteur ès lettres,
fondateur de la revue *Culture technique*

8. Voir Robert W. Rydell, *World of Fairs*, The University of Chicago Press, 1993.
9. Voir le catalogue de l'exposition « Oikos » sur les arts ménagers organisée en 1992 par le Design Centre de Stuttgart et le Museum für Gestaltung de Zurich.
10. Voir Jocelyn de Noblet, « La maison du futur sera poétique et technologique », dans *Le Geste et le Compas*, Paris, Éditions Somogy, 1988, p. 257.

Issu des services nés de la Première Guerre mondiale pour servir les intérêts de la Défense nationale, puis transformé par la loi du 13 décembre 1922 en un organisme de paix, l'Office national des recherches scientifiques, industrielles et des inventions [1] était chargé de poursuivre les progrès scientifiques et les perfectionnements techniques réalisés pendant la guerre. Sa principale mission : soutenir les recherches appliquées aux progrès de l'industrie.

Organisme de liaison, l'Office se voulait un lien aussi complet et efficace que possible entre savants et industriels, entre laboratoires et usines. Quoique attentif au développement de la science pure, il s'intéressait plus particulièrement au domaine de la science appliquée, qui, par ses travaux, devait contribuer à l'essor d'une nouvelle forme de bien-être. Dans cette optique, afin d'améliorer la vie domestique, l'Office organisera un Salon des appareils ménagers – plus exactement, c'est à Jules-Louis Breton, son directeur, qu'en revient le mérite.

Ingénieur chimiste de formation, cet ancien sous-secrétaire d'État aux inventions pendant la Première Guerre mondiale est devenu en janvier 1920, dans le cadre du ministère Millerand, le premier ministre de l'Hygiène, de l'Assistance et de la Prévoyance sociales – son action en faveur d'une politique nataliste lui valant d'ailleurs rapidement le surnom de « ministre de la Natalité ».

De conviction socialisante, Jules-Louis Breton, qui mènera de pair ses travaux scientifiques et son action sociale, trouve dans le Salon, devenu entre temps celui des arts ménagers [2], la possibilité de diffuser largement auprès du public les avancées du progrès technique. La recherche pure n'intéresse cet homme de science que dans la mesure où, à travers la nouveauté des inventions technologiques mises au service du quotidien, elle joue un rôle concret et bienfaiteur. Il s'attache donc à donner à cette manifestation l'envergure que l'on sait, n'hésitant pas à placer à la tête du Salon son fils, Paul Breton, qui en sera le commissaire général pendant près de cinquante ans, de 1929 à 1976.

La crise ancillaire Dans sa préface au catalogue officiel du premier Salon des appareils ménagers, Jules-Louis Breton déclare : « Les circonstances économiques actuelles éloignent de plus en plus la main-d'œuvre des emplois domestiques, il devient, de plus, difficile de trouver des serviteurs et il semble même que dans un avenir proche bien rares seront ceux qui pourront se dispenser des travaux du ménage. Dans ces conditions, tous appareils qui peuvent faciliter ou rendre plus agréables ces travaux sont appelés à un grand avenir commercial [3] ». Considérant que cette raréfaction de la domesticité ne peut manquer de susciter une demande de plus en plus grande d'appareils ménagers, l'Office prend l'initiative d'un concours ouvert aux inventeurs et industriels français, auteurs de nouveautés susceptibles d'alléger la lourde tâche que représentent les travaux domestiques.

Pour l'Office, donner à voir au public les résultats de cette compétition constitue une belle occasion de lancer, en 1923, son premier Salon, qui a lieu sur le Champ-de-Mars, dans deux baraquements appartenant à la Chambre de commerce de Paris. Cette initiative, à laquelle les chambres syndicales des grands magasins, des galeries et bazars coopèrent en la dotant de nombreux prix, vient à son heure pour parer à l'invasion des produits étrangers – les appareils ménagers étant, à l'époque,

Une des deux halles, sur le Champ-de-Mars, où est logé le premier Salon des appareils ménagers, 1923

L'entrée du 2e Salon des appareils ménagers, 1924

1. Il fut supprimé par un décret-loi du 24 mai 1938 et remplacé, la même année, par le CNRS (Centre national de la recherche scientifique).
2. Compte tenu de son succès, pour sa troisième édition, en 1926, le Salon des appareils ménagers (qui n'avait pas eu lieu l'année précédente, en raison de l'Exposition des arts décoratifs) fut transporté au Grand Palais. Dans le cadre de ce bâtiment prestigieux, il abandonnait son appellation initiale, modeste, pour s'affirmer en tant que Salon des arts ménagers.
3. *Le Salon des appareils ménagers*, catalogue officiel, Paris, 1923, p. 4.

Extraits du livre de Paulette Bernège, *De la Méthode ménagère*, 2e édition, 1934

beille à l'armoire de rangement, ces objets se trouvant rangés dans l'ordre indiqué.

Vos mouvements acquerront ainsi une grande aisance et de la rapidité. Vous n'aurez plus de fausses manœuvres, de faux pas, de retours. Ce qui cause la mort d'un organisme vivant ne causera pas la mort de votre propre travail, mais sera une source de tels désordres que celui-ci demeurera toujours un travail rachitique.

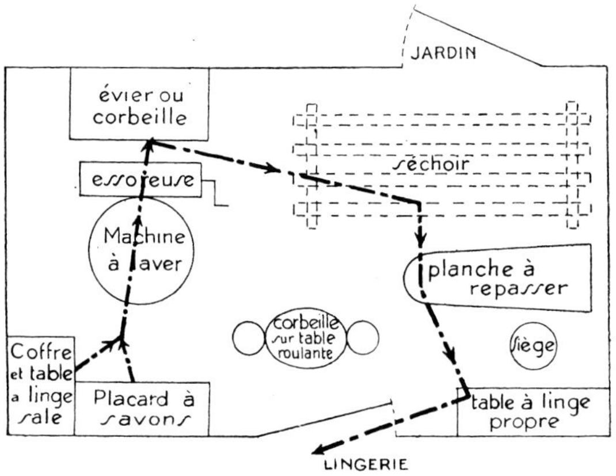

UN PLAN DE BUANDERIE

La loi d'avancement du travail est observée (suivre les flèches) ; le plan est logique, il économise les pas, supprime le désordre et les fausses manœuvres.

Que cet exemple, donné pour un travail bien spécial du lavage de la lessive, vous serve en outre pour l'installation complète de votre maison.

Étudiez les entrées, les sorties, les relations de pièce à pièce pour que cet avancement du travail en ligne droite soit possible.

COROLLAIRE. — *Les organes qui servent à l'accomplissement d'un même travail doivent être en connexion immédiate et constitueront un ensemble dénommé « système ».*

Il serait assez curieux que la bouche, l'œsophage, l'estomac et l'intestin ne soient pas en communication directe les uns avec les autres. La loi précédente fixant « un trajet » au travail doit être complétée par

Exemple d'emploi du temps hebdomadaire : (4 personnes, pas de bébé, mais deux enfants assez grands pour s'habiller seuls)
En hiver il y aura lieu d'ajouter le chauffage. On lira, pages 74 et suivantes, l'explication de cet horaire.

HEURES	LUNDI	MARDI	MERCREDI	JEUDI	VENDREDI	SAMEDI	DIMANCHE
7 à 7 1/2	Lever	Lever	Lever	Lever	Lever	Lever	Lever
7 1/2 à 7 3/4	Préparation café au lait	Préparation café au lait	Préparation café au lait	Préparation café au lait	Préparation café au lait	Préparation café au lait	Préparation café au lait
7 3/4 à 8 1/4	Petit déjeuner	Petit déjeuner	Petit déjeuner	Petit déjeuner	Petit déjeuner	Petit déjeuner	Petit déjeuner
8 1/4 à 9 1/2	Chambres lits	Chambres lits	Chambres lits	Chambres lits	Chambres lits	Chambres lits	Chambres lits
9 1/2 à 10 1/2	Préparation lessive (triage, trempage).	*Marché*	Nettoyage à fond *deux grandes pièces*	Nettoyage à fond *deux petites pièces*	Nettoyage *fenêtres* d'un étage	*Marché*	Bon déjeuner et dîner du soir (vaisselle)
10 1/2 à 11	Préparation déjeuner et *dîner* (vaisselle)			Préparation déjeuner et *dîner* (vaisselle)	Préparation déjeuner (vaisselle)		
11 à 12		Préparation déjeuner rapide (vaisselle)	Préparation déjeuner rapide (vaisselle)			Préparation déjeuner rapide (vaisselle)	
Midi à 2 h.	Repas repos	Repas repos	Repas repos	Repas repos	Repas repos	Repas repos	Repas repos
2 à 3	Vaisselle nettoyage salle à manger	Vaisselle nettoyage salle à manger	Vaisselle nettoyage salle à manger	Vaisselle nettoyage salle à manger	Vaisselle nettoyage salle à manger	Vaisselle nettoyage salle à manger	*Liberté*
3 à 4	*Lessive*	*Repassage*	*Couture*	*Liberté*	*Argenterie armoires tiroirs*	*Mise en ordre toute la maison*	
4 à 5							
5 à 6							
6 à 7		Préparation repas	Préparation repas		Préparation repas	Préparation repas	
7 à 8	Repas	Repas	Repas	Repas	Repas	Repas	Repas
8 à 10	Méditation famille lecture comptabilité	Méditation famille lecture comptabilité	Méditation famille lecture comptabilité	Méditation famille lecture comptabilité	Méditation famille lecture comptabilité	Méditation famille lecture comptabilité	Méditation famille lecture comptabilité

presque exclusivement de fabrication allemande et américaine. Il y a un intérêt économique évident à encourager d'urgence l'industrie française dans ce domaine. L'Allemagne, en particulier, est perçue comme un concurrent dangereux : « L'Allemagne qui, depuis 1914, a encore perfectionné sa puissante organisation scientifique et technique, ne dissimule pas l'espoir qu'elle a de trouver dans une victoire industrielle la rançon de sa défaite militaire [4]. » Laisser l'ennemi envahir le marché national semble intolérable.

En fait, ce qui, apparemment, incite Jules-Louis Breton à organiser ce Salon tient à ce que, depuis longtemps gagné à la cause des femmes, il est sensible au problème que leur pose la crise ancillaire : nombreuses sont celles qui, après la guerre, se voient contraintes de poursuivre ou d'entreprendre une activité professionnelle hors du foyer. Salariées, elles ne s'en trouvent pas moins tenues de procéder elles-mêmes aux besognes du ménage. Dès lors, rendre moins ardu l'accomplissement de cette servitude en leur proposant des appareils domestiques mécanisés, voilà le but que doit se fixer le Salon. Pour Jules-Louis Breton, seul « un machinisme de plus en plus automatique » est capable de pallier ce manque de main-d'œuvre et d'alléger, en grande partie, les travaux les plus ingrats.

La rationalisation des tâches ménagères Parallèlement à l'intérêt de plus en plus grand de la ménagère pour ces « nouveaux compagnons mécanisés », une femme, Paulette Bernège, introduit en France, au début des années vingt, une méthode destinée à optimiser les tâches ménagères : l'organisation scientifique du travail domestique. Visant l'excellence dans l'accomplissement des activités domestiques, ces préceptes pour un nouveau savoir-faire viennent compléter ou, le cas échéant, se substituer aux appareils électroménagers, si, faute de moyens, on ne peut les acquérir. Fortement inspirée par les travaux de Christine Frederick [5], Paulette Bernège entreprend sa croisade en faveur des sciences domestiques avec la complicité de cette dernière, invitée dès 1927 au Salon des arts ménagers.

Bien avant l'engouement que connaîtra la France pendant le premier quart du XXe siècle pour les méthodes rationnelles de travail, aussi bien « externes » (l'usine) qu'« internes » (la maison), dès les années 1840, grâce à Catherine Beecher, les femmes américaines avaient commencé à repenser la façon dont elles effectuaient leurs tâches quotidiennes. Militante active, en quête d'égalité politique avec les hommes, Catherine Beecher [6] s'était employée à donner aux femmes un rôle équivalent dans la société. Outre-Atlantique, la reconsidération du statut de la femme était passée par une « révision » de son travail journalier plutôt que par la conquête de responsabilités nouvelles : la femme américaine n'avait pas cherché pas à « s'émanciper » hors de son foyer, son lieu d'élévation sociale était sa demeure [7].

À l'instar de la cuisine que, tel un architecte, Catherine Beecher s'était efforcée de réagencer selon un plan de travail pensé minutieusement, toutes les pièces de la demeure vont être analysées d'un œil neuf, puis recomposées rationnellement en fonction des tâches que la ménagère doit y effectuer. En effet, un demi-siècle plus tard, reprenant les études de sa compatriote, analysant

Salon des arts ménagers, affiche, 1927
M. Toussaint
Musée de la publicité, UCAD, Paris

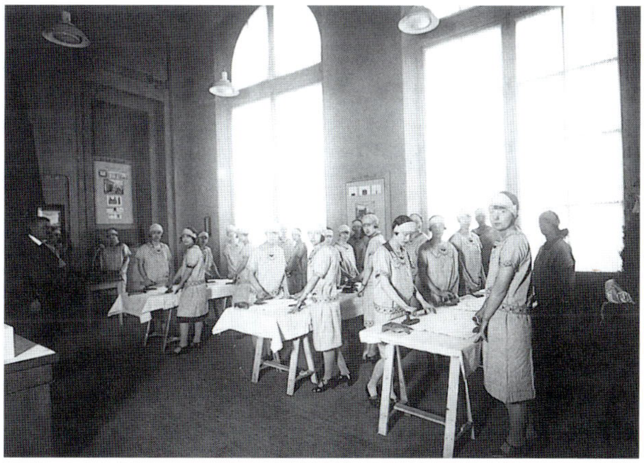

Concours de cuisine et de ménage organisé, à l'occasion du Congrès de l'hygiène et du confort au foyer, dans le cadre du Salon de 1927

4. *Bulletin officiel de la Direction des Recherches scientifiques et industrielles et des inventions*, n° 2, décembre 1919, p. 65.
5. Dans son numéro de mai 1927, *L'Art ménager*, revue officielle du Salon, consacre une grand partie de ses pages à l'œuvre de l'Américaine Christine Frederick.
6. Catherine Esther Beecher (1800-1878) naquit dans une famille de pasteurs quakers pour lesquelles la femme était en tous points l'égale de l'homme.
7. Le discours de Catherine Beecher est manifestement toujours d'actualité, en France, plus d'un siècle après la parution en 1841 de son *Treatise on Domestic Economy*. Intitulé « Aspects de la vie économique aux USA », un article publié en août 1960 par la revue *Arts ménagers* vante les qualités de la femme américaine qui se débrouille sans personnel. Celle qui n'a pas à travailler effectue une activité bénévole entre 10 et 14 heures, de sorte que le ménage et l'éducation des enfants n'ont pas à en pâtir.

celles de Taylor, Christine Frederick reprend le flambeau en érigeant l'organisation rationalisée du travail ménager en science. Ses études auront un retentissement considérable dans les foyers américains, et ce dès 1912 [8], son audience dépassant même celle de la pionnière, qui, de son temps, avait pourtant suscité un énorme intérêt. Par son discours et sa « façon de faire », la méthode préconisée par Christine Frederick rejoint les principes de rationalisation de la production développés dans les industries américaines dès la fin du XIXe siècle, avec Taylor puis avec Ford. En effet, par de nombreux aspects, l'organisation scientifique du travail ménager impose les mêmes rites comportementaux que ceux préconisés par le taylorisme [9]. Rapidement, cette « généralisation disciplinaire » aboutit à une hégémonie du contrôle gestuel, à la demeure comme à l'usine.

De la phobie du sale à la folie hygiéniste Si le mouvement français pour les sciences domestiques se ressent indiscutablement de l'influence du taylorisme, il ne trouve pas pour autant dans cette rationalisation son seul pôle d'inspiration. En réalité, à y regarder de plus près, ses arguments, en première instance, sont tout autres.

Dès la seconde moitié du XIXe siècle apparaît toute une dialectique gestuelle mise au service de la propreté, en accord avec une sensibilité nouvelle qui donne à l'hygiène une place grandissante. Dans ce changement de mentalités, la lutte contre la tuberculose joue un rôle décisif [10]. Une lutte qui va entraîner l'apprentissage de comportements nouveaux visant à débarrasser maison, vêtements, objets, meubles, vaisselles, etc., des germes infectieux dont on imagine qu'ils logent principalement dans la poussière [11]. « Au moindre souffle, poussières et bacilles vont voltiger dans l'atmosphère ou se déposer sur des objets qui nous entourent. [...] Plus de balayage à sec, ni d'époussetage au plumeau, qui soulèvent des nuages de poussières et de bacilles. Partout le lavage à grande eau, le balayage au chiffon mouillé et l'essuyage au linge humide [...]. Enfin, méfions-nous de substances alimentaires exposées en plein air et exigeons des étalagistes et des marchands que celles-ci soient protégées contre les souillures des poussières au moyen de vitrines, cloches, couvercles ou autres appareils isolateurs [12]. »

Berceau d'un nouvel ordre gestuel, la phobie du « sale » – ou l'obsession du « propre » – prépare le terrain à une

Salon des arts ménagers, affiche, 1939
Paul Colin
Musée de la publicité, UCAD, Paris

Stand de machines à laver Bendix ; Salon de 1951

Le président de la République Vincent Auriol en visite au Salon de 1950 nouvelle génération de gestes fondés sur une organisation rationnelle, précise et rigoureuse, qui, au tournant des années vingt, avec Paulette Bernège, et sous le nom de « science domestique », envahit la plupart des habitudes ménagères. En reprenant à son compte les arguments du discours hygiéniste et en les développant, l'organisation scientifique du travail domestique ne fait que renforcer l'aliénation gestuelle, le « toujours plus propre » devenant le « toujours plus efficace ». Et ce sera là sa grande force : investir la maîtresse de maison d'une « haute » mission sociale pour qu'elle se fasse le porte-parole du mouvement taylorien, en accord avec l'architecte-hygiéniste, sans rompre pour autant avec les habitudes de « propreté » inculquées dès le XIXe siècle par la campagne hygiéniste, à la suite des découvertes bactériologiques de Pasteur et de Koch. Comme le remarquent B. Ehrenreich et D. English : « [...] qui devait être chargé de la santé publique ? Selon les médecins c'était les femmes [...] car les chances que l'infection puisse se répandre dépendait "du caractère du bon génie protecteur de la maison, ce petit royaume dirigé par la femme" ». À l'instar de la toilette corporelle, « le nettoyage devint une responsabilité morale »[13].

Pour être en mesure d'assumer cette responsabilité morale, il faut à la ménagère une méthode infaillible, un bréviaire auquel elle fera toute confiance, à commencer par le moyen d'acquérir celle qu'elle n'a pas en

Salon des arts ménagers, affiche, 1949

Paul Colin

Musée de la publicité, UCAD, Paris

Valéry Giscard d'Estaing, alors ministre des Finances, en visite au Salon de 1970.

Il s'est rendu au CNIT en empruntant le premier tronçon Étoile-Défense du tout nouveau RER.

8. En 1912, Christine Frederick fit paraître dans le *Ladies Home Journal* une série d'articles tendant à démontrer la nécessité d'organiser son « home » de façon scientifique. Ces textes eurent un tel succès qu'ils furent publiés en un volume intitulé *Household Engineering. Scientific Management in the Home*, traduit en France en 1920 sous le titre *Le Taylorisme chez soi*.
9. La revue *Arts ménagers* d'octobre 1960 reprend ce thème majeur de l'économie de temps et d'effort, pour vanter les mérites de la cuisine Saint-Laurent, qui répond parfaitement à la demande de la maîtresse de maison, laquelle retrouve alors le sourire. « Plus d'efforts inutiles ni de déplacements superflus : fonctionnellement organisée, la cuisine apporte joie et bien-être. »
10. En 1900, un décès sur sept est dû à cette maladie infectieuse.
11. Sur ce sujet, voir Paul Juillerat, *Congrès international de la tuberculose... La tuberculose et l'habitation*, Paris, s. d. (vers 1900 ?).
12. Dr J. Weill-Mantou, *Guerre à la tuberculose !*, Paris, Armand Colin, 1902, p. 8.
13. B. Ehrenreich, D. English, « La science, le travail et la ménagère », *L'Haleine des faubourgs, Recherches*, n° 29, 1977, p. 197-198.

Publicité pour la revue *Arts ménagers*

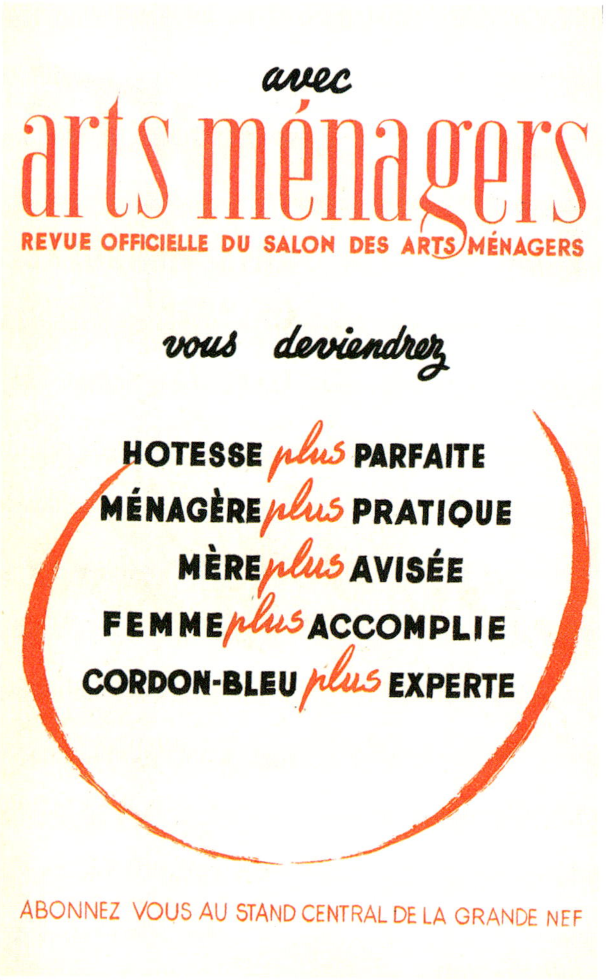

elle-même. Outre qu'ils permettent – aux dires et selon les démonstrations de leur auteur – un gain de temps appréciable, les préceptes formulés par Paulette Bernège constituent surtout, en matière de technique d'exécution, un véritable manuel d'instructions qui laissent peu de place à l'imprévu, donc à l'erreur. Sa méthode ne se contente pas d'être d'une efficacité sans pareille dans la chasse aux microbes : elle donne à la ménagère la tranquillité d'esprit, la délivre du sentiment de culpabilité qu'elle éprouve à l'idée de mal faire. « Les femmes qui faillissaient aux tâches ménagères, écrit Ruth Schwartz-Cowan, étaient forcées de se sentir coupables. S'il fallait choisir un mot pour caractériser l'humeur des magazines féminins des années 1920, ce serait le mot "culpabilité". Les lectrices des meilleurs de ces journaux paraissaient souffrir d'un sentiment de culpabilité une bonne partie du temps, et quand elles ne se sentaient pas coupables, elles se sentaient embarrassées : coupables quand leur enfant n'avait pas pris suffisamment de poids, embarrassées si les tuyaux de vidange étaient bouchés, coupables si leurs enfants se rendaient à l'école en vêtements sales, coupables si tous les germes cachés derrière le lavabo n'étaient pas extirpés, coupables si elles n'avaient pas su déceler les signes précurseurs d'un rhume, embarrassées si on leur reprochait une odeur corporelle, coupables si leurs fils allaient à l'école sans un bon petit déjeuner dans le ventre, coupables si leurs filles n'avaient pas de succès parce que leurs robes étaient démodées, ou mal repassées, ou encore – Dieu les en préserve – sales [14]. » Autrement dit, selon une interprétation hygiéniste des méthodes tayloristes, dès la fin dès années vingt, la « femme à la maison » devient, si elle se conforme aux directives qu'on lui donne, une ménagère scientifique. Dès lors, l'introduction de la « taylorisation domestique » apparaît à la fois comme un moyen mis au service de l'hygiène et une manière de revaloriser le travail ménager.

Libérer la ménagère ou ramener la femme au foyer ? Le problème que la raréfaction de la domesticité pose aux femmes, leitmotiv des déclarations de Jules-Louis Breton, peut aussi s'interpréter comme un argument qui sert à masquer des intentions moins généreuses à leur égard. Si l'on s'intéresse de plus près aux discours tenus par le Salon des arts ménagers sur la lente et difficile émancipation féminine, dont les contours commencent à se préciser au lendemain de la Première Guerre mondiale, son conservatisme a de quoi surprendre. En fait, tout, dans ses propos, contribue à les dissuader de quitter leur foyer pour trouver un travail à l'extérieur du « home [15] ». L'image de la jeune femme indépendante, aux allures presque masculines, comme l'évoque le titre du roman de Victor Margueritte *La Garçonne* [16], en est totalement exclue.

Les écrits de Paulette Bernège confirment cet immobilisme. Féministe, militante active, Paulette Bernège s'impose rapidement comme une collaboratrice de premier ordre de Jules-Louis Breton, lequel voit dans la Ligue de l'organisation ménagère qu'elle a fondée une « initiative heureuse [17] ». Et il en louera à plusieurs reprises la finalité. Fréquemment invitée à participer aux conférences données dans le cadre du Salon des arts ménagers, elle rédige de nombreux articles pour la revue officielle de ce dernier, *L'Art ménager*. De sorte que son nom est très vite associé à celui du Salon. Ses travaux – dont l'organe d'action, *Mon chez moi*, se révèle être une « revue intéressante [18] » – axés sur la redéfinition des activités féminines nous renseignent sur la place accordée à la femme « nouvelle » dans la société d'après guerre : « La Ligue d'organisation ménagère [...] contribuera autant [...] à maintenir l'ordre dans notre pays que la plupart des discours politiques ; ainsi donc la bonne ménagère est considérée comme l'élément pacificateur et stabilisateur par excellence, c'est d'elle que dépend, avec le bonheur des individus, la bonne

14. Ruth Schwartz-Cowan, « La révolution industrielle, la femme et l'économie domestique », *Culture technique*, n° 3, numéro spécial « Machines au foyer », 1980. Notons par ailleurs qu'en 1960 la revue officielle du Salon des arts ménagers se fait le médiateur d'un tel discours en diffusant dans ses pages une publicité pour les produits Harpic présentant la photo d'une femme, l'air contrit, qui avoue : « J'en rougis encore », et qui explique : « Mon mari est furieux ! il recevait un gros client et celui-ci est parti avec une mauvaise impression... C'est de ma faute : je n'avais pas nettoyé le petit coin avec assez de soin. » (*Arts ménagers*, avril 1960, p. 10).
15. En anglais dans le texte.
16. Paru en juillet 1922, *La Garçonne* fit scandale. Son auteur, Victor Margueritte, se vit retirer par le président de la République, Alexandre Millerand, sa Légion d'honneur. Véritable phénomène de société, le roman avait néanmoins été vendu, moins d'une semaine après sa parution, à 20 000 exemplaires.
17. *Recherche et Inventions*, n° 7, janvier 1924, p. 12.
18. *Ibid*.

marche d'une nation [19]. » Paulette Bernège poursuit son plaidoyer en faveur de la « profession ménagère » en affirmant que « [...] l'indifférence du grand public en ce qui concerne les questions ménagères et le mépris dans lequel se trouve cette profession considérée uniquement comme un métier d'exécution et manuel, [amène] beaucoup de femmes [à] la délaisser précisément parce qu'elle n'est pas estimée. [Il résulte une] répercussion économique et familiale de cet abandon ». Autant dire qu'il est impossible, voire interdit, à la femme de travailler à l'extérieur du foyer, sous peine de remettre en cause le bon équilibre de toute une nation. Sa place est dans la cuisine, et il faut qu'elle y reste. D'où toute une entreprise de revalorisation des tâches ménagères. Ce n'est plus un travail avilissant, ingrat, qui ne lui vaut aucune reconnaissance sociale, c'est un métier à part entière, indispensable : « Le métier de maîtresse de maison, par la quantité innombrable de qualités variées qu'il exige, est un métier beaucoup plus difficile à remplir que la plupart des métiers masculins très spécialisés [20] ». Il n'est donc pas exagéré de voir aussi dans la propagande en faveur de l'organisation ménagère un outil mis au service d'une politique qui vise à maintenir l'ordre d'avant-guerre, où l'épouse, soumise à son mari, avait pour responsabilité unique de veiller au bien-être des siens dans des limites spatiales bien définies – la demeure –, par le biais d'actions bien précises – le ménage, le repassage, la cuisine... En présentant chaque année des appareils ménagers toujours plus attractifs, le Salon ne serait alors pas étranger à une volonté sournoise d'enfermer la femme chez elle. Tout, dans cette manifestation, est là pour lui rappeler son devoir, pour l'émerveiller par de nouvelles inventions, pour la tenir informée des dernières découvertes utiles à son labeur.

Une vérification de ses connaissances est d'ailleurs mise en place à l'occasion du Salon de 1936, par le biais d'un concours de la « meilleure ménagère [21] » de France. Avec la complicité du journal *L'Intransigeant*, Mme Picabia met sur pied ce projet, dont les « heureuses élues [22] » seront récompensées par un prix de cinq mille francs. Trois cents jeunes femmes sont sévèrement sélectionnées pour leur aptitude à la couture, car « une bonne ménagère, en France, doit savoir coudre [23] ». Six sont retenues et invitées à concourir après avoir répondu à « un questionnaire portant sur l'organisation ou la technique ménagère, l'hygiène et la puériculture, après exécution d'un plat, au choix de la candidate, pris dans une liste de menus [24] ». Mais seules « des femmes du peuple [25] » sont admises à participer au concours. Sur ce point, le jury est inflexible : « Le concours est un "concours de ménagère" au sens populaire du mot. Les candidates sont recrutées non parmi des professionnelles de l'enseignement ménager, non parmi des élèves de cours supérieurs [26] ». La bonne société doit les aider, les encourager, puis

Salon des arts ménagers, affiche, 1956

Francis Bernard

Musée de la publicité, UCAD, Paris

La file d'attente devant le Grand Palais ; Salon de 1957

19. *Mon chez moi*, Ligue de l'organisation ménagère, n° 20, avril 1925, p. 43.
20. *Ibid.*, p. 44.
21. *L'Art ménager*, mars 1936, p. 276.
22. *Ibid.*
23. *Ibid.*
24. *Ibid.*
25. *Ibid.*, p. 277.
26. *Ibid.*

les récompenser d'avoir combattu de façon si méritoire leurs origines et leur condition de femmes du peuple. Et même si les concurrentes de ce « bon peuple de France [27] » montrent encore de graves lacunes, ont du mal à saisir l'importance d'une « technique ménagère [28] », et surtout d'une bonne « hygiène [29] » « pour ne pas dire moins [30] », il ne faut pas pour autant qu'elles perdent espoir. Alors, « à qui le titre de la meilleure ménagère de 1937 ? [31] ».

Interrompu pendant près de dix ans [32], le Salon des arts ménagers connaît à sa réouverture un succès sans précédent. En 1948, 795 113 visiteurs s'y pressent ; en 1960, c'est une foule de 1 275 835 personnes. Bientôt à l'étroit dans les murs du Grand Palais, le Salon s'installe en 1961 sous la voûte de la vaste halle édifiée en 1958 à la Défense – le CNIT –, doublant ainsi sa surface d'exposition. En quittant le cœur de Paris et le lieu prestigieux de sa période de gloire, le Salon perd de son caractère de manifestation « bienheureuse » où l'on vient s'étourdir de nouveautés toujours plus performantes. Exposition où l'on se rendait naguère en famille, il se professionnalise, réservant ses trois, puis quatre premiers jours aux distributeurs et négociants. Lors de sa dernière édition, en 1983, quoique encore très fréquenté [33], il n'a plus au yeux du grand public l'attrait qui avait été le sien, les grandes surfaces et autres magasins spécialisés assurant par des collections sans cesse renouvelées le rôle qu'il avait si brillamment rempli pendant plusieurs décennies.

Lucie Bariset-Marc

Salon des arts ménagers, affiche, 1983

Christian Chapiron

Musée de la publicité, UCAD, Paris

L'entrée du Salon au Grand Palais, 1949

Le Salon sous la voûte du CNIT, 1961

27. *Ibid.*
28. *Ibid.*
29. *Ibid.*
30. *Ibid.*
31. *Ibid.*, p. 289. Notons qu'après la guerre le concours de « La meilleure ménagère » fut évincé au profit d'une manifestation similaire, le « Concours national d'Enseignement ménager », organisé conjointement par le Salon des arts ménagers et par l'Union nationale des caisses d'allocation familiales.
32. Le Salon ferma ses portes en 1939 pour les rouvrir en 1948.
33. En 1962, le Salon avait atteint le chiffre record de 1 416 553 entrées.

Lorsque le Salon des appareils ménagers s'installe en 1926 au Grand Palais, dédié aux arts depuis l'Exposition universelle de 1900, et devient le Salon des arts ménagers [1], beaucoup s'étonnent que son promoteur puisse accorder de l'intérêt à des « bricoles », à un « vaste bazar », baptisé par dérision « Salon de la poêle à frire ». Mais Jules-Louis Breton, homme politique [2], homme de science [3] et inventeur [4], est convaincu depuis longtemps que la réforme sociale passe par la diffusion du progrès technique.

Dynamiser l'industrie et informer le public Considérant que le Salon doit avoir pour principal objectif de favoriser les industries nationales, dès l'origine, il y organise d'importants congrès ; nombre de groupements professionnels y naîtront ; toutes les campagnes promotionnelles visant à l'amélioration de la vie au foyer y seront lancées.

Les initiatives prises en faveur des industries ne pouvant aboutir que si le public est informé, éduqué – voire de rééduqué, en matière d'ameublement par exemple [5] –, il confie ce rôle à la revue officielle du Salon, *L'Art ménager* [6]. Ce travail de sensibilisation est amplifié par la « saison ménagère [7] » qui s'ensuit, alimentée par l'ensemble de la presse et les magasins, qui font connaître les nouvelles possibilités offertes en matière d'aménagement et d'équipement, les tendances qui se font jour, et reprennent les thèmes des « causeries » et des débats organisés au Salon sur les sujets les plus divers.

Dès 1923, Jules-Louis Breton s'est assuré la collaboration de Paulette Bernège et d'Henri Sellier. La première, pionnière de l'organisation scientifique du travail ménager, adapte les idées de l'Américaine Christine Frederick [8] aux réalités du foyer français ; le second, militant socialiste, hygiéniste et adepte du mouvement philanthropique, président du Conseil général de la Seine et directeur de l'Office public des HBM de la Seine, maître d'œuvre de nombreuses cités-jardins édifiées dans la banlieue parisienne, se voit confier le cycle des conférences, appelées alors « causeries ».

Membre de l'Académie des sciences en 1920, Jules-Louis Breton (1872-1940), crée le premier Salon des appareils ménagers en 1923

Salle de bains présentée à l'occasion du Congrès de l'hygiène et du confort au foyer, 1927

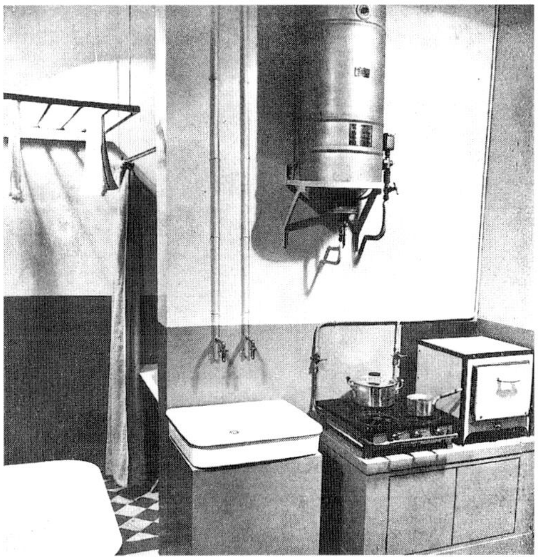

Concours pour le meilleur équipement ménager et sanitaire du foyer ; Salon de 1931

Projet de MM. Andrieux, Balbo et Zavaroni, classé premier à l'issue du référendum organisé auprès des visiteurs.

1. L'expression « arts ménagers » apparaît pour la première fois dans le *Nouveau Larousse universel* en 1950.
2. Issu d'une famille bourgeoise du Nord, Jules-Louis Breton se lance très tôt dans la politique et participe à la fondation du groupe des Étudiants socialistes révolutionnaires internationalistes de Paris. Ses écrits lui valent d'être la première victime de la première loi scélérate de 1893. Disciple de Vaillant, candidat du Comité révolutionnaire central, il est élu député de « Vierzon la Rouge » en 1898, et restera parlementaire du Cher jusqu'en 1930.
3. Ses travaux sur les rayons X et les ampoules radiographiques, la télégraphie sans fil et les courants de haute fréquence ainsi que ses découvertes sur le plomb et ses composés lui vaudront d'être élu membre de l'Académie des sciences en 1920.
4. Le maréchal Foch lui reconnaît la paternité des chars d'assaut qui contribueront à la victoire de 1918. Sa machine à laver la vaisselle, La Centrifuge, est considérée comme le « clou » du premier Salon des appareils ménagers, en 1923.
5. Avant la Première Guerre mondiale, le mobilier se réduit d'une part à une production de luxe, réservée à quelques privilégiés, de l'autre à une production artisanale ou de petite série, qui s'inspire platement des styles passés, ou prétend imiter, tout en l'abâtardissant et en la surchargeant, la production de luxe.
6. Parue sous ce titre de 1927 à 1939, la revue s'intitulera *Arts ménagers* à partir de 1949. Les Éditions du Salon des arts ménagers publient également un certain nombre de dossiers – *Documents arts ménagers*, plaquettes *Formes utiles* –, des livres de Paulette Bernège, de Marie-Louise Cordillot, de René Herbst (*Vingt-cinq ans d'UAM ; Un inventeur... l'architecte Pierre Chareau*), d'André Hermant (*Formes utiles*).
7. Cette « saison » était l'homologue de la « saison de blanc ».
8. Son livre *Household Engineering ; Scientific Management in the Home*, dont la première édition paraît en 1915 à Chicago, est traduit en français en 1920, sous le titre *Le Taylorisme chez soi.*

Maison familiale type « loi Loucheur » ; projet primé au Salon de 1929

Proposition des architectes Bissonnier et Dufourny

Salle de bains de la « maison familiale » ; Salon de 1960

À cette date, 40 % des logements français sont dépourvus d'eau courante, 70 % d'eau chaude ; 90 % n'ont ni baignoire ni douche ; 73 % ne disposent pas de W-C intérieurs.

Stand « Compteur bleu » EDF ; Salon de 1963

Électricité de France lance sa campagne visant à doter chaque foyer des agglomérations de plus de 2 000 habitants d'une puissance de 6 kilowatts. Les deux tiers des foyers français ne disposent alors que d'une puissance de l'ordre de 1 kilowatt, tout juste suffisante pour alimenter un fer à repasser, une radio et une lampe de chevet.

En 1927, Paulette Bernège prend l'initiative de la Semaine de l'enseignement ménager et culinaire, préfiguration, en quelque sorte, du Concours de la meilleure ménagère, lancé en 1936 pour contrebalancer les élections de « miss » et de « reines » en tout genre ; après-guerre, il deviendra Concours de la fée du logis[9], organisé au Salon par l'Union nationale des caisses d'allocations familiales. Quant à Henri Sellier, il met sur pied, cette même année 1927, le Congrès de l'hygiène et du confort au foyer, destiné aux professionnels du bâtiment, mais qui va jusqu'à la remise en cause de l'environnement. Dès lors sont définis le contenu des Arts ménagers et son esprit, proche de celui de l'Art social de la fin du XIXe siècle, ardemment défendu par Frantz Jourdain, architecte de La Samaritaine, et père de Francis Jourdain[10].

Taylorisation, préfabrication et normalisation sont les maîtres mots de l'après-guerre. L'Association française de normalisation (AFNOR) est créée en 1926, et Paul Breton, fils de Jules-Louis, présidera après 1940 toutes les commissions de normalisation pour l'équipement des foyers et des collectivités. Au Salon de 1929, la maison individuelle de Bissonnier et Dufourny, construite à partir d'éléments standardisés et primée au Concours de la maison familiale compatible avec les normes de la « loi Loucheur[11] », est édifiée grandeur nature ; le jury, présidé par Paul Strauss, ancien ministre, comprend Henri Sellier, Raoul Dautry, Auguste Perret, auteur d'un projet de cité ouvrière en 1922.

L'œuvre à accomplir est immense. En 1961, au cours d'une journée débat consacrée à « La propreté : un exemple de publicité éducative » qui réunit quinze groupements professionnels, M. Sayour, directeur du Comité hygiène et eau, met l'accent sur quelques

9. Cette manifestation se poursuivra jusqu'en 1959.
10. À propos de Francis Jourdain, René Herbst et Charlotte Perriand diront : « Il était notre père spirituel à tous ».
11. Louis Loucheur, vice-président de l'Office des inventions, ministre du Travail et de l'Hygiène en 1927, fait voter en 1928 la loi instaurant l'aide de l'État à la construction de logements à bon marché et à loyer moyen. Après la Seconde Guerre mondiale, Eugène Claudius-Petit remplacera Louis Loucheur à la présidence d'honneur du Salon ; de même, Louis de Broglie, secrétaire perpétuel de l'Académie des sciences, deviendra second président d'honneur après le décès, en 1948, du secrétaire perpétuel Alfred Lacroix.

Paul Breton (1904-1988), fils du fondateur du Salon, assurera le commissariat de 1929 à 1976.

statistiques : plus de 40 % des logements français sont encore dépourvus d'eau courante, et 70 % d'eau chaude, 89,5 % n'ont pas de baignoire ou de douche, 73,4 % de W.-C. intérieurs… En 1963, avant qu'Électricité de France ne lance, au Salon, le « compteur bleu », plus d'un ménage sur deux ne dispose même pas d'une puissance électrique suffisante pour brancher un fer à repasser, et seul le gaz peut assurer le chauffage de l'eau de la machine à laver.

La participation active de l'UAM, des artistes et des architectes Paul Breton devient commissaire général du Salon en 1929. Cette même année, réagissant à certaines tendances de l'art décoratif français marquées par la tradition et l'ornementation, plusieurs architectes et artistes – Hélène Henry, René Herbst, Francis Jourdain, Robert Mallet-Stevens, Charlotte Perriand, Raymond Templier, notamment – fondent l'Union des artistes modernes (UAM). Leur goût pour le dépouillement et la recherche d'harmonie pure, adapté à la production de série, leur attrait pour les matériaux nouveaux, leur conviction que « l'art moderne est un art véritablement social » sont en parfaite concordance avec les vues du Salon.

Afin de s'exprimer et se faire mieux connaître, l'UAM décide de participer aux Arts ménagers. En 1934, le Salon accueille son « Exposition de l'habitation », qui est confiée à André Bloc, directeur de la revue *L'Architecture d'aujourd'hui*. Pour l'architecte Georges-Henri Pingusson, « l'art ménager va sans doute être la voie vers la santé, vers la vérité de l'architecture de notre temps ».

Vue générale du Salon, 1930.

Stand Mazda ; Salon de 1931

René Herbst, architecte

Maison préfabriquée ; Salon de 1926

Henri Sauvage, architecte. Cette maison en acier est constituée par l'assemblage de huit cellules. Chaque cellule-unité de construction (ou pièce habitable) (4,70 x 3,20 m ; 2,80 m de hauteur) est entièrement construite en usine « à la manière d'un wagon ».

L'urbanisme et l'architecture sont très présents au Salon, et ce jusqu'en 1962. Non seulement l'habitat rural y trouve sa place auprès de l'habitat urbain [12], mais les aménagements collectifs à caractère social donnent l'occasion d'initiatives hardies, depuis le « club des loisirs » proposé par le Mouvement populaire d'art et de culture Mai 36, jusqu'au « café-club » destiné à humaniser les grands ensembles qui sera imaginé en 1962 par le Syndicat des architectes de la Seine.

Aucune forme d'art n'est exclue. En 1937, Darius Milhaud dirige le Grand orchestre du Salon et présente l'émission « La musique au foyer ». Entre 1929 et 1949, des espaces d'exposition comme La Crémaillère, puis L'Âtre, accrochent à leurs cimaises des natures mortes et des scènes de la vie quotidienne de peintres contemporains, au côté d'œuvres d'Émile Breton [13] et de Pierre Chardin. L'esprit UAM triomphe dans les salles des métiers d'art. La décoration du restaurant est confiée à Robert Mallet-Stevens avant la guerre de 1940 et à Pierre Sonrel à la reprise du Salon, à l'atelier Fernand Léger en 1952, puis à Robert Pansart. Des sculpteurs comme François Stahly, Jean Arp,

Le Café-club ; Salon de 1962

Syndicat des architectes de la Seine

Maison « coque » ; Salon de 1951

Jean et Henri Prouvé, arch. Le concept repose sur les « éléments coques » qui s'appuient sur une maçonnerie et se prêtent à de multiples combinaisons aux dimensions les plus variées.

12. Avec, notamment, des présentations d'architectes, d'ingénieurs et de constructeurs comme René Coulon, René Herbst, R. Le Caisne, Le Corbusier, Robert Le Ricolais, Marcel Lods, Jean de Mailly, Claude Parent, Pierre Pinsard, Jean Prouvé, Marcel Roux, Henri Sauvage, Lionel Schein, Ren Suzuki, Pierre Vago, André-Olivier Wogensky...
13. Émile Breton, peintre de l'école de Barbizon, était l'oncle de Jules-Louis Breton.

Alexander Calder et Ossip Zadkine cherchent à établir le « dialogue de l'artiste avec l'homme de la rue » et à répondre à un public « prêt à adhérer de cœur à une esthétique contemporaine »[14]. Certains artistes s'adonnent à l'art mural, dans l'esprit qu'a défini l'un d'entre eux, Vasarely : « Nous ne pouvons laisser indéfiniment la jouissance de l'œuvre d'art à la seule élite des connaisseurs [...]. L'art de demain sera trésor commun[15] ».

Disciple de Francis Jourdain, René Gabriel – surnommé par ses détracteurs « l'ébéniste des classes pauvres » – entre au Salon en 1935, à la veille de la création de la section Le Foyer d'aujourd'hui, qui, selon l'expression d'André Bloc, allait « ouvrir à l'ameublement moderne des horizons nouveaux ». Animé toute sa vie par le souci de mettre l'art à la portée de tous,

14. Catalogue officiel du Salon, 1955, p. 93.
15. Catalogue officiel du Salon, 1970, p. 48.

Le restaurant du Salon, 1952

Décoration par l'atelier de Fernand Léger

« Maison tout en plastiques » ; Salon de 1956

Ionel Schein, architecte. Réalisée pour les Charbonnages de France

La « Flamme » ; Salon de 1956

François Stahly.
À l'arrière de cette sculpture en acier inoxydable, haute de 26 m, qui symbolise une ère nouvelle, deux façades d'immeubles métalliques de 20 m de haut et de 12 m de large, l'un à usage de bureaux, l'autre a usage de logements. Tout, ou presque, y est innovation, à partir de l'acier inoxydable et du verre.
Au premier plan, la toiture de la « maison tout en plastiques » de Ionel Schein.

La foule à l'intérieur
du Grand Palais ;
Salon de 1952.

cet homme de conviction devient le chef de file des jeunes créateurs à la recherche d'un mobilier rationnel, conçu pour être réalisé en série et vendu à un prix modique. À sa mort, en 1950, le Salon lance le prix René Gabriel, attribué chaque année à l'artiste décorateur qui présente le meilleur modèle de mobilier destiné à une fabrication industrielle. Pendant une trentaine d'années, ce prix récompensera les plus grands noms de la création contemporaine française, et l'on parlera d'un « style Arts ménagers ».

Le Salon et le design « C'est au foyer, écrit Paul Breton, qu'il importe le plus, sans doute, de ne pas introduire le laid, même en invoquant le confort et l'utilité [16]. » Dans son bureau s'élaborent les deux premiers organismes français de promotion du futur « design » : Formes utiles, en 1949, avec André Hermant et René Herbst, puis l'Institut français d'esthétique industrielle, en 1951, avec Jacques Viénot.

Alors que René Herbst, André Hermant, Charlotte Perriand, Georges-Henri Pingusson se demandent que faire pour actualiser l'action de l'UAM, l'idée de « bazar », proposée en vain par Francis Jourdain pour l'Exposition des Arts décoratifs et industriels de 1925, et à nouveau écartée par l'UAM pour l'Exposition universelle de 1937, apparaît... d'actualité [17]. Le but est de « faire le bilan de ce qui existe, ensuite susciter des créations dans le sens le plus utile, puis, si possible, orienter la production [18] ».

16. *Arts présents*, mars 1949.
17. Signalons toutefois qu'en 1937, avant l'ouverture de l'Exposition universelle, René Drouin et Maurice Barret mettent en valeur, à l'Exposition de l'habitation, le mobilier et les objets de grande série qu'ils sont allés chercher un peu partout, dans les « Prisunic » et dans les bazars.
18. Charlotte Perriand, *Une vie de création*, Paris, Éditions Odile Jacob, 1998, p. 256
19. Voir l'article intitulé « Formes utiles », dans *Combat*, 16 février 1957.
20. Les objets sélectionnés chaque année, parmi les productions exposées ou non, seront reproduits dans une plaquette éditée par le Salon, qui comprend plus de trois mille objets au total.

« Il s'agissait, écrira Francis Jourdain [19], non plus d'habiller l'objet pour le mettre à la mode, mais bien de lui retirer sa défroque, de lui restituer sa dignité d'objet, de l'enrichir d'un attrait dont l'essentiel serait le clair aveu de la fonction. »

Pour la manifestation organisée au cours de l'hiver 1949-1950 au pavillon de Marsan, avec l'appui de l'Union centrale des arts décoratifs, c'est André Hermant qui trouve le titre « Formes utiles » et l'accompagne du slogan : « Sont utiles (et belles) les formes qui manifestent l'accord entre les exigences de la matière et les aspirations de l'esprit. »

L'année d'après, Paul Breton propose qu'une présentation Formes utiles ait lieu chaque année au Salon des arts ménagers [20]. À son initiative, des expositions de formes françaises sont organisées à l'étranger (à Bruxelles, Göteborg, Helsingborg, Milan, Moscou... au Canada, sous forme itinérante). L'UAM est dissoute en 1958 ; l'Institut français d'esthétique industrielle devient Institut français du design en 1984, puis fusionnera avec l'association Formes utiles en 1986. Quant à Paul Breton, il est élu président du Conseil du design français créé le

Appareils sanitaires, première sélection Formes utiles ; Salon de 1951.
Toutes les présentations Formes utiles seront désormais assurées par l'architecte Hervé Delauze.

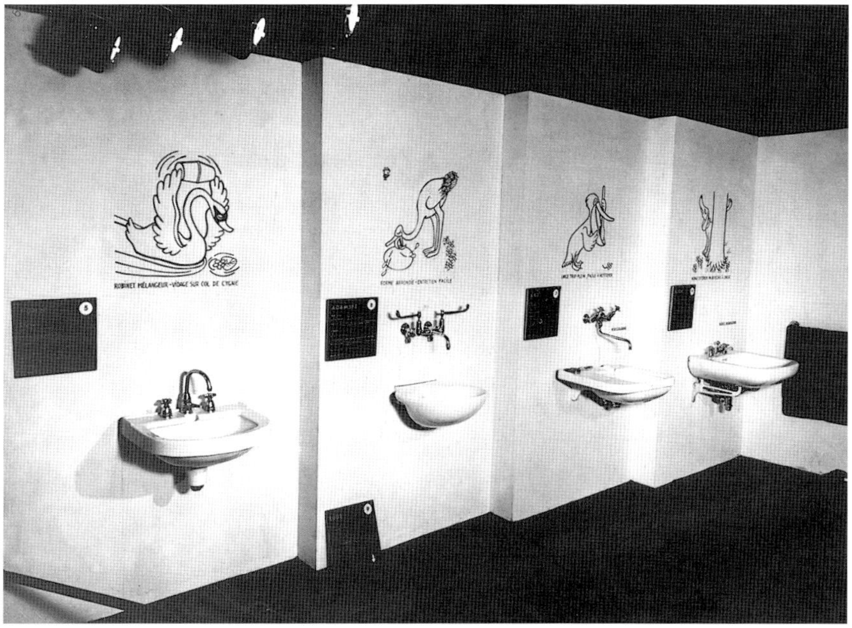

Stand René Gabriel : la série dans le meuble ; Salon de 1948

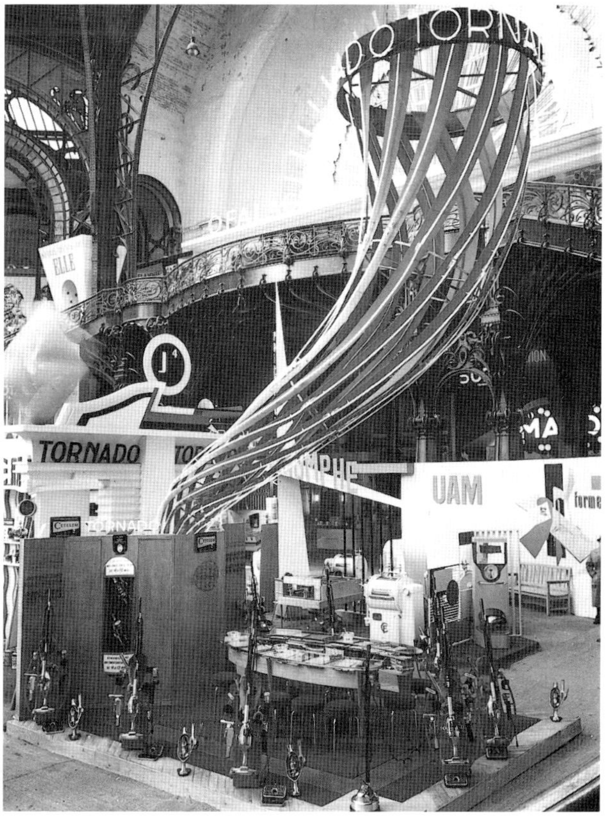

À l'arrière du stand Tornado, la présentation de l'UAM/Formes utiles ; Salon de 1954

Stand Formes utiles ;
Salon de 1972

1er décembre 1969, qui regroupe « les différents mouvements français dont les objectifs sont la recherche, la réalisation ou la promotion des idées ou des méthodes du Design ».

Un mécénat pour les entreprises En soixante années d'existence, il n'est pas de secteur de la vie quotidienne où l'influence du Salon, devenu une véritable institution, n'ait été décisive et reconnue. Une influence due, certes, aux qualités exceptionnelles de ses organisateurs, mais « l'esprit Salon » n'aurait pu s'imposer si la manifestation, propriété de l'Office des inventions [21], n'avait été gérée par le secteur public, c'est-à-dire en dehors de tout intérêt privé.

Les Arts ménagers n'ont pas seulement contribué à la recherche en remettant chaque année à l'organisme de tutelle leurs excédents de recettes, qui permettront de faire vivre un ou plusieurs laboratoires. Ils ont aussi exercé un véritable mécénat en faveur de la création et des entreprises.

La normalisation et le souci de la forme des objets quotidiens ont facilité la production de masse et orienté les innovations. Le Concours de la meilleure notice d'emploi pour un appareil ménager, institué en 1969, a contribué à l'amélioration de la communication entre producteurs et acheteurs. Grâce aux Journées internationales d'études instaurées dès 1961 dans le cadre des journées professionnelles, la confrontation en un même lieu des produits et des idées a favorisé une émulation bénéfique à tous.

Le Salon a offert aux services publics, aux fabricants, aux distributeurs et à leurs groupements professionnels, mais aussi aux consommateurs et à leurs associations, la plus importante tribune que l'on puisse imaginer, tant par sa fréquentation [22] que par son retentissement national et international.

Ce mécénat, par son objet, sa durée, son ampleur et son influence sur la vie quotidienne est sans équivalent au XXe siècle.

Jacques Rouaud
Ancien commissaire général
du Salon international des arts ménagers

21. L'Office devient Centre national de la recherche scientifique (CNRS) en 1938.
22. En 1962, année record, on comptabilise 1 416 553 entrées.

L'étude des « maisons du futur » et de leur évolution est un sujet bien plus vaste qu'il n'y paraît. Aussi, pour donner rapidement une idée de cette variété, nous avons choisi d'en montrer l'origine dans le XIXe siècle, et de privilégier des citations de concepteurs de maisons très dissemblables. Avant de visiter ensemble quelques réalisations, commençons par une proposition révolutionnaire.

1806 : le projet de Jean-Frédéric de Chabannes Dans un étonnant prospectus publicitaire, de Chabannes propose la construction de luxueuses maisons à partir d'éléments préfabriqués en fonte, des circuits de vapeur étant utilisés pour le chauffage et la force motrice. De multiples robinets servent à piloter les diverses fonctions. Les différences de température créées servent à contrôler la circulation de l'air et l'évacuation des odeurs. Des doubles fenêtres, aux huisseries également en fonte, isolent de l'extérieur. Par ailleurs, des « télégraphes domestiques » constitués de cadrans reliés par des fils permettent la télétransmission des questions-réponses les plus usuelles entre les habitants et leur personnel, évitant ainsi les allées et venues inutiles... Quoique sans suite, cette tentative d'utilisation rationnelle des techniques de pointe de l'époque constitue une première étape intéressante.

1867 : la demeure de Robert-Houdin L'illusionniste Jean Eugène Robert-Houdin a révolutionné la « magie » en créant de nouveaux tours qui utilisaient les avancées techniques de son temps. Horloger, réparateur et fabricant d'automates, inventeur d'appareillages faisant appel à des combinaisons de mécanique et d'électricité, il a été, plus tard, inventeur d'appareillages d'optique. En 1991, nous l'avons proposé comme « le premier domoticien [1] ».

En effet, mettant à profit ses connaissances techniques et psychologiques, Robert-Houdin avait aménagé sa demeure pour son confort et son agrément : « Je possède et j'habite à Saint Gervais, près Blois, une demeure dans laquelle j'ai organisé des agencements, je dirais, presque des trucs qui, sans être aussi prestigieux que ceux de mes séances, ne m'en ont pas moins donné dans le pays, à certaine époque, la dangereuse réputation d'un homme possédant des pouvoirs surnaturels.

Ces organisations mystérieuses ne sont, à vrai dire, que d'utiles applications de la science aux usages domestiques [2]. »

Les « organisations » en question sont d'une grande variété :
« Un concierge électrique. Moyen de reconnaître à 400 mètres d'éloignement le nombre et la nature des visiteurs qui entrent dans une demeure. Boîte aux lettres indiquant, à distance, l'espèce et la quantité des dépêches. Comment

Porte d'entrée de la demeure de Robert-Houdin
Sur la gauche, on devine un fil électrique transmettant des informations du portail à la maison, telle la vitesse d'ouverture de la porte, qui indique si le visiteur est un habitué ou un nouveau venu évidemment surpris par des automatismes inconnus.

1. Voir Jeanne et Jean Pierre Guélon « Le premier domoticien ? », rubrique « Futurs Antérieurs », *Domotique Magazine*, n° 2, 2e trimestre 1991.
2. Jean Eugène Robert-Houdin, Introduction à *Le Prieuré, organisations mystérieuses pour le confort et l'agrément d'une demeure*, Paris, Michel Lévy Frères Éditeurs, Paris, 1867.

Madame à sa toilette
Chromo de Vieillemard, XIXe siècle.
L'électricité est omniprésente. Remarquer, entre autres, le chauffage par panneau radiant, application qui ne commencera à être diffusée qu'un siècle plus tard.

Le domestique de l'avenir
Gravure de Jamos, XIXe siècle.
L'illustrateur multiplie les arbres et les courroies de transmission selon la technique de l'époque.
Il ne va pas jusqu'à imaginer la possibilité de plusieurs petits moteurs, solution qui prendra le dessus un demi siècle plus tard.

L'arrivée du repas chez un abonné
Gravure de Albert Robida parue dans *Le Vingtième siècle*, Paris, Georges Decaux, 1883.
Le réseau de distribution de nourriture est une extrapolation humoristique du réseau de distribution du gaz « d'éclairage » alors en pleine expansion.

on parvient à assurer à son cheval l'exactitude de ses repas et l'intégrité de ses rations. Réveil irrésistible. Unification de l'heure sur tous les cadrans. Grosse sonnerie d'horloge se remontant par le va-et-vient des domestiques, et cela sans qu'ils s'en doutent. Procédé pour forcer la cuisinière à préparer le dîner à l'heure que l'on désire. Contrôleur de la température d'une serre. Avertisseur d'incendie. Voleur pris au trébuchet. Tir au pistolet et couronnement du vainqueur par l'électricité. Chemin de fer aérien. »
Un des visiteurs de Robert-Houdin remarque : « Et maintenant, qu'exigent de soins ces ingénieux et discrets serviteurs mécaniques, si obéissants, d'une humeur si égale, dont les gages sont presque nuls, qui ne sont ni bruyants, ni maladroits, qui ne cassent rien, qui ne font, en un mot, ni esprit ni sottises, et qui sont, par conséquent l'idéal du serviteur modèle ? Deux heures par an pour renouveler les piles ! ! ![...] »

À notre avis, en automatisant ainsi sa demeure Robert-Houdin a traité la sécurité des biens et des personnes, la communication interne et externe, la gestion de la maison et de ses dépendances, ainsi que les loisirs, tout comme le ferait un de nos domoticiens actuels.

Certes, il maîtrisait totalement les applications balbutiantes de l'électricité – inconnues hors des laboratoires –, mais nous considérerions aujourd'hui comme dérisoires les moyens qu'elles lui offraient : des contacts pour seuls capteurs, des électroaimants pour seuls actionneurs, des conducteurs, des isolants, des piles... et c'est tout !

Fin du XIXe siècle : rêves de mécanisation Avec le moteur électrique, de nouvelles possibilités apparaissent. La maison automatique telle que l'imaginent des illustrateurs du XIXe siècle se présente selon trois formules : l'automatisme intégral remplaçant le serviteur humain, comme le propose Vieillemard dans « Madame à sa toilette », chromo montrant des poudreuses, des brosses et autres peignes automatiques actionnés mécaniquement ; l'automatisation des fonctions, pilotée par un zélé serviteur humain, comme le représente Jamos dans « Le domestique de l'avenir » ; l'automatisation confiée à des usines spécialisées reliées à la maison par un réseau de canalisations, comme le montre Albert Robida dans une gravure représentant une distribution à domicile, par ce moyen, de nourritures et de boissons.

1907 : la maison électrique de Gëorgia Knap Selon ses « mémoires » particulièrement romancées (et élogieuses à son endroit [3]), Gëorgia Knap a travaillé dix ans à la réalisation de sa première « maison électrique », à Troyes, qu'il présente à la presse le 12 janvier 1907. À la fin de la même année, il abandonne son atelier de constructeur de cycles à moteur pour transférer sa nouvelle activité en plein Paris. Là, il reconstitue une maison de démonstration où il commercialise les divers automatismes électriques qu'il conçoit, ou qu'il revend. Plutôt que de recourir à ses mémoires ou à son catalogue-tarif de 1912-1913 pour décrire ces automatismes, découvrons-en une partie en suivant le journaliste du *Petit Troyen* ce soir de 1907 :
« [...] L'allée vient de s'illuminer à son tour, tandis qu'une voix claire et sonore sort du pilastre de pierre de la grille et me dit : "Entrez donc et soyez le bienvenu". Au même instant, j'entends distinctement... le verrou de la porte se déclencher, puis la porte s'ouvre grand devant moi, comme poussée par une main invisible... En gravissant les premières marches, tout à coup, frr... ttt, sous mes pieds, un chatouillement inexprimable, je fais un bond de surprise : trop tard, le bien obligeant tapis-brosse électrique a glissé sous mes pieds et en une seconde a nettoyé d'étonnante façon le dessous de mes bottines. » Knap montre ensuite

3. Voir le dithyrambique ouvrage que Marie George Henri, dit Gëorgia Knap, édite lui-même, *Une énigme vivante : La Vie Merveilleuse de Gëorgia Knap, le plus effarant génie contemporain, l'Homme aux 80 Métiers, le plus grand marchand de Miracles et d'Espérances des Temps Modernes* (selon la couverture) *des Temps Passés et Présents* (selon la page de titre), *le cerveau qui a le plus créé et qui a le plus d'ennemis*, par le commandant Max Taillefer (un pseudonyme ?), Édition du Cottage Social, Paris, 1936.

au journaliste des plans de maisons automatiques : « Bien des propriétaires, dit-il, ne voudront pas faire construire sans s'informer des merveilles de confortable que l'on peut obtenir maintenant par l'électricité ; et, soudain, s'étalent devant moi les plans des plus élégantes villas qu'on puisse imaginer : doubles murs, doubles fenêtres partout ; chaleur hiver ; fraîcheur été, réglées automatiquement par la vigilante électricité ; portes électriques à glissières sans poignées rentrant dans les murs sur pression d'un petit bouton. Salle à manger, service complètement électrique ; chambre à coucher, idem, d'un confort inouï… » Le journaliste est ensuite invité à passer à table. La salle à manger et l'office situé juste en dessous constituent un ensemble « automatisé » spectaculaire : « "– Joseph ? – Monsieur ?…" La voix distincte et bien timbrée tombe du lustre… "– Vous pouvez servir. – Bien Monsieur". Le maître étend les mains. "– Que la lumière soit", dit-il. Soudain, le plus prodigieux effet lumineux qu'on puisse imaginer éclate subitement à mes yeux… Mais voici qu'au bout de la table s'ouvre devant les convives un plateau d'argent et la soupière fumante apparaît ; elle se dirige silencieusement vers la place d'honneur… Puis chacun reçoit la visite du vase ensorcelé qui tourne sur lui-même pour mieux présenter la louche. Tout le monde est servi : elle disparaît par ou elle était venue.

« Et le service continue… des plateaux passent devant nous, on y dépose assiettes et couverts, et en vingt secondes tout est débarrassé ; par le même procédé on reçoit la vaisselle propre…

« Mais c'est l'instant des explications promises par notre hôte : "– Tout ceci, nous dit-il, est très simple, un microphone est placé dans le lustre et communique avec les oreilles du maître d'hôtel placé en dessous et qui entend ce que nous disons… Ce bouton placé à la portée de ma main sert à couper cette communication quand je le désire, afin d'être seul, et je ne lui laisse que la vue de la table, ce qui lui permet de servir aussi bien, et même si je veux lui enlever cette vue, j'appuie sur le deuxième bouton et le périscope est masqué, il ne voit et n'entend plus rien ; vous n'en feriez pas autant avec un maître d'hôtel ordinaire… Descendons près de lui à la machinerie de l'office, vous serez édifiés." Nous voici devant l'ingénieux élévateur qui va porter les plats sur la table et voici le fameux périscope… L'opérateur a devant lui les tableaux et les commutateurs qui commandent les décors de la table et les allées et venues verticales et horizontales de l'appareil qui porte les plats. »

Il ne s'agit plus ici d'une simple table de salle à manger automatisée par un « chemin de fer » électrique, comme celle de Gaston Menier (1887), celle du Franklin Experimental Club de New York (1891), ou celle de la Maison électrique du professeur Werner Von Siemens (1898). C'est un produit complet, commercialisé avec l'ensemble des automatismes de la « Maison électrique » de Knap. En 1912, la version de la « salle à manger électrique » complète pour 12 couverts, avec l'office associé, décorations comprises, et prête à fonctionner, est proposée pour 22 000 francs.

Retrouvons le journaliste dans la chambre à coucher : « À coté du lit, un valet de chambre d'une ponctualité merveilleuse et d'une rare discrétion sous la forme de ce contact à trois boutons… J'appuie ! Immédiatement apparaît au plafond un grand cadran lumineux indiquant 7 heures… Je lis : "volets, rideaux." J'appuie, la lampe s'éteint et rideaux et volets viennent de s'ouvrir : le jour entre à flots… Je m'avise d'appuyer sur le bouton marqué "service". Une voix douce et indéfinissable : "– Que désirez-vous Monsieur ?… Voulez-vous déjeuner ?… Chocolat, café ou laitage électrique ?"… Il s'écoule à peine deux minutes : soudain, le dessus de la table de nuit vient de pivoter sur lui-même et se place au milieu du lit face à moi, et le petit déjeuner venant de la cuisine

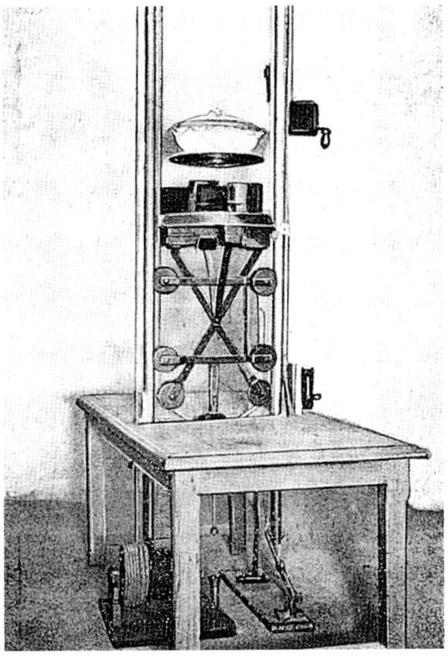

L'office de la « maison électrique » de Knap
Illustration parue dans *La Vie merveilleuse de Göorgia Knap…* Paris, 1936. Les deux colonnes de l'ascenseur et le mécanisme d'élévation du plateau sont nettement visibles.

La table de la « maison électrique » de Knap
Illustration parue dans *La Vie merveilleuse de Göorgia Knap…*
Remarquer le rail du plateau automoteur et le tableau mural de commande électrique.

Le « chiffonnier » de la chambre de Knap
Illustration parue dans *La Vie merveilleuse de Göorgia Knap…*
Le dessus s'est ouvert en doublant sa surface et en pivotant afin de se rapprocher du lit et de libérer le passage du plateau élévateur venant de l'office inférieur.

Le microprocesseur à tout faire dans la maison

Dessin paru dans l'*Ordinateur individuel* n° 9, juillet-août 1979

Le sélecteur de Mr Basset

Illustration parue dans *Mécanique populaire*, juillet 1951.

Les composants proviennent de la technique de commutation téléphonique.

par cet ascenseur automatique apparaît devant moi, je m'assieds dans mon lit et je déjeune sur cette table improvisée... »[4]

1951 : des macrocommandes chez un particulier Avec la micro-informatique, la notion de « macrocommande » – type de commande qui permet d'obtenir plusieurs actions avec un ordre unique – est aujourd'hui familière.

De même, à partir d'un simple code « Je pars en week-end » , une maison automatique est capable d'appliquer les commandes d'un programme complexe défini au préalable, telles que fermer les volets, éteindre les lumières, activer les surveillances de sécurité ou de contrôle d'intrusion, réduire le chauffage, mettre en route le chauffage de la résidence secondaire, déclencher une simulation de présence, etc. Facile, avec les microprocesseurs modernes !

En 1951, un ingénieur américain automatise sa maison particulière. Il utilise simplement un sélecteur de central téléphonique, des relais et des téléphones à cadran rotatif. En composant des codes à quatre chiffres sur un des cadrans, Mr Basset a la haute main sur toute sa maison. Le numéro 8106, par exemple, déclenche l'ouverture de la porte de son garage, le 8107, sa fermeture. Il s'agit là de simples télécommandes. Par contre, d'autres numéros, les macrocommandes, déclenchent plusieurs actions. Ainsi, le chiffre 9 allume toutes les lampes de l'habitation, alors que le chiffre 0 les éteint.

Observons Mr Basset arrivant devant chez lui. Il forme un numéro sur le cadran de l'entrée. « Une à une les lampes s'allument devant lui dans la maison : d'abord dans le vestibule, ensuite dans l'escalier, puis à l'étage... À l'heure du coucher, l'ingénieur forme le numéro 8192 sur le cadran de sa table de nuit. La radio s'arrête et le fourneau s'éteint pour la nuit. » Comme les voisins de Robert-Houdin, ceux de Mr Basset sont intrigués et méfiants : « Ils nous ont vus sortir alors que toutes les lumières brûlaient. Ils savent qu'il n'y a plus personne dans la maison et voient ses lumières s'éteindre une à une, avant que nous ayons descendu la moitié de la rue. Ils doivent penser que la maison est hantée ! Mais si j'allais leur dire que j'obtiens ce résultat en formant un simple 0 sur un cadran, ils penseraient sûrement que je suis fou. [5] »

1989 : la maison Tron Parmi les nombreuses maisons expérimentales réalisées dans plusieurs pays pour illustrer les possibilités de la domotique, la maison Tron présente des caractéristiques très particulières.

Nous sommes loin de la domotique « classique », si développée soit-elle. Bien sûr, dans une Smart House américaine, par exemple, la mise en réseau des fonctions de la maison permet leur centralisation et la création de macrocommandes puissantes. Mais l'architecte et universitaire japonais Ken Sakamura est allé beaucoup plus loin dans son Pilot Tron Intelligent House Project.

La réalisation de chaque fonction de la maison Tron est en effet repensée par rapport à l'ensemble pour en assurer l'interopérabilité (effectivement réalisée à Tokyo, cette maison comporte plus de 1 000 microprocesseurs interconnectés !). Mais, surtout, cette habitation est dotée d'une capacité d'initiative sans précédent. Par exemple, des capteurs extérieurs analysent les conditions météorologiques telles que vitesse du vent, direction du vent, pression de l'air, pluie, luminosité... À l'intérieur, des capteurs de température et d'humidité sont installés dans chaque pièce. Des détecteurs de déplacement infrarouge, de chaleur, de dioxyde de carbone et de vitesse de déplacement d'air y sont également répartis. Capable de traiter par elle-même l'ensemble de ces informations, la maison pousse donc l'autonomie jusqu'à gérer l'ouverture et la fermeture de ses 85 fenêtres motorisées, décidant de profiter d'une petite brise extérieure ou, au contraire, d'utiliser le conditionnement d'air interne.

Ce que Ken Sakamura voulait illustrer c'est qu'il faut anticiper le jour où des microprocesseurs hétéroclites interconnectés dans la maison seront si nombreux que la probabilité de panne, de fonctionnement aberrant et de rejet de la part des habitants deviendra intolérable. Le projet Tron a été conçu et réalisé pour tenter d'estimer ces limites.

Aujourd'hui : Bill Gates réalise son rêve L'intérêt de la maison de Bill Gates réside selon nous dans le fait qu'elle est construite sans aucune limitation budgétaire. Plus de sept ans de travaux, plus de 60 millions de dollars : c'est une occasion sans équivalent de réaliser une maison de rêve. Mais de quels automatismes rêve l'homme « le plus riche du monde » ?

4. Extraits de la une du journal *Le Petit Troyen* du vendredi 18 janvier 1907, consacrée à « La merveilleuse et féerique maison électrique de Gëorgia Knap ».
5. Voir « La maison qui marche avec un cadran », *Mécanique populaire*, n° 62, juillet 1951.
6. Extraits de Bill Gates, Nathan Myhrvold et Peter Rinearson *La Route du Futur*, Paris, Robert Laffont, 1995 (traduit de W. H. Gates, *The Road Ahead*, Penguin Books, 1995).

« Vous franchissez le seuil et épinglez immédiatement un badge électronique sur vos vêtements. Il vous relie aux services électroniques de la maison… la maison sait qui vous êtes et où vous vous trouvez. Elle se sert de cette information pour essayer de satisfaire, voire d'anticiper, vos désirs… Dans l'obscurité, grâce au badge, vous êtes enveloppé d'un halo de lumière qui accompagne tous vos déplacements… Si vous demandez régulièrement des lumières très crues ou au contraire très tamisées, la maison en conclura que c'est ce que vous désirez la plupart du temps. Elle se rappellera tout ce qu'elle apprendra de vos préférences. Vous avez demandé à voir des tableaux de Matisse ou des photos de Chris Johns… Vous trouverez peut-être d'autres travaux de ces artistes affichés sur les murs des pièces dans lesquelles vous pénétrerez…

« La musique également se déplace avec vous. Vous avez l'impression que tous les occupants de la maison l'entendent ? Faux ! Ils écoutent celle de leur choix… Vous pouvez également vous déplacer avec un film ou le bulletin d'information. Une communication téléphonique pour vous ? Seul le téléphone le plus proche sonne…

« Une maison à l'écoute des moindres besoins de ses habitants mêle deux traditions. La première : le service omniprésent, mais discret. La seconde : un objet (le badge) nous donne droit à un traitement particulier… Si je donne à un employé de parking la clé de contact mais pas celle du coffre, la voiture l'autorisera à la conduire mais pas à ouvrir son coffre. Chez moi, ce sera pareil. Selon les clés électroniques que vous aurez, ma maison mettra certains équipements à votre disposition.

« Je sais que certains de mes concepts pour la maison marcheront mieux que d'autres. Peut-être vais-je décider de dissimuler les moniteurs derrière des peintures murales traditionnelles. De jeter les badges électroniques au panier. Ou peut-être vais-je m'habituer, voire m'attacher, aux systèmes de la maison et me demander comment j'ai fait jusque-là pour m'en passer. C'est bien ce que j'espère [6]. »

Demain : la maison du futur ? Bien sûr, chaque jour un constructeur annonce un nouveau produit, plus ou moins innovant, dont les médias se font l'écho. Mais si l'on cessait d'envisager la maison automatique pour plus tard, on constaterait que le futur existe déjà. En fait, nous venons de voir que la « maison du futur » était déjà commercialisée depuis près d'un siècle.

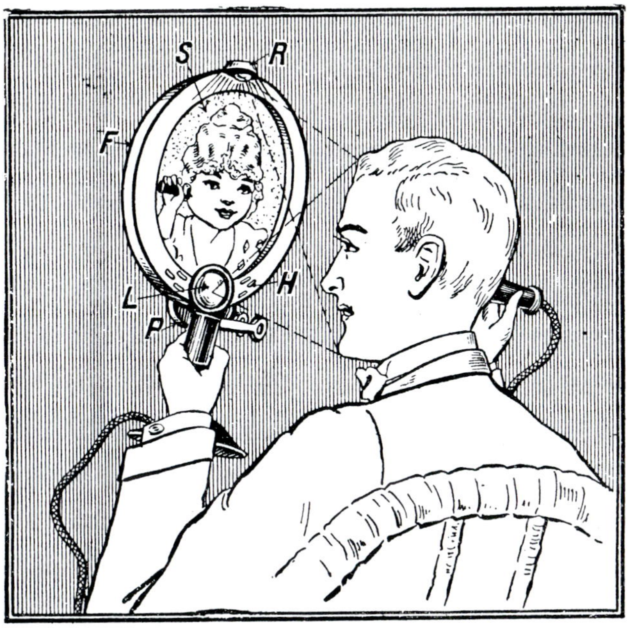

Ce que sera le futur Telephot

Extrait de « Television and the Telephot », article paru dans *Electrical Experimenter*, mai 1918 ; publié en français dans *La Science et la Vie*, septembre 1918.

L'objectif L capte l'image du sujet éclairé par la source lumineuse R. Les ouïes H contiennent un microphone. L'image du correspondant apparaît sur l'écran S.

Maison Tron, vue intérieure, Tokyo, 1989-1990

Ken Sakamura, architecte

La maison sans domestiques

Couverture de la revue *Je sais tout*, octobre 1924

Toutes les raisons possibles de l'échec commercial à grande échelle de la domotique ont été envisagées. Pour le constructeur Pierre Mumbach, inventeur et dépositaire à l'INPI du mot « domotique », il ne faudrait pas confondre le multimédia, qui concerne les communications, et la domotique, qui a trait à l'habitat : « La domotique... C'est avant tout un métier du bâtiment, un métier d'électricien. La domotique traite globalement de tout le second œuvre... Dans tous les cas, il faut préparer le bâti à l'utilisation qu'on en fera. Paradoxalement, c'est une démarche technicienne, mais on parle avant tout de modes de vie, d'ambiance. La fenêtre orientée à l'est et le volet qui s'ouvre automatiquement à l'heure du réveil, c'est ça la domotique [7]. »

Seuls quelques passionnés peuvent, semble-t-il, avoir actuellement envie d'habiter une maison totalement automatique. En revanche, de nombreuses fonctions automatiques sont à portée de main, qui pourraient rendre de grands services au plus grand nombre. Si quelques fonctions sont à ce point présentes dans nos maisons qu'on finit par les oublier – le remplissage automatique du réservoir de la chasse d'eau, par exemple –, d'autres commencent seulement maintenant à être adoptées, comme la gestion programmée du chauffage ou des alarmes. Selon nous, la maison de demain fera la part belle à des automatismes proposés depuis fort longtemps, lorsque, après les barrières financières, les barrières psychologiques s'effaceront. L'aspect ludique que présente la télécommande d'une maison par téléphone cellulaire peut constituer une incitation à franchir le pas ; de « nouvelles » formulations, comme celles de la bioclimatique par exemple, peuvent également devenir des éléments décisifs.

Des maisons automatiques, pour quoi faire ? Au-delà des réalisations techniques, il est intéressant d'observer les motivations de leurs inventeurs.

Chez Robert-Houdin, le défi technique et le plaisir de mystifier l'emportent sans doute sur le désir de confort, alors que ce dernier semble dominer dans les diverses réalisations de salles à manger automatiques. Knap est un « industriel » totalement comparable à ceux d'aujourd'hui : il lui faut trouver des produits originaux. Sans doute pense-t-il qu'il y a une « niche commerciale » pour des solutions globales confortables et luxueuses.

Notons que toutes les réalisations de ces époques visent aussi à s'affranchir des indiscrétions et des maladresses des serviteurs.

Si la réalisation de Mr Basset est présentée ici comme le fruit d'un « hobby » original, avec la maison Tron nous découvrons un des multiples programmes de recherche sur le sujet, destiné à faire le point des possibilités techniques à un instant donné. Dans la maison de Bill Gates, c'est le choix des fonctions essayées parmi de multiples possibilités qui retient l'attention, comme si un miroir d'un futur proche possible nous était tendu. Dans les commercialisations domotiques actuelles, c'est la recherche du confort et de la sécurité qui domine, avec, nous l'espérons, une optimisation de plus en plus poussée, seule capable d'entraîner une baisse massive de consommation d'énergie.

Jean-Pierre Guélon
Spécialiste des technologies domestiques

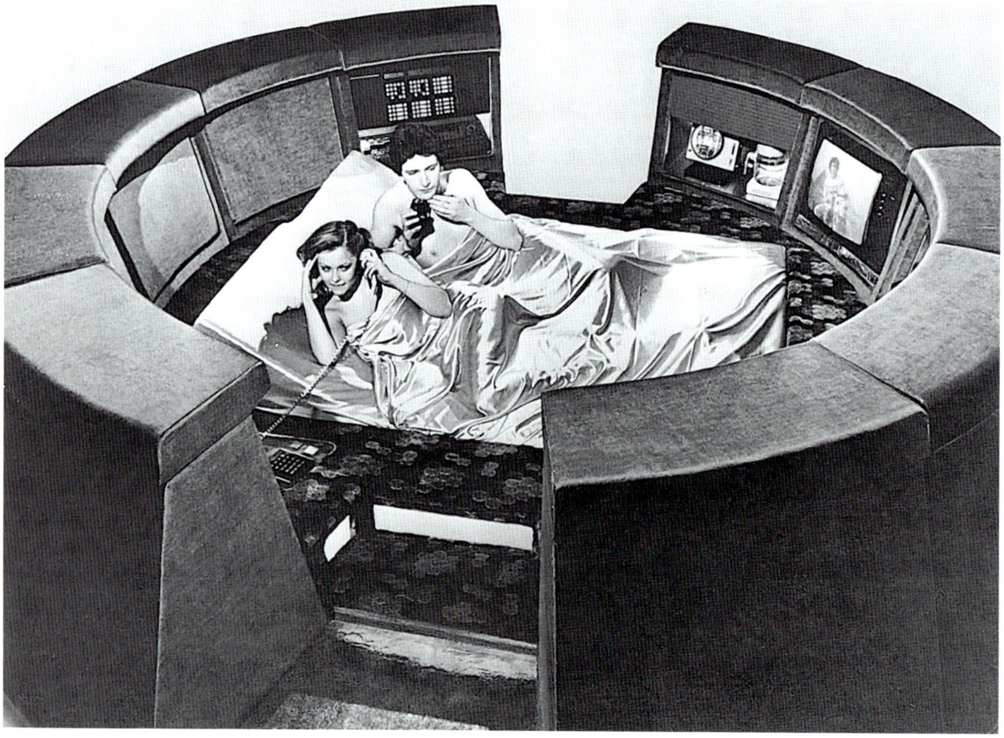

Lit Sleepcentre 2002, 1978

Firme Slumberland, Grande-Bretagne.
Des claviers situés de chaque côté de ce lit « à tout faire » permettent de commander téléphone, télévision, radio, air conditionné, éclairage, système électronique donnant l'heure du monde entier, chaîne stéréo, etc.

7. Extrait de « Habitat : une nouvelle philosophie de la maison », *Nice Matin*, 6 février 2000.

Thierry Devynck

Les arts ménagers et l'affiche française

Téléviseur Pathé Marconi, affiche, s. d.

Bernard Villemot

Bibliothèque Forney, Ville de Paris, Paris

Disques Pathé, affiche, 1932

Cassandre

A.M. Cassandre, Paris

La publicité moderne française a beaucoup évolué au long d'une histoire de cent vingt ou cent trente années. À chaque époque, elle a eu ses préférences, ses procédés dominants et, en somme, un assez petit nombre de façons d'envisager les problèmes que lui soumettaient les annonceurs. Les dessinateurs cherchaient à s'adapter aux produits qu'ils avaient à traiter, ou s'en remettaient à des méthodes passe-partout. Rares étaient les artistes disposant de plusieurs manières réellement différentes : lorsqu'on excelle dans un style, on en est généralement trop heureux pour chercher à en sortir. Manifestement, les donneurs d'ordre et les éditeurs de publicité d'avant-guerre confiaient les sujets les plus divers aux affichistes, sans trop se soucier des prédispositions ou des penchants de chaque dessinateur. Les meilleurs étaient réputés savoir tout faire, et il régnait encore, semble-t-il, l'idée du métier et de l'artiste universels. Un Cassandre, un René Vincent ou un Charles Loupot pouvaient livrer dans le même mois des affiches pour les produits et les clientèles les plus variés. Ils allaient avec aisance d'un vin de table à un aspirateur, en passant par des produits de luxe comme les fourrures, les parfums ou l'automobile. Personne ne s'en étonnait. Et cela se comprend, car il serait déraisonnable d'attendre d'un artiste à qui l'on demande du talent toujours, et du génie le plus souvent possible, qu'il dispose à volonté de plusieurs registres de style. Ceux des plus grands illustrateurs et affichistes publicitaires français – le chiffre est de l'ordre de la demi-douzaine au XXe siècle – qui ont connu plusieurs manières au cours de leur carrière n'en ont jamais pratiqué qu'une seule à la fois. De ce point de vue, on ne connaît pas de Picasso de l'affiche commerciale.

Quelle qu'ait pu être la diversité des talents et des personnes, on distingue, avec le recul, plusieurs âges de la publicité. À chaque époque, elle est le produit de son temps, aussi bien du point de vue de ses techniques et procédés que de celui du style. Et c'est d'ailleurs à ce style que nous pouvons reconnaître, bien souvent au premier coup d'œil, qu'une affiche ou une annonce de presse est des années vingt ou des années cinquante. Dans leur souci du neuf avant toute chose, des générations de professionnels de la publicité ont défini à chaque époque les manières, les scies et les modes qui ont fait date. Le raccourci qu'offre la vision rétrospective nous apprend aussi, dans une certaine mesure, quelle idée les gens de publicité se faisaient des objets ménagers, et peut-être quelle vision le public pouvait en retenir. La publicité est en liaison constante et nécessaire avec ce qui l'environne : le monde commercial, celui des arts, toutes les modes et les écumes dont elle fait sa substance. Toutefois, c'est une profession qui sait faire preuve d'une assez large autonomie, un art appliqué qui s'imbrique aux autres, mais se construit de lui-même. Lorsqu'ayant posé la question « Y a-t-il une publicité des objets domestiques ? » on observe la masse des réclames anciennes, on en vient vite à considérer que la plupart d'entre elles sont bien plus marquées par leur temps que par leur objet. Il convient sans doute de faire une réserve à cette affirmation, touchant à la personnalité exceptionnelle des grands artistes qui savent dépasser leur époque. Le style d'un Raymond Savignac par exemple, dont l'immense talent a beaucoup encouragé la consommation domestique, est à peu près intemporel. D'une manière générale les artistes majeurs définissent la tendance et lancent les modes que les dessinateurs moins originaux ou moins talentueux reprennent et transforment en corps de procédés, en métier d'une époque, pour ainsi dire. Cassandre avant-guerre, et Bernard Villemot après sont de l'espèce des inventeurs.

Réflexion faite, et au risque de décevoir, il faut bien s'avouer que la publicité des objets ménagers ne se distingue pas vraiment de celle pour d'autres produits. En revanche, on peut soutenir que l'histoire de l'affiche et de la publicité concernant cette famille de produits forme comme une image en réduction de l'histoire de la publicité commerciale en général.

L'affiche française se reconnaît à ses prédilections et à ses rejets. Ainsi, on n'a jamais trop aimé dans notre pays l'affiche objet, genre très apprécié du graphisme allemand et suisse. Jusqu'à l'arrivée de la photographie, il semble qu'on n'ait pas pu se résoudre chez nous à montrer la marchandise dans sa nudité de chose. C'eût été renoncer à l'idée restée dominante jusqu'à la guerre de quatorze de l'« affiche artistique ». Le *Sachplakat* était un genre décidément trop dur et trop raide pour le goût français, trop allemand en somme. On aimait voir sur les affiches des personnages mis en scène, un pittoresque aimable, propre à divertir le passant et à gagner sa sympathie. Prenons l'exemple de deux affiches pour machines à coudre qui, en dépit de leur air de famille, relèvent de traditions étrangères l'une à l'autre. La française, pour Singer, date de 1892. On connaît plusieurs variantes de l'image, plutôt graphique et moderne pour son temps, avec la grosse initiale rouge. L'artiste anonyme, qui mêle à la lettre son personnage de tailleur, a composé sa feuille comme une lettrine. L'affiche allemande, pour la marque Pfaff, de vingt ans plus tardive, est due à Ludwig Hohlwein. Elle a donc pu s'inspirer des affiches Singer, dont elle adopte le parti principal lorsqu'elle reprend l'initiale

Réfrigérateur Frigéco, affiche, 1953

Raymond Savignac

Bibliothèque Forney, Ville de Paris, Paris

Machine à coudre Pfaff, affiche, 1910

Ludwig Hohlwein

en grand sur le fond de la feuille. Mais Hohlwein chasse le pittoresque et donne à sa machine une présence étonnante à force de la peindre dans un souci scrupuleux du détail. Sans doute, les motifs superposés de l'objet et de la lettre se nuisent l'un à l'autre. Il s'agit peut-être d'une concession faite à l'annonceur.

Certaines affiches françaises vont très loin dans le pittoresque, si loin que l'on se demande parfois si elles font toujours leur métier lorsqu'elles se livrent avec tant de complaisance à la mise en scène et à la narration gratuites. Celle que dessine en 1904 Chocarne-Moreau pour les fourneaux Le Rustique nous propose la rencontre de deux personnages dans une cuisine. Un jeune commis joue avec le chat au lieu de surveiller le petit savoyard qui, fidèle à sa réputation, profite d'un instant d'inattention pour chaparder dans les casseroles. Cette affiche, mièvre et lourde de convention, illustre bien un genre qui abonde dans la publicité française jusqu'aux années soixante. Jean d'Ylen, l'un des nombreux imitateurs de Leonetto Cappiello, dessinera en 1921 pour les réchauds Furnus un personnage impossible de cuisinier enturbanné. Il sort de son four qui « cuit tout sans dessécher » un éléphant rôti.

D'autres artistes flattent moins complaisamment les goûts de la petite bourgeoisie. Dans la conception graphique qui prévaut jusqu'aux années

Machine à coudre Singer, affiche pour la Tunisie, 1892

Bibliothèque Forney, Ville de Paris, Paris

Salon des arts ménagers, affiche, 1930

Francis Bernard

Musée de la publicité, UCAD, Paris

soixante-dix, ils se livrent avec plus ou moins de bonheur à des compositions décoratives dont l'un des exemples les plus caractéristiques est sans doute celui des publicités pour le Salon des arts ménagers. Francis Bernard trouvera très tôt, dès 1930 avec sa Marie mécanique, la formule définitive d'une affiche dont il donnera plus d'une quinzaine de variantes. D'autres artistes aussi talentueux que d'Ornellas puis Jacques Nathan et Paul Colin feront plus tard le même exercice de style, chacun à sa façon, mais en gardant le parti initial. Dans sa composition, l'artiste combine à chaque fois quelques éléments décoratifs et plastiques, toujours un peu les mêmes attributs ménagers : balai, plumeau, toque de cuisinier, tissu à carreaux (symbole conventionnel de la cuisine pendant très longtemps), tablier de la femme de chambre et gilet à rayures jaunes du valet de chambre. Le talent des meilleurs graphistes n'était pas de trop pour éviter le risque d'une certaine lassitude. De ce répertoire de convention, c'est la rayure que les illustrateurs affectionnent le plus, pour sa simplicité expressive et son efficacité symbolique : le gilet rayé c'est le *domestique*. On la rencontre très tôt dans cet emploi (qui fait suite à bien d'autres, comme nous l'a enseigné Michel Pastoureau), sans qu'il soit possible de désigner un inventeur. Une affiche viennoise de 1910, par Hans Neumann, pour l'aspirateur Elektor nous montre un valet de chambre en livrée qui passe l'aspirateur. Le fameux gilet est représenté par un aplat de rayures verticales, qui signifie graphiquement leur statut spécial, c'est-à-dire leur fonction emblématique. On se souvient qu'en peinture l'auréole du saint s'affranchissait de la représentation en perspective et disait ainsi au spectateur son statut symbolique. On retrouve la rayure dans le même emploi à toutes les époques de la publicité graphique, par exemple dans l'affiche de Jacques Nathan pour le Salon des arts ménagers de 1934, de Paul Colin pour celui de 1939. Restés fidèles au vieux vocabulaire graphique, des graphistes de l'ancienne école continueront de montrer des majordomes en gilet rayé jusque bien après la Seconde Guerre mondiale, alors que les effectifs des domestiques réels diminuaient régulièrement dans la société – affiche de 1955 par Philippe Foré pour l'aspirateur Conord. On renouvelait à cette époque les procédés

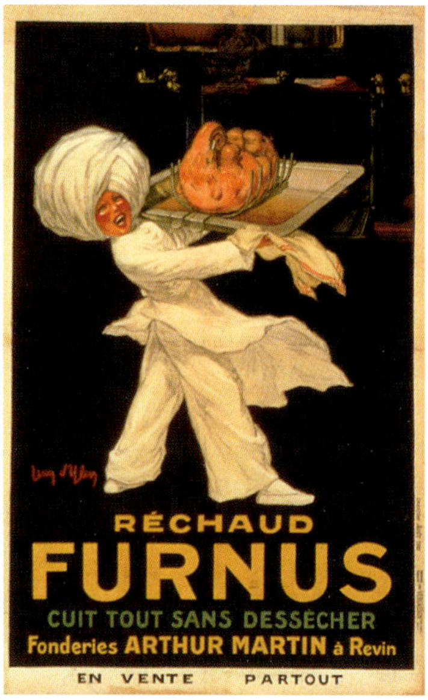

Four Arthur Martin, affiche, 1921

Jean d'Ylen

Bibliothèque Forney, Ville de Paris, Paris

Poêle Téfal, affiche, vers 1960

Raymond Savignac

Bibliothèque Forney, Ville de Paris, Paris

Salon des arts ménagers, affiche, 1934
Jacques Nathan
Bibliothèque Forney, Ville de Paris, Paris

Aspirateur Conord, affiche, 1955
Philippe Foré
Bibliothèque Forney, Ville de Paris, Paris

graphiques. L'un d'entre eux se pratiquait déjà avant-guerre et devient dominant dans les années cinquante et soixante. Il consiste à associer une représentation la plus réaliste possible de la marchandise à un décor dont le traitement graphique diffère résolument. L'effet de réel s'ajoute ainsi aux fantaisies de l'illustration. En combinant deux registres on conjugue les ressources de deux séductions réputées incompatibles. Il s'agit d'obtenir un choc visuel brutal entre les deux rendus, la collision censée « violer le regard du spectateur », pour reprendre une expression consacrée. Raymond Savignac, avec les affiches pour Téfal, Seb, Frigéco, etc., sera le virtuose de ce procédé que pratique massivement la génération active après-guerre. Bernard Villemot, le plus peintre des affichistes français de ce temps, donnera quelques images selon cette formule, combinant le dessin et la photographie, pour porter l'effet de choc au maximum (télévision Pathé Marconi, par exemple). On en conclut incidemment que de la photographie combinée au dessin donne toujours du graphisme, mais que la photographie toute seule reste de la photographie.

Aujourd'hui la situation de la publicité par affichage pour les appareils ménagers est donc avant tout marquée par l'abandon de la grande tradition graphique. Ne parlons pas des affiches du métro, de trois mètres sur quatre, annonçant les promotions des magasins à grande surface, car si leur réalité physique les soumet au dépôt légal affiches, ce ne sont que des photographies de catalogue agrandies. La publicité française actuelle de qualité pour les appareils ménagers, affiches et presse, est photographique. Privée des ressources de l'art graphique et parce qu'il faut bien un peu de contenu, elle est revenue sans le savoir aux très vieilles méthodes d'avant l'âge graphique, d'avant la guerre de quatorze,

Aspirateur électrique Elektor, affiche, 1910
Hans Neumann
Bibliothèque Forney, Ville de Paris, Paris

Machine à laver Bauknecht
Publicité parue dans *Paris-Match*, 1980
Agence Perceval Conseil
Bibliothèque Forney, Ville de Paris, Paris

d'où cette surcharge lassante de scénario, d'anecdote, et d'humour filandreux obligatoire qui leste la plupart des affiches d'aujourd'hui.

Les poissons-chats Dans l'histoire récente de la publicité graphique, l'événement majeur qu'a été au cours des années soixante et soixante-dix la réorganisation professionnelle a affecté la publicité des objets ménagers comme indistinctement tous les autres genres. Lors de cette révolution culturelle, le pouvoir a quitté les mains des petites maisons de publicité et des affichistes pour passer aux agences de publicité. Il s'agit moins d'un changement d'échelle de ces entreprises que de la manière de travailler et de distribuer les rôles. Du problème de la publicité, le nouveau système inverse l'ordre des données. Traditionnellement, le cahier des charges d'une annonce de presse ou d'une affiche était confié à un graphiste, donc à un spécialiste de plain-pied, pour ainsi dire, qui réfléchissait et pouvait composer directement en termes plastiques. Le patron de la maison de publicité se mêlait assez peu de conception. Un La Vasselais, par exemple, le dernier des grands éditeurs d'affiches de l'âge classique, très actif dans l'électroménager, a procédé ainsi, à l'ancienne, jusque très tard dans les années soixante, mais il était bien le seul. Dans le nouveau système, les directions administratives des maisons de publicité enfoncent comme un coin un directeur artistique, entouré d'un comité, entre l'annonceur et l'artiste. Ce nouveau personnage apparaît brusquement à un moment de l'histoire et prolifère, comme le font à peu près à la même époque les poissons-chats dans nos étangs. Désormais les poissons fins qui prospéraient jusqu'alors et faisaient nos délices se trouvent durement concurrencés par cet animal dominateur et sûr de lui. Ils s'étiolent. Dans les agences, la mission du « D. A. » est d'assurer ses chefs et ses clients que les objectifs définis par le marketing prévaudront sur toute autre considération. Il choisit les artistes et leur tient la main. Tout, après lui, relève maintenant de la tâche d'exécution. Le système des agences est une technocratie lorsqu'il applique en force à l'art publicitaire le changement radical des méthodes de travail qu'avait connu l'industrie cinquante ans plus tôt. Le « travail en miettes » étendu à la publicité, c'est la mise au point collective des « concepts », et leur exécution par des techniciens étroitement bridés : *roughman*, rédacteur, photographe, maquettiste, etc. Le directeur artistique dirige, mais ne fait pas – c'est bien un directeur, mais pas un artiste. La conclusion est assez triste : on avait mis cent ans à admettre la possibilité d'un art appliqué et l'on fait pour finir de l'affichiste un acteur « instrumentalisé », le jouet des comités anonymes des agences. Raymond Savignac, en grand artiste, a fustigé la « dictature du marketing ». Cette évolution, dont nous disons que la publicité est victime parce que nous privilégions l'angle esthétique, est de première importance. Elle était probablement inévitable puisqu'elle résulte d'un faisceau d'événements extérieurs. L'avènement et le perfectionnement des techniques commerciales modernes, la concentration industrielle des plus gros donneurs d'ordre, l'augmentation considérable des enjeux commerciaux font qu'on ne veut plus s'accommoder à la fin des années cinquante d'une publicité qui garderait ses méthodes de travail artisanales. Risquons une hypothèse d'une autre nature : on en veut peut-être aux affichistes de prétendre rester des artistes. Sans doute les prestiges de la création subsistent-ils et, paradoxalement, d'autant plus que l'art se dissout dans l'anonymat des équipes. On n'a d'ailleurs jamais plus souvent prononcé les mots de « création », « créativité », « créatif » qu'à notre époque d'un art de l'affiche affadi et bridé. Si l'on a retiré leur outil de travail aux créateurs véritables, c'est parce que, sans le formuler aussi clairement, les technocrates de la nouvelle publicité ont trouvé que, décidément, l'incertitude spécifique à l'art, y compris l'art appliqué, et en un mot son mystère, ne pouvaient s'accorder plus longtemps avec les techniques commerciales les plus modernes. Peu importe que cent trente années d'histoire de la publicité aient montré que l'art et le commerce savaient faire bon ménage. Les poissons-chats de la publicité connaissent peu le passé de leur métier ; ils s'en vantent même parfois dans les cocktails, pensant mieux s'obliger ainsi à tout réinventer.

Il ne faudrait pas noircir à l'excès le tableau. Même si la création authentique se fait rare dans l'affiche française depuis trente ans, elle n'a pas disparu. Revenons un instant sur la méthode de travail des agences. Elle s'apparente assez au *casting* du cinéma : après quelques séances de réflexion préliminaires on élit un illustrateur ou un photographe, celui dont on pense que la manière est la plus à même de rendre ce que l'on dénomme le « concept ». En cas d'hésitation, on a recours à des répertoires d'artistes, illustrés d'échantillons de leurs travaux. L'élu sait qu'il ne doit point s'écarter du style qui lui vaut d'être choisi. Dans ce système, l'artiste le plus apprécié est celui qui sait observer au plus près les cahiers des charges, qui garde constant un style identifiable, tout en sachant ménager malgré tout des surprises, en sorte d'entretenir l'intérêt. À partir des années soixante, il s'agit le plus souvent d'un photographe, ce qui résume d'ailleurs aux yeux de beaucoup le déclin de l'affiche et de la publicité graphique depuis quarante ans. Pourquoi cette primauté de la photographie ? Non pas pour des raisons techniques pensons-nous. On savait en effet reproduire des photographies à l'époque où régnait à peu près sans partage la publicité dessinée. Et, faut-il le dire, on aurait pu continuer, si on l'avait voulu, de faire de l'affiche peinte à l'époque de la photographie dominante. Si le déclin du dessin et la montée de l'affiche photo sont concomitants de l'avènement des agences, il ne peut s'agir tout à fait d'un hasard. Ni les annonceurs, ni encore moins le public n'ont réclamé la mort de l'affiche dessinée. On peut raisonnablement soutenir que c'est la nouvelle organisation de l'industrie publicitaire qui a voulu cette évolution. La photographie, parce qu'elle est un procédé mécanique, réduit l'intervention de l'artiste au minimum. Elle peut même se faire sans artistes véritables. Les « décideurs » de la publicité ont pu y voir ce fameux « art tout d'exécution » dont rêvent les gens de pouvoir. Ce sont apparemment ses qualités de discrétion, de transparence, d'aptitude à s'effacer derrière le produit et à servir le « concept » publicitaire qui la font tant apprécier des directeurs artistiques. De même qu'en littérature on a rêvé d'une « écriture blanche », des directeurs d'agence ont cherché, semble-t-il, à dépouiller, à délivrer la publicité du style. Ils y sont si bien parvenus qu'on ne rencontre au bout du compte que de la fadeur le plus souvent.

La crise du désir Le déclin ou la crise de qualité que connaît la publicité graphique française depuis trente ans se complique et s'aggrave d'une certaine chute du désir qu'on a pu repérer dans d'assez nombreux domaines de la consommation. Contrecoup de la prospérité, les objets domestiques n'échappent pas à une certaine désaffection, plus ou moins marquée selon leur catégorie. L'électroménager semble pâtir spécialement de notre satiété, et la publicité pour ces objets peine à faire son travail. La qualité d'une réclame tient largement à sa réception : il est évidemment plus facile d'entretenir le public des choses dont il a envie et, si possible, dont il rêve spontanément un peu. Or, en matière d'électroménager, la plupart des familles sont équipées des principaux matériels depuis deux ou trois générations (réfrigérateur, machine à laver, aspirateur, lave-vaisselle éventuellement). Sauf pour le cas particulier des jeunes ménages, il s'agit avant tout de marchés de renouvellement. Bien entendu, le besoin subsiste de ces objets, considérés même de plus en plus comme des produits consommables et de première nécessité. Mais le rêve qui les accompagnait a vécu, ainsi qu'en atteste la disparition des revues spécialisées et du Salon des arts ménagers. Dans ces conditions les gens de publicité ont bien du mal à, selon l'expression consacrée, « faire rêver » le chaland sur des objets devenus triviaux, alors que le désir de ces produits merveilleux régnait naguère encore. On ne s'intéresse plus à l'électroménager qu'au dernier moment, dans la contrainte, quand il faut remplacer la machine qui vous a lâché. Ajoutons que les objets en question s'ingénient à

Machine à laver Thomson, affiche, 1959
Chaval
Bibliothèque Forney, Ville de Paris, Paris

Réfrigérateur Bosch, affiche, 1963
Paul Colin
Bibliothèque Forney, Ville de Paris, Paris

Fers à repasser Calor, affiche, 1966
Eric
Bibliothèque Forney, Ville de Paris, Paris

Aspirateur Paris-Rhône, affiche, vers 1965
Raymond Savignac
Bibliothèque Forney, Ville de Paris, Paris

Dépoussiéreur électrique Aspiron, affiche, vers 1926
René Vincent
Bibliothèque Forney, Ville de Paris, Paris

laisser glisser sur leurs surfaces glacées toute originalité pouvant accrocher le désir. Ces parallélépipèdes blancs se ressemblent tous, qu'on voit alignés dans les mornes plaines des hypermarchés et des magasins Darty. Il faudrait beaucoup de génie aux publicitaires pour ressusciter leurs attraits dans ces conditions. On n'entrevoit que deux solutions à ce difficile problème, qui se résument peut-être à une seule : inventer un style nouveau à ces objets qu'on ne voit plus parce qu'ils n'en ont plus, et injecter du style aussi, et du talent, dans la publicité. Un retour à la muette éloquence du graphisme est indispensable. Il semblerait que certains fabricants d'électroménager – on songe notamment à la marque Zanussi – aient pensé pouvoir vendre mieux et plus cher leurs frigos en leur donnant des formes bombées inspirées des années cinquante et en les peignant de couleurs tranchées : canari, bleu layette, etc. Les esprits chagrins diront peut-être qu'il eût mieux valu trouver un vrai style neuf. Sans doute, mais le retour à l'ancien, à l'éclectisme, à défaut d'autre chose, est préférable au marasme actuel. Le gros électroménager semble être en butte, comme l'art contemporain, à l'idéologie dominante du neuf radical. En termes d'apparence, on est allé jusqu'au rien du tout, et l'on ne sait pas en revenir. Au vrai, il vaudrait mieux n'importe quel style postmoderne pour les réfrigérateurs que cette nudité devenue insupportable à force d'être définitive. Que les professionnels veuillent s'intéresser un peu plus à ce qui s'est fait dans leur partie avant eux, qu'il s'agisse de design ou de publicité. L'invention absolue n'est qu'une superstition, et l'on ne connaît pas de renaissance qui n'ait procédé d'abord d'un regard en arrière. Ainsi le dernier grand style français des arts appliqués, le style Arts déco, était-il allé puiser comme ses prédécesseurs aux répertoires de l'Antiquité. Pour la publicité, l'Antiquité c'est la première moitié du siècle dernier – le XXe.

Thierry Devynck
Conservateur, Bibliothèque Forney, Paris

L'identité visuelle des marques d'électroménager, reflet de la technologie galopante, s'imbrique intimement dans l'histoire même du siècle qui les a vu naître. Un peu folle après la Première Guerre, rigoureuse pendant la récession, conservatrice dans les années quarante, créative dans les années cinquante, débridée, avant d'être aujourd'hui unifiée et « markétée », la typographie des arts ménagers n'est autre que le reflet des mentalités.

Lorsque les premiers logotypes des marques d'électroménager font leur apparition au début du siècle, les typographies dans lesquelles ils s'inscrivent s'inspirent directement du mouvement esthétique de l'Art nouveau. Lettres entrelacées, monogrammes compacts, difficiles à déchiffrer, voire totalement illisibles, les pionnières des machines électrifiées piochent allègrement dans les catalogues de caractères en vogue que proposent les fondeurs et imprimeurs. Parallèlement à ces fioritures, l'appellation même de ces fabricants joue, à l'inverse, sur la rigueur, gage de sérieux. De SMCo (The Singer Manufacturing Company) – des machines à coudre qui feront d'ailleurs longtemps preuve de conservatisme en ce qui concerne leur marque – à BEW (Berliner Elektricitäts-Werke) ou AEG (Allgemeine Elektricitäts-Gesellschaft) en passant par GE (General Electrics), les sociétés se nomment d'abord et avant tout par leurs initiales. La marque est gravée au trait ou emboutie sur des plaques de cuivre rivées sur les appareils. Les tout nouveaux et lourds appareils de chauffage et de cuisine ont recours à de grosses lettres simples et robustes. Rosières et Arthur Martin vont jusqu'à mouler leur monogramme dans la fonte.

Un peu plus tard, dans les années vingt, apparaissent les premières gammes d'appareils de chauffe avec résistances électriques : séchoirs à cheveux, fers à repasser, chauffages d'appoint – produits qui, en révolutionnant le quotidien, enrichissent aussi considérablement le jeu typographique. L'électricité doit être visible dans la marque, et l'on voit apparaître des volutes, des lettres bouclées formant des cercles qui évoquent cette énergie impalpable, mystérieuse.

Pour ne pas effrayer le consommateur, passablement médusé par tant d'innovations technologiques, les marques cherchent également à rassurer. L'architecte et designer Peter Behrens inaugure en Allemagne pour la firme AEG le logo « poinçon ». Symbole d'une technique maîtrisée, cette forme particulière de logotype se décline ensuite chez Siemens, puis en Hollande, chez Philips, et jusqu'aux États-Unis, avec la firme Westinghouse. Encerclées, isolées, les marques suggèrent habilement que l'utilisateur n'a pas à redouter un court-circuit.

Lorsque la Bakélite, matériau isolant, fait son apparition, la marque est systématiquement incluse, moulée dans la matière. Pour des raisons techniques évidentes, le graphisme se doit d'être impérativement simple, bâton, épais. Cette technique, plus

1952

1953

lourde qu'une simple étiquette, impose que la marque soit durable, indémodable, forte. Ce système de moulage présente également l'avantage de garantir à la marque une certaine pérennité. Les typos sont grasses, à l'image de celles des enseignes peintes à la main sur les devantures des magasins.

L'arrivée du nickel, puis du chrome, dans les années trente, introduit une plus grande finesse d'exécution. La marque s'inscrit comme une empreinte gravée ou embossée sur la surface. Apparaissent également une série de mentions utiles, des informations techniques portant sur le voltage, l'ampérage, les fréquences radio, les zones de couverture qui viennent souligner le logo.

Sur les premiers appareils galvanisés ou étamés comme le Moulin Légumes Moulisel, on trouve de drôles d'étiquettes sommairement imprimées. La tôle est emboutie, le produit est bon marché. Figurent également, associés à la marque, les brevets et leur numéro de dépôt. Lorsqu'en 1957 le Moulin Légumes deviendra Moulinex, le logo change, à l'image du produit : simple, clair, évident, résumé en un seul trait bouclé.

Jusqu'à la guerre, peu d'innovations sont à noter dans l'image graphique des marques en Europe. C'est aux États-Unis que tout se passe. Le réfrigérateur, promu signe extérieur de richesse, est à l'image des énormes voitures américaines. Les logos des armoires à froid sont imposants, somptueux, en relief. Frigidaire s'octroie un emblème couronné, Kelvinator, des lettres liées qui pourraient aussi bien être apposées sur le flanc d'une limousine. Le chrome devient synonyme de confort et de luxe.

C'est en France, à partir de 1950, que l'on rencontre, avec le renouveau de l'art ménager et le foisonnement de nouveaux appareils, les plus beaux labels. L'imagination et la fantaisie dominent. Les graphismes sont variés. Chaque maison cherche à affirmer sa spécificité à travers autant d'artifices autorisés, lettres bouclées, italiques, soulignées, en signature... Les perspectives, les inclinaisons donnent de la profondeur. Le traitement est noir et blanc, contrasté et sans ambiguïté. Les lettres sont dessinées, travaillées et lissées : dans les studios de dessin, c'est l'époque du croquis-calque.

La médiocre qualité des procédés de reproduction des magazines féminins, dans lesquels paraissent la plupart des annonces publicitaires des marques, est à l'origine de l'utilisation des « cartouches », ces surfaces qui permettent une meilleure lisibilité du lettrage blanc sur noir. La lettre peut être simple et le cartouche complexe, ou inversement. Les formes sont nombreuses : rectangulaires, carrées, triangulaires, rondes, ovales ou même abstraites. Les logotypes des produits électroménagers constituent un véritable florilège des formes typiques de cette époque, quadrilatères éclatés, rectangles tordus. Chaque forme géométrique est porteuse de son message. Symétrie pour la sécurité et l'assurance, asymétrie pour le dynamisme ou l'originalité... Une marque reconnue, de grande notoriété, peut, pour rajeunir son image, avoir recours à un cartouche fantaisie. En revanche, une marque en développement cherche à asseoir son crédit en optant pour un cartouche rectiligne et stable, et pour des lettres contemporaines.

Le logo étant de plus en plus souvent accompagné d'un slogan publicitaire, son cartouche permet l'insertion de mots-clés propres au ton promotionnel de l'époque. Tout est bon pour attirer l'œil du consommateur : affirmations, exclamations, points de suspension... Nouveau ! Jeune ! Révolutionnaire ! Choisissez... Sécurité totale ! Le meilleur ! Moderne ! Robuste ! Automatique ! Enfin ! Fini les corvées ! Sans danger ! Une révélation ! Garantie 2 ans ! 3 ans ! 5 ans ! À vous de choisir ! Lavé en 50 minutes ! La technique navale... au service de Narval, la machine à bien laver ! Une image de marque forte et renommée peut s'encanailler dans un cartouche dévergondé ou se faire remarquer, le temps d'une campagne, en osant une perspective audacieuse.

Plus que telle ou telle technique de fabrication, c'est l'évolution des méthodes de commercialisation qui va amener de nouvelles règles dans le traitement typographique des marques. L'électroménager n'est plus vendu dans les drogueries et le petit commerce. La grande distribution impose de nouvelles lois. Les petits labels disparaissent, absorbés par les grandes firmes. De plus en plus féroce, la concurrence entraîne non seulement des concentrations tous azimuts, mais favorise également une diversification industrielle à l'intérieur de ces groupes. La marque Laden en est un des exemples les plus frappants. Représentée sous la forme d'un cygne, symbole de blancheur et de propreté, lorsqu'elle

1953

1956

1957

1958

PÔL 1959

DIENER 1960

SATAM Prestcold

TEFAL 1962

ARTHUR MARTIN

JADE 10 TRANSISTOR RADIO 1964

SEB 1965

Radiola

BENDIX

RÉFRIGÉRATEURS Faure

CONORD 1970

ne fabriquait que des machines à laver, avant la guerre, Laden abandonne son emblème quand elle élargit la gamme de ses produits. C'est ainsi que l'image institutionnelle des marques se simplifie et se débarrasse de ses coqs, chevaux, dragons, flammes, rayons et autres accessoires iconographiques.

La PLV (publicité sur le lieu de vente) qui investit la grande distribution oblige très vite la marque à se forger des signes forts d'identification. C'est la naissance du marketing, et la fin de l'innovation exubérante et spontanée. Des images uniformisées remplacent les joyeux débordements graphiques. La typographie se banalise. Les firmes ont souvent recours à un code couleur, une forme géométrique bien identifiée, et ce sont, non plus des initiales, mais l'ensemble des lettres de la marque qui constituent le logo. La seule coquetterie que s'autorisent parfois les marques est d'accompagner leur logo d'un bandeau informatif ou incitatif.

Si l'histoire a retenu les noms de Peter Behrens, Raymond Loewy ou Paul Rand, il n'en faut pas moins rendre hommage aux milliers de créateurs anonymes de logotypes de marques qui ont contribué à enrichir considérablement la syntaxe logotypique.

Et si les utilisateurs ont plébiscité tel rond rouge, fait confiance à tel triangle bleu, été fidèles à tel carré vert, c'est certainement parce que ces images et ces mots, synonymes de sécurité et de rapidité, garantissent subtilement un résultat infaillible, une chemise plus blanche, une purée moelleuse à souhait, une réception parfaite, un point de croix toujours régulier, une soupe à la tomate onctueuse... La promesse du produit se trouve, bien avant le travail publicitaire, dans le signe qui l'accompagne. C'est dans ce concentré de formes et d'idées que s'accomplit toute la mission d'une bonne image typographique.

Étienne Robial
Graphiste, Directeur artistique de Canal+

Nous vivons jour et nuit dans un monde littéralement truffé de brevets d'invention : du radio-réveil au téléviseur en passant par le réfrigérateur, la cafetière, le téléphone et le micro-ordinateur, pour ne citer que ces objets-là, tous ont été brevetés et, davantage encore, leurs moindres perfectionnements sont constamment sujets à de nouveaux dépôts de brevets.

Mais qu'est-ce qu'un brevet d'invention ? C'est un titre de propriété industrielle qui confère à son titulaire un monopole temporaire d'exploitation industrielle et commerciale de son invention ainsi que sa protection juridique, en échange de sa publication.

L'octroi de monopoles ne date pas d'aujourd'hui. En effet, au ve siècle avant J.-C, la cité grecque de Sybaris en accordait déjà aux cuisiniers qui mettaient au point de nouvelles recettes. En 1331, en Angleterre, le roi Edouard III attirait les tisserands flamands en leur délivrant des lettres patentes grâces auxquelles ils pouvaient exercer leur art sans être inquiétés par les corporations de tisserands anglais. C'est toutefois à Florence que fut octroyé en 1421 le premier monopole connu pour l'invention de Filippo Brunelleschi destinée à la construction d'une péniche équipée d'un système de levage spécial et servant au transport du marbre. Enfin, c'est encore en Italie que fut promulguée en 1474 par la république de Venise la toute première loi sur les brevets d'invention.

Les lois de 1791 En France, ce sont des lois révolutionnaires de 1791 qui, pour la première fois, ont reconnu et consacré le droit de l'inventeur à la protection de ses découvertes et inventions. En effet, même s'il existait sous l'Ancien Régime un système de concession de privilèges sous forme de lettres patentes octroyées par le roi aux inventeurs après arrêt du Conseil d'État, c'est le projet élaboré par le chevalier de Boufflers qui devait déboucher sur la loi du 7 janvier 1791 « relative aux Découvertes utiles, & aux moyens d'en assurer la propriété à ceux qui seront reconnus en être les Auteurs », complétée par la loi du 25 mai de la même année.

La teneur de la loi du 7 janvier 1791 était clairement énoncée dans son prologue : « L'Assemblée nationale, considérant que toute idée nouvelle, dont la manifestation ou le développement peut devenir utile à la société, appartient primitivement à celui qui l'a conçue, & que ce serait attaquer les droits de l'homme dans leur essence, que de ne pas regarder une découverte industrielle comme la propriété de son auteur ; considérant en même temps combien le défaut d'une déclaration positive & authentique de cette vérité peut avoir contribué, jusqu'à présent, à décourager l'industrie française, en occasionnant l'émigration de plusieurs artistes distingués, & en faisant passer à l'étranger un grand nombre d'inventions nouvelles, dont cet Empire aurait dû tirer les premiers avantages ; considérant enfin que tous les principes de justice, d'ordre public & d'intérêt national, lui commandent impérieusement de fixer désormais l'opinion des Citoyens français sur ce genre de propriété, par une loi qui la consacre & qui la protège... »

Enfin, la loi du 25 mai 1791 « portant Règlement sur la propriété des Auteurs d'inventions & découvertes en tout genre d'industrie » indique dans son article premier :

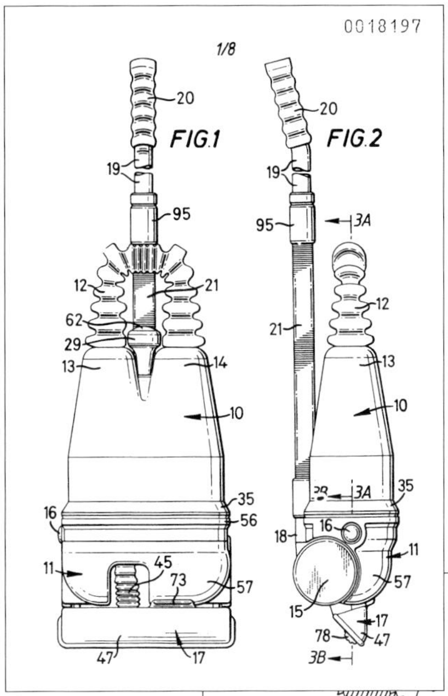

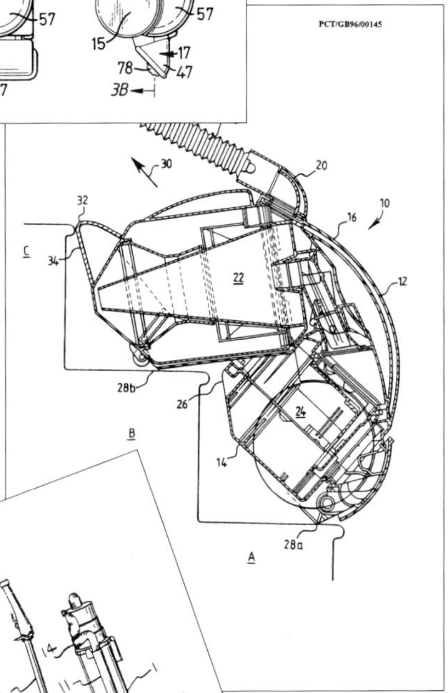

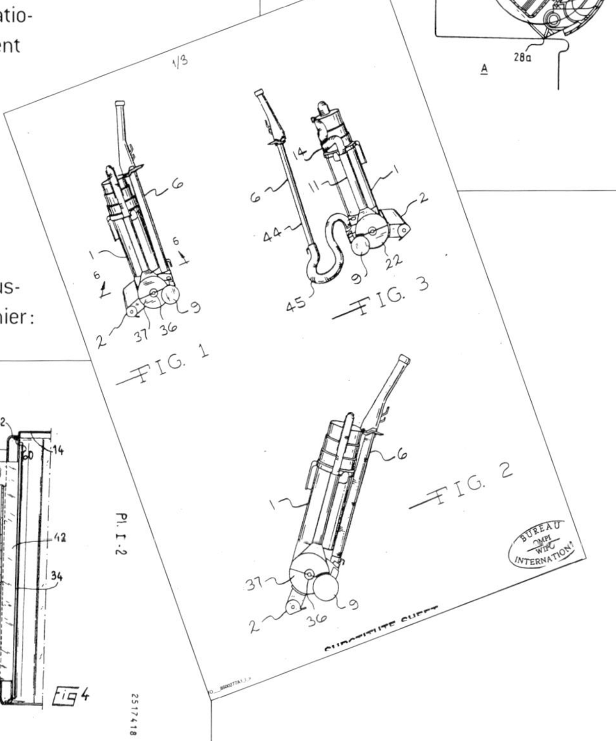

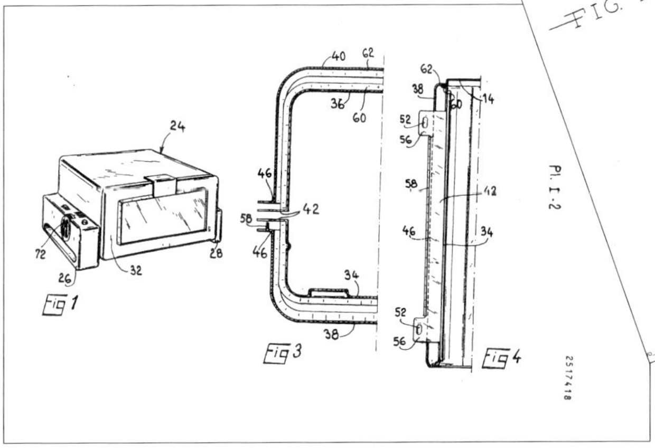

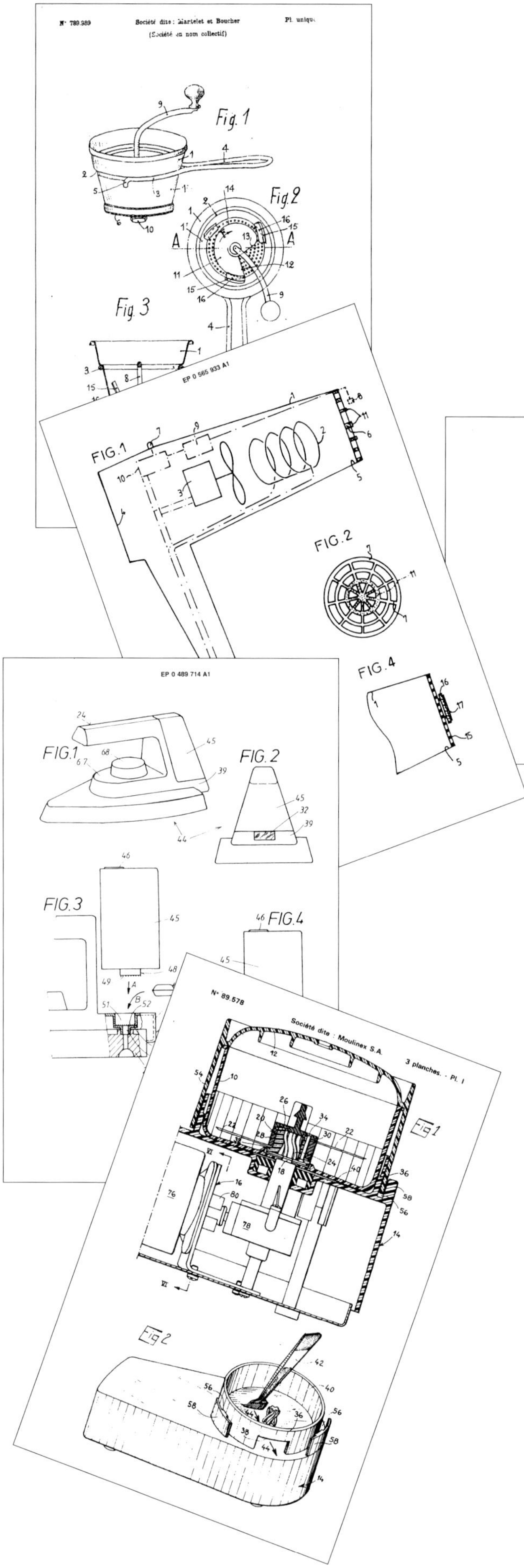

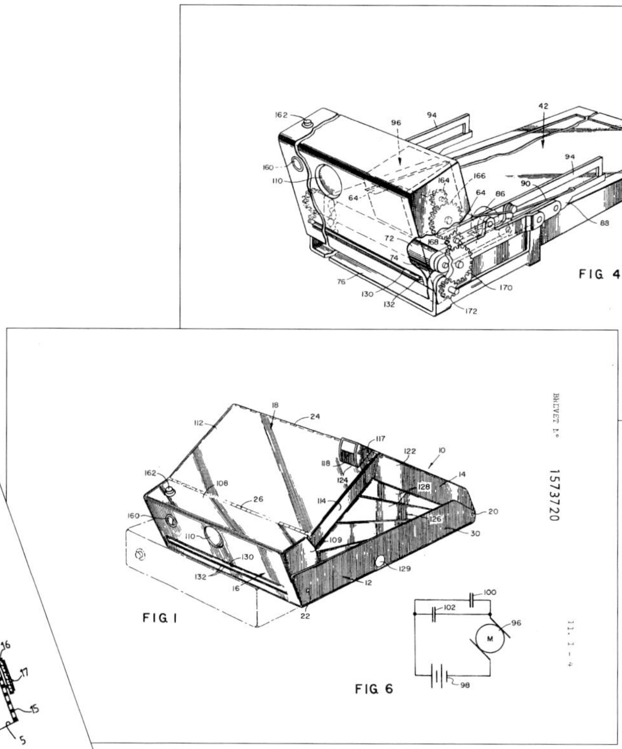

« Il sera délivré sur une simple requête au Roi & sans examen préalable, des Patentes nationales sous la dénomination de Brevets d'invention, à toutes personnes qui voudront exécuter ou faire exécuter dans le royaume des objets d'industrie jusqu'alors inconnus. »

Le brevet d'invention était né, et déjà tous les traits essentiels des systèmes de brevet moderne s'y trouvaient. Qu'il s'agisse des formalités de dépôt – fourniture d'une description exacte des principes, moyens et procédés qui constituent la découverte, accompagnée des plans, coupes, dessins et modèles susceptibles de s'y rattacher –, de l'exigence de l'unité d'invention, de la publication de la description, des additions apportées à la description d'origine, des cessions du droit et de leur enregistrement, de l'adaptation des taxes à la durée de protection effective fixée alors à cinq, dix ou quinze années, du régime des nullités, de la répression de la contrefaçon, etc.

Certes, la législation française en matière de brevets d'invention ne fut pas la première dans le monde. En effet, les réformateurs de 1791 avaient pu s'inspirer également des modèles de la loi anglaise de 1623 (*Statut of Monopolies*) et de la loi américaine de 1790. La loi française était cependant si claire et si avant-gardiste qu'à son tour elle servit sans doute d'exemple à d'autres nations : la Russie et la Prusse en 1812, les Pays-Bas en 1817, l'Autriche en 1820, la Suède en 1834, le Portugal en 1837. Les lois de 1791 répondaient assurément à la préoccupation du législateur de stimuler un nouveau système économique favorisant l'intérêt national et d'encourager « l'industrie des inventeurs », en créant un véritable statut d'inventeur, bientôt convoité par de nombreux citoyens.

Le chevalier de Boufflers n'avait-il pas dit dans un discours prononcé à l'Assemblée nationale : « Appelez le Génie inventif dans un pays et vous y appelez la Prospérité » ? Et d'ajouter : « N'en doutez point, de quelque pays que soit l'inventeur, il portera ses inventions où elles seront le mieux accueillies, car le génie de sa nature est cosmopolite ; le bien le plus précieux d'un inventeur est facile à transporter, ce sont ses idées ; tous les pays lui sont égaux : c'est à la politique à l'attirer et à lui faire adopter une patrie. »

L'esprit d'invention et ses enjeux Les lois sur les brevets au XIXe siècle avaient un dénominateur commun : promouvoir l'industrie en stimulant « l'esprit d'invention ».

Aujourd'hui, presque tous les pays du monde ont une législation en matière de brevets d'invention. « L'information brevets » représente plus de 30 millions de documents qui contiennent à eux seuls pratiquement 80 % de l'information scientifique et technique mondiale.

Bien entendu, si autant de brevets sont déposés dans le monde c'est que les enjeux industriels et financiers sont colossaux. La protection des logiciels et des biotechnologies n'est-elle pas au cœur des débats sur la protection de l'innovation en ce début de troisième millénaire ?

En 1999, plus de 138 000 demandes de brevets, toutes technologies confondues, ont désigné la France pour une protection ; l'Hexagone est un territoire très convoité par la concurrence internationale. Le brevet est, en effet, une formidable arme stratégique au service des entreprises et un puissant vecteur de pénétration des marchés et de transfert de technologies entre les nations.

L'homme est, par nature, inventif. Aussi, chacun d'entre nous sera peut être tenté un jour de déposer un brevet. Il est alors utile de savoir que toutes les inventions ne sont pas forcément brevetables, que la propriété industrielle ne se limite pas aux seuls brevets d'invention. Qu'il existe d'autres titres de propriété industrielle comme les marques et les dessins et modèles. Enfin, que seul un faible pourcentage de brevets est rémunérateur, et donc que peu d'inventeurs font fortune !

Mais il n'est pas interdit de rêver, et c'est bien ce que l'exposition « Les Bons Génies de la vie domestique » nous invite à faire, tant elle est à l'enseigne du génie inventif.

Gérard Winter
Chargé de mission à la valorisation
Institut national de la propriété industrielle (INPI)

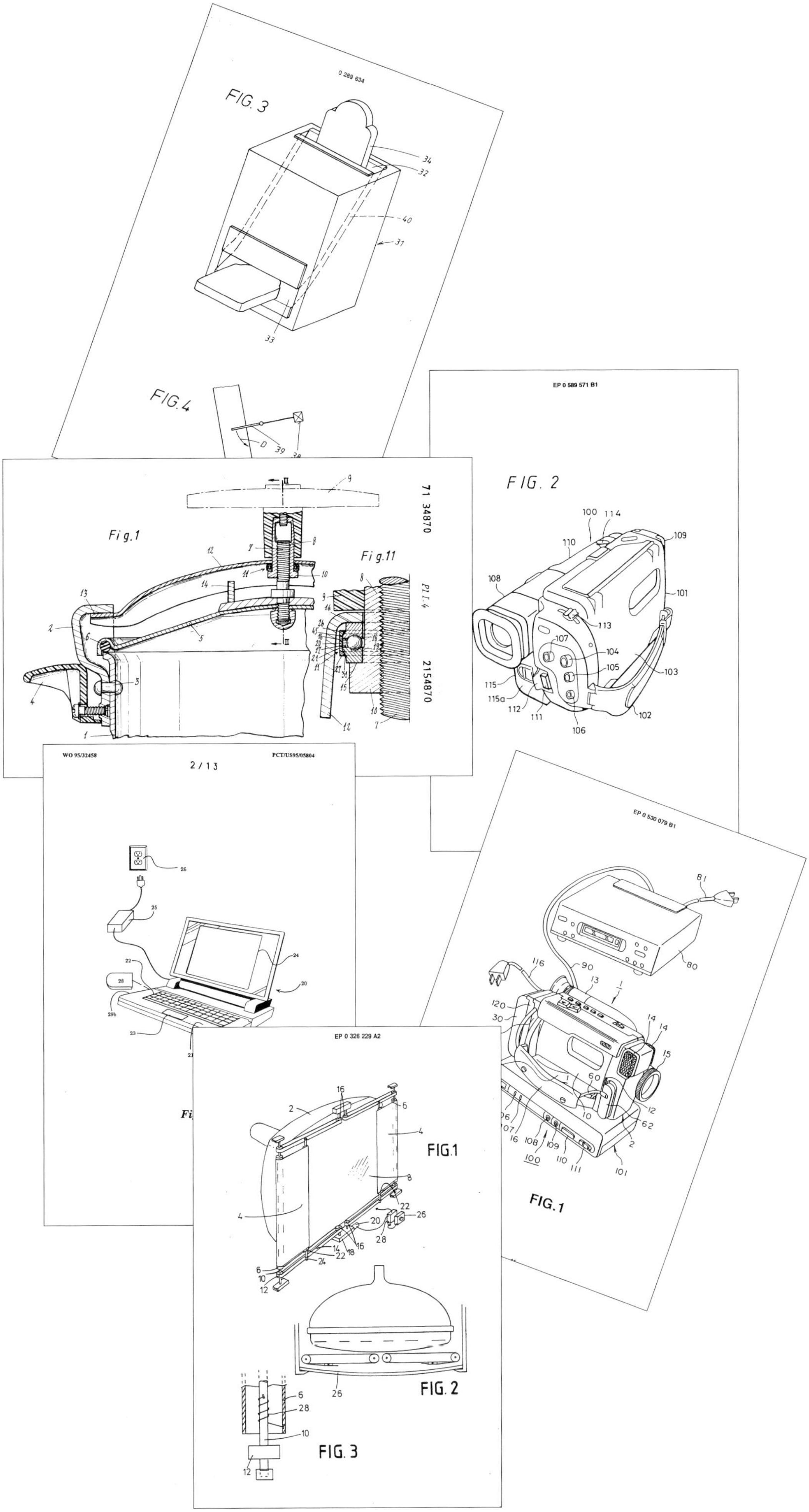

1900
1920

Salle à manger
de la maison de
Peter Behrens,
à Darmstadt, 1901

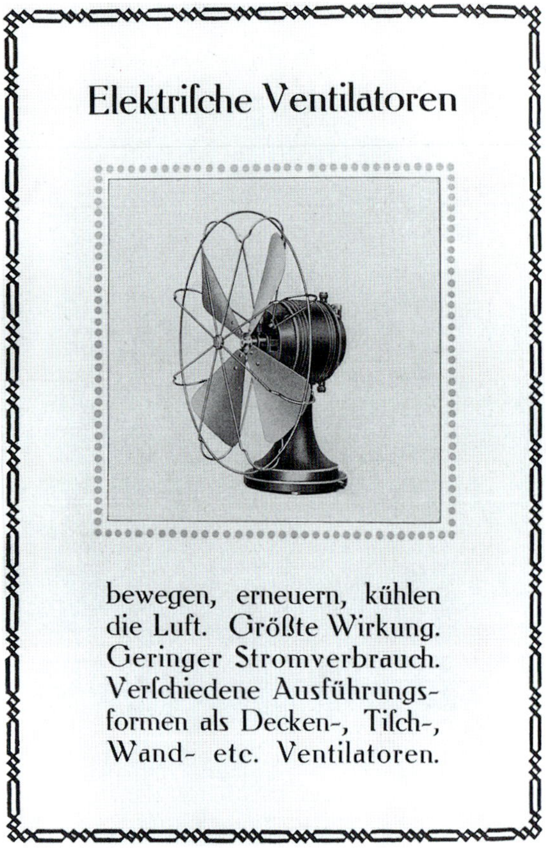

Ventilateur électrique, 1908, et bouilloire électrique, 1910

Peter Behrens
Allgemeine Elektricitäts Gesellschaft, Allemagne.
Pages extraites du catalogue de la firme

Premiers appareils ménagers électriques AEG

Publicité de la firme, vers 1910

Aspirateur électrique

BEW (Société berlinoise d'électricité).
Couverture du catalogue de la firme, 1910

Théières et bouilloires électriques, 1909-1913

Peter Behrens

Allgemeine Elektricitäts Gesellschaft, Allemagne.

Pages extraites du catalogue de la firme

ELEKTRISCHE TEE- UND WASSERKESSEL

NACH ENTWÜRFEN VON PROF. PETER BEHRENS

Messing vernickelt, streifenartig gehämmert runde Form

PL Nr	Inhalt ca. l	Gewicht ca. kg	Preis Mk.
3581	0,75	0,75	19,–
3591	1,25	1,0	22,–
3601	1,75	1,1	24,–

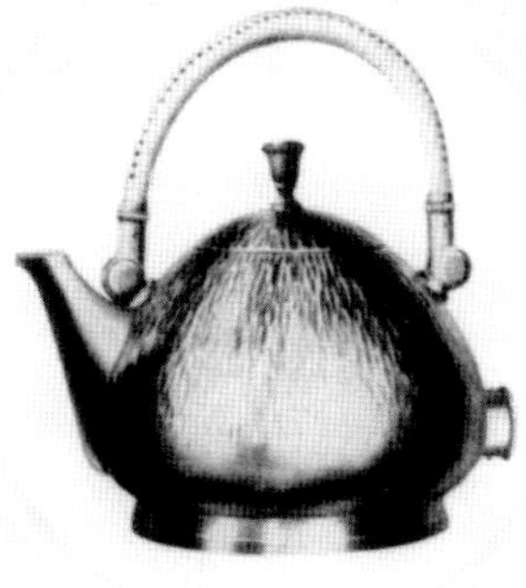

Kupfer streifenartig gehämmert runde Form

PL Nr	Inhalt ca. l	Gewicht ca. kg	Preis Mk.
3584	0,75	0,75	20,–
3594	1,25	1,0	24,–
3604	1,75	1,1	26,–

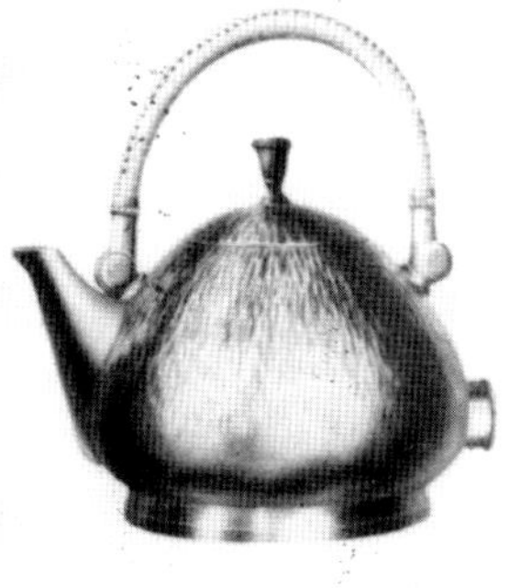

Messing streifenartig gehämmert runde Form

PL Nr	Inhalt ca. l	Gewicht ca. kg	Preis Mk.
3582	0,75	0,75	19,–
3592	1,25	1,0	24,–
3602	1,75	1,1	25,–

ALLGEMEINE ELEKTRICITÄTS-GESELLSCHAFT

ABT. HEIZAPPARATE

ELEKTRISCHE TEE- UND WASSERKESSEL

NACH ENTWÜRFEN VON PROF. PETER BEHRENS

Messing vernickelt, glatt ovale Form

PL Nr	Inhalt ca. l	Gewicht ca. kg	Preis Mk.
3585	0,75	0,75	19,–
3595	1,25	1,0	21,–
3605	1,75	1,1	23,–

AUSFÜHRUNG:

Leicht auswechselbare Patronenheizkörper, komplett, mit Anschlußstöpsel, 2 m Litze und Stecker PL Nr 725

Die 0,75 l Kocher haben einen Stromverbrauch von 275 Watt, die 1,25 und 1,75 l Kocher einen Stromverbrauch von 440 Watt

Messing glatt, matt ovale Form

PL Nr	Inhalt ca. l	Gewicht ca. kg	Preis Mk.
3586	0,75	0,75	19,–
3596	1,25	1,0	22,–
3606	1,75	1,1	24,–

ALLGEMEINE ELEKTRICITÄTS-GESELLSCHAFT

ABT. HEIZAPPARATE

Pendule électrique, 1910
Peter Behrens
Allgemeine Elektricitäts Gesellschaft, Allemagne

Radiateur électrique, 1911
Allgemeine Elektricitäts Gesellschaft, Allemagne
Die Neue Sammlung, Munich

Moteur électrique avec ses accessoires
Publicité de la firme, 1911
Peter Behrens
Allgemeine Elektricitäts Gesellschaft, Allemagne

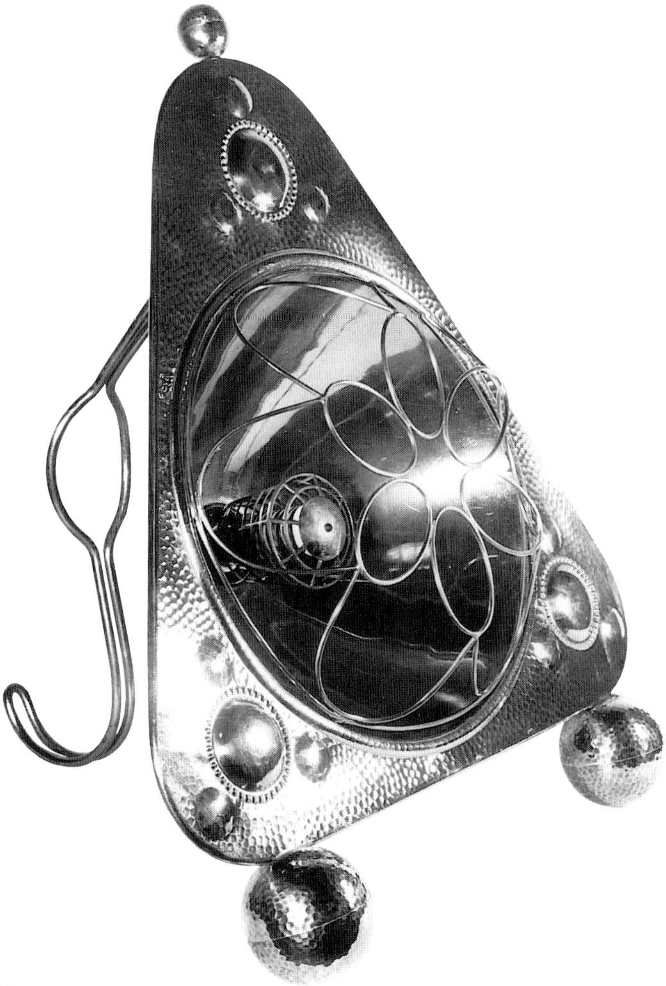

Hall d'exposition et
productions pour AEG,
1907-1912
Peter Behrens

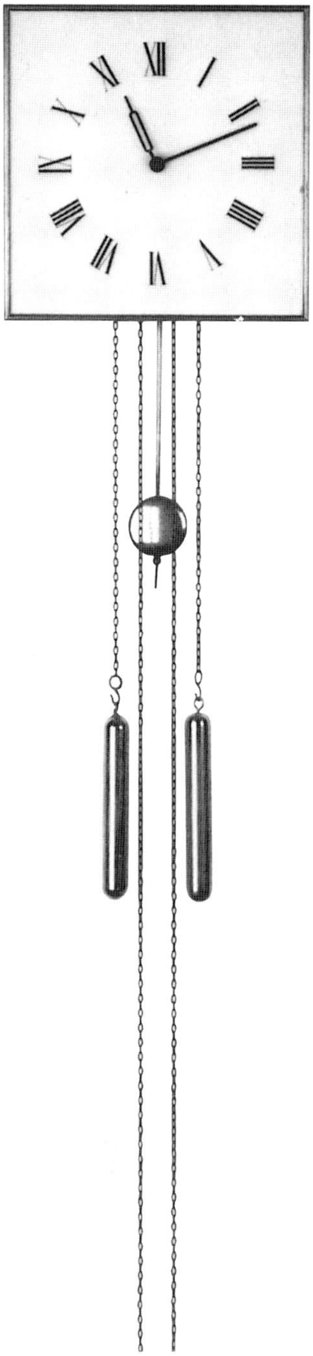

Pendule électrique,
1912
Heinrich Tessenow
Deutsche Werkstätten,
Allemagne

Exposition du Deutscher Werkbund, Cologne, 1914

W. H. Deffke

Projet d'affiche primé

Protection métallique de câble électrique, affiche, 1913

Lucien Bernhard

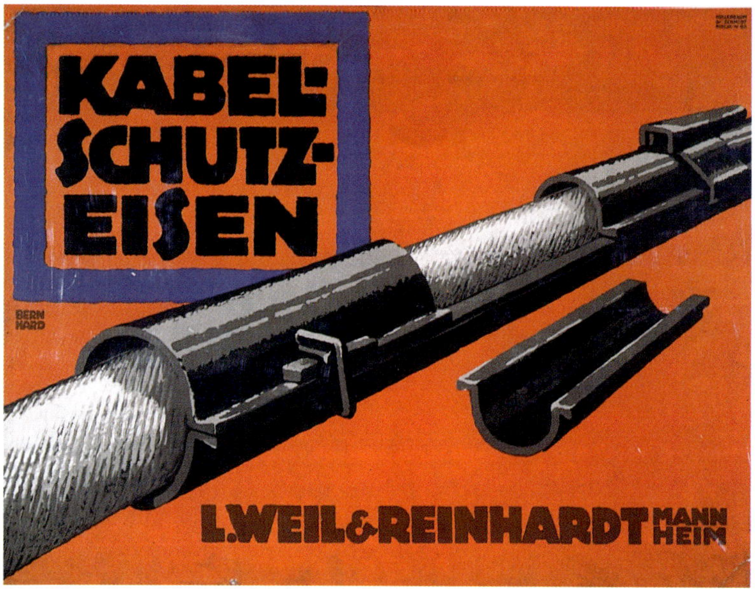

Exposition du Deutscher Werkbund, Cologne, 1914, affiche

Fritz Hellmut Ehmcke

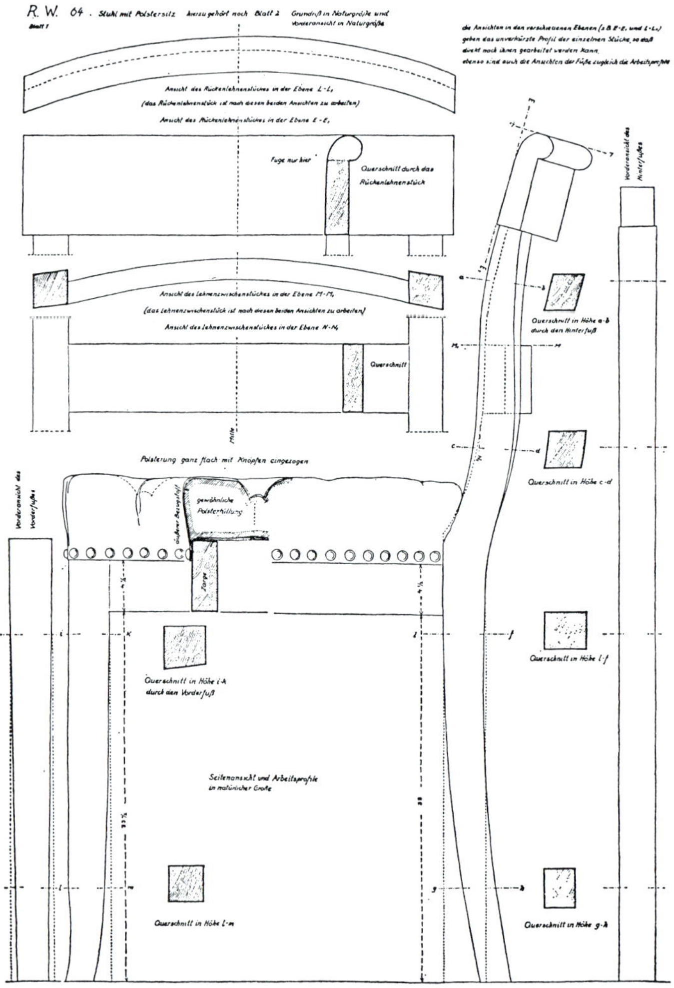

Dessin de chaise, vers 1919

Heinrich Tessenow

Deutsche Werkstätten, Allemagne

DE LA BELLE FORME À LA «GUTEFORM»

GUY BALLANGÉ

1876, PHILADELPHIE : FRANZ REULEAUX ET LA CROISADE DU SÉRIEUX CONTRE LE TOC DANS LES INDUSTRIES D'ART

Exposition universelle de Philadelphie. « *Billig und schlecht* » : c'est par cette formule lapidaire, signifiant littéralement « bon marché et de mauvaise qualité », que la camelote exposée par les industriels d'art du tout nouveau Reich allemand était condamnée sans appel par Franz Reuleaux, le commissaire prussien.

Quarante ans plus tard, le grand germaniste Henri Lichtenberger décrit ainsi cette pacotille : « À ce point de vue, l'art industriel qui se développe dans le nouvel Empire allemand au lendemain de la guerre de 1870 marque un point culminant de mauvais goût. [...] Par ses soins, on voit se répandre partout le simili-bronze en zinc recouvert d'un enduit, le simili-cuir en papier, les vitraux de papier transparent collé sur une simple vitre et imitant les baguettes de plomb des vitraux authentiques, [...] les faïences lourdement décorées à l'aide de décalcomanies, les moulures en papier mâché, les peintures imitant le bois ou le marbre. Et les industriels qui exploitaient cette branche de l'industrie ne se sont pas contentés d'inonder de leurs produits le marché national, ils ont exporté leur camelote d'art à l'étranger, notamment en Angleterre et en Amérique [1]. »

1900 : ÉLOGE DE LA LIGNE

Il semble bien que ce refus du toc ait porté ses fruits. Dans un article publié par la *National Zeitung* du 13 août 1892, le même Reuleaux, se défendant d'avoir voulu porter tort aux industries d'art allemandes, constatait que celles-ci avaient su réagir, et se réjouissait de voir arriver sur le marché une production nationale de qualité.

Huit ans plus tard, à l'occasion de l'Exposition universelle de Paris, il vante la qualité industrielle d'un tapis exposé au pavillon allemand [2]. Mais, obsédé par sa quête de la « qualité », il passe à côté de ce qui fait la réelle nouveauté de cet objet de l'industrie d'art allemande : la présence d'une création géométrique. En effet, sous le déroulement des motifs mythologiques, apparaît un graphisme jouant de la ligne droite et du champ rectangulaire.

L'abus d'ornements tarabiscotés dont, en 1916, Henri Lichtenberger rappelle qu'ils avaient envahi la production des années de fondation du Reich, semble donc, en ce début de siècle, devoir céder la place à la ligne – ce que Friedrich Naumann avait remarqué dès 1902 : « [...] on a de moins en moins plaisir à collectionner le bibelot et l'on aspire de plus en plus aux lignes nues, constructives, à la géométrie fondatrice d'art [3] ».

Quant à Henry van de Velde, il conclut ainsi son article « Die Linie » : « Nous pouvons, sans crainte, laisser à son destin cette ligne qui cherche sa nouvelle expression dans l'architecture et dans les métiers d'art, et faire confiance à son avenir [4]. » Publié en 1910, c'est pourtant à 1900 que renvoie cet éloge de la ligne.

1901, DARMSTADT : LA NAISSANCE DE L'ŒUVRE D'ART SYNTHÉTIQUE

Exposition de la colonie d'artistes de la Mathildenhöhe. Dans son livre de voyage sur l'Allemagne, Jules Huret fait dire à une interlocutrice fictive : « C'est à l'art d'orner nos intérieurs que nous allons nous consacrer à présent. Déjà des architectes, qui sont des artistes de talent dont vous avez pu voir les essais, tentent de rénover notre architecture. À [...] Darmstadt, vous trouverez des groupements d'artistes jeunes [appelés dans sa capitale par le jeune grand duc de Hesse] [...] qui ne manquent pas pour autant [...] du sens de la joie des lignes et des couleurs [5]. »

Quoique omniprésente, cette ligne ne doit pas cacher qu'à Darmstadt son emploi systématique a ouvert la voie à une nouveauté radicale : l'art de donner forme à un « espace intérieur [...] conçu comme unité », qui assure « l'appartenance organique de chaque objet à un ensemble artistique. [...] Cette nouvelle conception est une conquête du nouveau mouvement artistique [6]. »

Ce renouveau n'avait pas échappé à Henri Lichtenberger : « Au lieu de porter leur attention sur l'objet isolé, ils prennent pour unité la chambre, l'intérieur, la maison entière. Leur but est de créer des œuvres d'art synthétiques, des ensembles exactement adaptés à leur destination, où la disposition architectonique, où la tonalité générale, où chaque motif décoratif, chaque objet du mobilier concoure à faire naître une impression totale de parfaite convenance, d'harmonie et de clarté. [7] »

En visiteur averti de l'exposition de la Mathildenhöhe, Friedrich Naumann tourne gentiment en dérision cette volonté programmatique : « À l'auberge, tout le mobilier répond à la même volonté artistique, de la cuillère à soupe à la nappe, de l'armoire à la chaise [8]. » Mais, considérée d'abord en soi, puis traitée comme constitutive d'un espace intérieur chargé de donner naissance à l'« œuvre d'art synthétique », la ligne n'aboutira-t-elle qu'à proposer un style nouveau, ou sera-t-elle un véritable vecteur de création de formes ?

1. Henri Lichtenberger, *L'Allemagne moderne*, Paris, Flammarion, 1916, p. 378.
2. Franz Reuleaux, « Ein Meisterstück deutschen Kunstfleisses », *Die Woche*, cahier 21, Berlin, 1900, p. 908.
3. Friedrich Naumann, *Form und Farbe*, Berlin, Hilfeverlag, 1909, p. 205.
Philosophe et homme politique, Naumann figure parmi les personnalités les plus marquantes de l'Allemagne à cette époque.
4. Henry van de Velde, *Essays*, Weimar, Inselverlag, 1910, p. 41.
5. Jules Huret, *Rhin et Westphalie*, Paris, Fasquelle, 1907, p. 320.
6. Hermann Muthesius, *Stilarchitektur und Baukunst* (1903), cité dans Julius Posener, *Anfänge des Funktionalismus*, Berlin, Ullstein, 1964, p. 169.
7. H. Lichtenberger, *L'Allemagne moderne, op. cit.*, p. 380.
8. F. Naumann, *Form und Farbe, op. cit.*, p. 184.

1902, HAGEN, WEIMAR : KARL ERNST OSTHAUS, HENRY VAN DE VELDE ET LA PROPAGANDE POUR LE NOUVEAU STYLE NATIONAL

Dans ce conglomérat de royaumes et de principautés qu'est le nouveau Reich allemand, l'idée d'œuvre d'art synthétique va rapidement sous-tendre un projet d'art national. Ainsi, en 1902, est inauguré à Hagen par le fils d'un riche banquier, Karl Ernst Osthaus, l'un des grands mécènes de l'époque [9], le Folkwang Museum. Objet d'art en soi, ce musée se veut une vitrine de l'art moderne, et même, selon le mot de Van de Velde, une « arène » où l'on se bat pour cet art. Son nom tiré de la mythologie germanique et sa référence implicite aux héros wagnériens témoignent de la volonté, sensible dans tout le mouvement rénovateur, de « susciter en Allemagne un art sincèrement moderne et germanique [10] ».

Le souverain de l'une de ces principautés du Reich allemand, le grand duc de Saxe-Weimar-Eisenach fait appel à Van de Velde pour relancer les métiers d'art, à Weimar, sa capitale – initiative dont le fondateur belge de l'Art nouveau le félicite avec un soupçon de flagornerie : « D'un autre côté aucun État ni aucun prince n'ont jamais pensé à accorder aux artisans et aux industriels de l'art de tels avantages comme l'a fait son Altesse royale le grand duc de Saxe-Weimar en appelant un artiste conseiller culturel et en fondant un institut où tout industriel pouvait gratuitement obtenir des conseils et des modèles [...] [11] ».

Afin d'obtenir l'adhésion de ces industriels et de ces artisans de l'art, plus que réticents malgré ses dires, Van de Velde voulait agir sur le public, et prétend l'avoir fait avec succès : « Nous avons combattu avec ténacité pour conquérir le public afin d'influencer son goût et d'accroître ses exigences en ce qui concerne la fabrication et les matériaux des produits que lui offrait l'industrie – la victoire fut du côté des artistes [12]. »

On comprend donc mieux son affirmation pleine d'un optimisme peut-être un peu forcé : « Où qu'intervienne l'artiste, il fait progresser les choses [13] », à laquelle, deux ans plus tard, Friedrich Naumann fait écho. En déclarant : « L'avenir de notre industrie dépend pour une bonne part de l'art qui donne de la valeur à nos produits [14] », il généralise à l'échelle du Reich l'idée que les métiers d'art sont promus au rôle du plus performant des auxiliaires économiques.

Mais, pour ces penseurs, la prétendue victoire de l'artiste sur l'industriel repose sur l'émergence d'un style répondant aux exigences du temps : « Il ne s'agit ni plus ni moins que d'une complète révolution : soumission de l'industriel à un idéal, [...] et progrès constants des artistes les plus en vue qui s'efforçaient de trouver des formes et des ornements qui correspondaient à la pensée d'un style de notre temps [15]. »

C'est à travers des institutions comme le Folkwang Museum [16] ou l'Institut de Weimar que les prosélytes du changement, Osthaus et Van de Velde en tête, essayaient de propager cette « idée d'un nouveau style ». Mais était-ce bien la voie de l'avenir ?

1904, SAINT-LOUIS : HERMANN MUTHESIUS, TRIOMPHE ET CRITIQUE DE L'ARCHITECTURE DÉCORATIVE ALLEMANDE

Comme l'avait relevé Reuleaux en 1900, en ce début de siècle l'Allemagne paraît être au rendez-vous : en 1904, l'Exposition universelle de Saint-Louis consacre officiellement le triomphe de la qualité allemande.

« Très discuté et critiqué à l'origine, l'art allemand nouveau a affirmé sa valeur non seulement dans des expositions locales comme celle de Darmstadt en 1901 qui fut la première manifestation imposante de la nouvelle école, mais aussi aux expositions internationales, à celle de Saint-Louis en particulier où son succès a été très vif [17]. » Mentor de l'architecture bavaroise, le professeur von Seidl se voit attribuer une médaille d'or, et la section allemande des métiers d'art est « aux yeux du monde une révélation [18] ».

Or, c'est précisément cette même année que paraît *Das englische Haus* de Hermann Muthesius [19]. Dans cet écrit à la gloire de « la maison anglaise », Muthesius s'indigne de la reconnaissance, nationale et internationale, dont jouit, indûment selon lui, le nouvel art allemand. Immédiatement célèbre, son ouvrage reprend ses thèses exposées dans *Stilarchitektur und Baukunst*, son opuscule paru en 1903, vilipendant l'architecture « de style » qui allait précisément triompher à Saint-Louis, et soulignant que dans une maison anglaise l'architecture intérieure de la pièce a la prééminence absolue. Quelques pages plus loin, deux idées remettent soudain en cause l'œuvre d'art synthétique de Darmstadt.

En premier lieu, il avance que, pour être bonne, l'architecture intérieure de la pièce idéale doit être « fonctionnelle », cette fonctionnalité dépendant, entre autres, d'un équipement ménager où les objets « lourds et encombrants » seraient remplacés par « des objets légers ayant pour but de créer une atmosphère claire, évoquant la propreté » [20].

Tout aussi novateur, le lien qu'il établit entre le concept de *Sachlichkeit* – l'« objetalité » –, osons le terme, et les objets auxquels il l'applique : « Pendant ce temps, la vie qui ne s'arrête jamais continuait d'agir et créait, pendant que la mère architecture se perdait sur des chemins de traverse, des formes d'une pure objetalité. Elle produisait nos machines, nos voitures, nos appareils [21]. »

Il semblerait donc qu'aussi bien la théorie d'une création de forme fonctionnelle que la celle de la pure objetalité aient trouvé là une expression momentanément définitive.

1906, DRESDE : DE L'AUTONOMIE DE LA CRÉATION DE FORME À LA FONCTION CRÉATRICE DE FORME

Été 1906. Troisième exposition des métiers d'art allemands, à Dresde. Mais le véritable événement, c'est un texte qui s'y rapporte : la conférence inaugurale du cours consacré par Muthesius aux métiers d'art, à la Handelshochschule de Berlin. Prenant prétexte de cette exposition qui vient de fermer ses portes, il s'interroge sur les métiers d'art, leur objet, leur production.

9. Voir le jugement de Henry Van de Velde dans ses *Essays*, *op. cit.*, p. 159.
10. H. Lichtenberger, *L'Allemagne moderne*, *op. cit.*, p. 379.
11. H. van de Velde, *Essays*, *op. cit.*, p. 158.
12. *Ibid.*, p. 141.
13. *Ibid.*, p. 158.
14. F. Naumann, *Werke*, t. 6, *Aesthetische Schriften*, Opladen, Westdeustcher Verlag, 1964, p. 186.
15. H. van de Velde, *Essays*, *op. cit.*, p. 143.
16. On tentera, quelques années plus tard, de s'inspirer du Folkwang Museum pour fonder un « Musée allemand pour l'art dans le commerce et les métiers ».
17. H. Lichtenberger, *L'Allemagne moderne*, *op. cit.*, p. 380.
18. H. Muthesius, « Die Bedeutung des Kunstgewerbes », dans J. Posener, *Anfänge des Funktionalismus*, *op. cit.*, p. 186.
19. H. Muthesius, *Das englische Haus*, Berlin, 1904. C'est au retour d'un séjour officiel en Angleterre, au début du siècle, que l'architecte publie cet ouvrage d'une haute portée théorique.
20. H. Muthesius, *Stilarchitektur und Baukunst*, dans J. Posener, *Anfänge des Funktionalismus*, *op. cit.*, p. 158.
21. *Ibid.*, p. 174.

Il reprend à son compte la critique que les artistes ne cessent de formuler contre les industries d'art de la fin du XIXe siècle et leur bimbeloterie – ce « *Kleinkram* » que déplorait déjà Naumann. Il entonne également l'antienne du rôle national des métiers d'art, réaffirmant qu'il faut y voir « un grand acte national [22] ». La nouveauté, c'est qu'il s'intéresse aussi aux « appareils domestiques », préoccupation jusqu'alors absente chez les autres théoriciens.

Mais la véritable innovation réside dans ses propositions esthétiques : d'une part, il n'hésite pas à réclamer l'autonomie fondamentale de la création de formes et, d'autre part, il approfondit son concept de fonctionnalité, énoncé en 1904, selon lequel « la forme découle logiquement de la fonction [23] ».

Sans crier au génie prémonitoire de Muthesius, observons que le temps est venu pour certains concepts d'imposer leur réalité sémantique. La preuve en est qu'un autre artiste, pourtant représentant d'une tout autre école de pensée, Van de Velde, formulera, quatre ans plus tard, la même revendication dans ses *Essays*, et quasiment dans les mêmes termes : « [Je prétends] qu'on a tort de chercher la beauté des choses ailleurs que dans la forme correspondant à leur finalité, ailleurs que dans leur aspect correspondant à leur finalité [24]. »

1907 : STRUCTURES DE PRODUCTION ET CRÉATION DE FORMES

Exceptionnellement, nous ne suivrons pas, pour évoquer les trois événements majeurs de cette année 1907, l'ordre chronologique. Nous les traiterons selon leur importance croissante dans l'histoire du « design », anachronisme délibéré, auquel nous ne recourrons qu'une seule et unique fois.

Weimar, 7 octobre : fruit de la volonté de la cour de Saxe-Weimar-Eisenach et des efforts de Van de Velde, l'École des métiers d'art du grand-duché de Saxe ouvre ses portes dans des bâtiments dessinés par Van de Velde lui-même. Malgré les affirmations de ce dernier, elle n'exercera, dans un premier temps, à peu près aucune influence sur la production du grand-duché, sauf peut-être dans le domaine des « Beaux Livres ».

Munich, 5 et 6 octobre : fondation du Deutscher Werkbund, seule institution de l'époque à avoir survécu jusqu'à nos jours. Du strict point de vue de l'histoire du design industriel dans laquelle s'inscrit l'évocation des appareils ménagers, il n'est pas sûr qu'elle fasse date. Certes, dès sa création, le Werkbund répond à une interrogation qui s'est fait jour dans les rangs des industriels – notamment ceux du meuble, des arts de la table et plus généralement de la décoration intérieure. Mais la prééminence de personnalités telles que Karl Schmidt, de Dresde, propriétaire d'un atelier d'ébénisterie industrielle, Peter Bruckmann, de Heilbronn, fabricant d'arts de la table, ou Gustav Gericke, de Delmenhorst, fabricant de linoléum, va reléguer au second plan la création de formes d'appareils ménagers. Seconde sécession munichoise, dans le domaine des arts appliqués cette fois, la naissance du Werkbund est déterminante sur le plan conceptuel car elle marque une rupture avec l'éclectisme, réconcilie fabrication en série et production esthétique de qualité, et donne force de mot aux concepts de fonctionnalité et d'objetalité évoqués plus haut en les inscrivant dans le discours professionnel et social sur la création de forme.

Berlin, juillet : nomination de Peter Behrens en qualité de conseiller artistique de l'AEG [25] annoncée dans le *Berliner Tageblatt*.

Il est très difficile de répondre à la question que pose dès 1908 Karl Ernst Osthaus : pourquoi l'AEG a-t-elle fait appel à Peter Behrens ? En effet, quand on sait que la préoccupation première de Rathenau père, fondateur de la firme, allait aux seuls problèmes de fabrication, et que son fils, le philosophe, était à cette date en partance pour les colonies allemandes d'Afrique, quand on connaît en outre le cloisonnement pratiqué par l'AEG entre fabrication et vente, on comprend mal pourquoi un artiste vient se mêler de donner une forme aux produits de la firme. Ce qui compte, comme le souligne Van de Velde dans ses *Essays*, c'est que cette intervention de l'artiste ait eu lieu.

Certes, Van de Velde, tout à son combat contre les errements stylistiques, n'a peut-être pas bien vu le rôle que joue, dans cette émergence de la création de formes, l'intégration du moteur électrique – production de base de l'AEG – dans la conception esthétique du produit. Lorsque, comme le présente l'annonce publicitaire de cet ancêtre du *kitchenaid* montrant que l'on peut brancher un moteur sur un appareil ménager (qui garde par ailleurs son autonomie), les ingénieurs de la firme ne se préoccupent pas d'inclure ce moteur dans le produit industriel, l'artiste est impuissant. Mais, qu'on lui soumette un produit qui intègre les composants, comme le ventilateur ou l'horloge murale électrique, alors il invente la première « véritable forme fonctionnelle » industrielle, cette « forme pure, essentielle, des produits de cette industrie » [26] selon la belle formule de Van de Velde.

1908, HELLERAU : PRODUCTION EN SÉRIE, BONNE FORME OU BELLE FORME ?

Propriétaire d'une usine de meubles, les Deutsche Werkstätten, l'industriel Karl Schmidt fonde en 1908 la colonie d'artistes de Hellerau, lointaine banlieue de Dresde. Pour l'édification de cette cité-jardin, Richard Riemerschmid a recours à une standardisation poussée qui s'apparente aux procédés de fabrication en série appliqués dans l'usine. En effet, grâce à l'intelligence des combinaisons inventées par le même Riemerschmid pour la fabrication de mobilier, on peut assembler, à partir de formes unitaires standard, des meubles aussi différents que des lits, des commodes, des armoires ou des tables.

Pourtant, cette fabrication en série diverge radicalement de celle de l'usine où sont produits les appareils ménagers de l'AEG. Certes, afin d'optimiser la production – de meubles, aux Deutsche Werkstätten, de bouilloires, de ventilateurs et d'horloges électriques, à l'AEG –, on recherche la « bonne forme ». Mais, tandis que dans les ateliers de l'AEG, où sont montés les moteurs des ventilateurs, on emploie des milliers d'ouvriers, pour la plupart non-spécialisés, en faisant largement appel à une main-d'œuvre féminine sans aucune

22. H. Muthesius, « Die Bedeutung des Kunstgewerbes », art. cité, dans J. Posener, *Anfänge des Funktionalismus*, *op. cit.*, p. 177.
23. *Ibid.*, p. 178.
24. H. van de Velde, *Essays*, *op. cit.*, p. 77.
25. Allgemeine Elektricitäts-Gesellschaft [Société Générale d'Électricité], fondée en 1883 par Emil Rathenau pour, à l'origine, fabriquer des lampes électriques, système Edison. Voir Gaston Raphaël, *Walther Rathenau*, Paris, Payot,1919.
26. H. van de Velde, *Essays*, *op. cit.*, p. 158.

formation, dans la fabrique de meubles des Deutsche Werkstätten, même si tout se fait mécaniquement, en grande série, sur des dessins types, on a engagé des artisans hautement qualifiés, capables d'utiliser des machines dangereuses, et dont le statut ne diffère de celui de l'artisan traditionnel que par le lieu de travail et le mode de rémunération. Un artiste comme Heinrich Tessenow peut donc leur confier des dessins de chaises extrêmement compliqués, surchargés d'annotations de sa main, ils sont capables de les reproduire à de multiples exemplaires. Quoique fabriqué en grande série, chaque objet est en quelque sorte unique : aux Deutsche Werkstätten de Hellerau, l'artiste a licence de se livrer à la recherche de la « belle forme ». Ne serait-ce pas la clef des différences d'aspect esthétique entre l'horloge électrique de Behrens et la pendule murale de Tessenow ?

1912 : À LA POURSUITE DE LA QUALITÉ OU À LA RECHERCHE D'UN STYLE ?

Le Deutscher Werkbund édite cette année-là son premier annuaire, *Die Durchgeistigung der deutschen Arbeit*, publication qui se voudrait un premier bilan des activités de l'association, arrivée à un « point critique » de son évolution. Son titre, « La spiritualisation du travail allemand », en dit l'ambition. Se référant au paragraphe 2 de ses statuts qui proclamaient déjà la volonté de ses membres d'anoblir le travail allemand, l'association prétend cette fois l'arracher à la matière pour lui faire atteindre les hautes sphères de l'esprit, rejoignant en quelque sorte la profession de foi contemporaine de Kandinsky. Or la liste des sujets traités, très traditionnelle, recoupe tout à fait l'idée restrictive que Van de Velde se fait des métiers d'art : « relieur, orfèvre, céramiste, émailleur[27] ». Pourtant, l'équipe de rédaction de l'annuaire connaît les ventilateurs et les lampes dessinés par Behrens pour l'AEG puisqu'elle leur consacre plusieurs planches, mais elle ne les répertorie sous aucune rubrique de la table des matières. Étrange incapacité à nommer cette profession. Laquelle, dans la littérature allemande consacrée au sujet, a pourtant bel et bien un nom : *Kunstgewerbezeichner*, « dessinateur de métiers d'art ». Peu courant, le terme, composé, est beaucoup plus réducteur que la simple et noble appellation de *Künstler*, « artiste », qui, globale, renvoie à la spiritualité revendiquée dans le titre, mais gomme la spécificité de sa production. Les produits de Behrens sont montrés dans leur matérialité, mais, comme s'il était impossible d'en assumer la théorie, la fonction qui les a engendrés n'a pas accès à la dignité du dire.

1914, COLOGNE : LE GOÛT ALLEMAND À LA CONQUÊTE DU MARCHÉ MONDIAL

Du congrès du Deutscher Werkbund, à Cologne, en 1914, on retient généralement la controverse sur le thème du « type opposé à l'individuel », qui aurait vu Muthesius et Van de Velde s'affronter violemment.

En réalité, la bataille de la « typisation » équivaut à un dialogue de sourds sur les enjeux économiques et politiques de la création de forme des produits industriels. Elle constitue sur le plan formel un bond en arrière, d'une dizaine d'années. Est totalement évacué le vrai problème esthétique qu'en 1904 Muthesius avait contribué à faire émerger, en théorie, avec son « objetalité » des objets domestiques, et qu'en 1907 Behrens avait posé, en pratique, dans sa collaboration avec l'AEG.

Le seul de tous les intervenants à revenir au cours des débats sur le vrai sujet – celui que le Werkbund, en 1907, avait formulé dans le paragraphe 2 de ses statuts – est Behrens lui-même : « J'ai songé à un art typique, qui représente pour moi le but le plus haut que l'on puisse se fixer dans toute activité artistique. [...] C'est la solution la plus mature, la plus élaborée, car libérée de tout accessoire, que l'on puisse apporter à la création d'un objet[28]. » Belle définition de l'objetalité... qui s'enfonce dans le silence assourdissant des congressistes. La *disputatio* esthétique n'intéresse plus personne.

Refait surface un débat académique – aussi surdéterminé que caricatural, entre le fonctionnaire prussien et l'artiste belge – dont la seule fonction est de couvrir d'un voile prétendument théorique le véritable enjeu : comment mettre le plus efficacement possible les métiers d'art au service de l'expansion économique allemande ?

À vrai dire, cette préoccupation n'a jamais été absente des réflexions menées sur les métiers d'art, et sur l'art en général. En effet, dès 1904, Naumann déclarait : « Naturellement, je ne peux pas maintenant, au milieu de considérations esthétiques, exposer toutes les raisons pour lesquelles, dans la période historique présente, tout dépend, pour nous Allemands, de la conquête de marchés extérieurs[29]. » Quoique tous les participants n'affichent pas un nationalisme exacerbé, l'exhortation du Sudète Erich Pistor à faire de la germanité une puissance mondiale est accueillie par des bravos (consignés dans le compte-rendu). Sept des dix thèses présentées aux congressistes par Muthesius proposent de faire de la conquête des marchés mondiaux une priorité du Werkbund. Enfin, dans son discours de clôture, Friedrich Naumann a cette formule : « Soyons des expansionnistes[30] ». On ne peut pas être plus clair.

Dans *Les Cathédrales étaient blanches*, Le Corbusier se souvient : « J'ai entendu, à ce moment-là, à Cologne en juillet, à la clôture du Congrès du Werkbund, l'un des plus grands orateurs du Reichstag, un socialiste, s'écrier : "Maintenant, que l'Allemagne parte conquérir le monde pour y faire triompher le 'bon goût'germanique"[31]... »

En 1917, Van de Velde quitte l'Allemagne. Pour la Suisse...

Guy Ballangé

27. *Ibid.*, p. 157.
28. P. Behrens, intervention au congrès de Cologne, dans J. Posener, *Anfänge des Funktionalismus, op. cit.*, p. 208.
29. F. Naumann, *Werke*, t. 6, *Aesthetische Schriften, op. cit.*, p. 190.
30. F. Naumann, « Werkbund und Weltwirtschaft », cité dans J. Posener, *Anfänge des Funktionalismus, op. cit.*, p. 224.
31. Le Corbusier, *Quand les cathédrales étaient blanches*, Paris, Plon, 1937, p. 138.

Composé en Akzidenz Grotesk dessiné par H. Berthold AG, 1900

1920
1930

Appareil photographique Leica I, modèle A, 1925

Oskar Barnack

Leica, Allemagne

Lars Netopil Classic Cameras

Wetzlar, Allemagne

Machine électrique à laver la vaisselle, 1925

Auto-laveuse électrique BRC, 1925

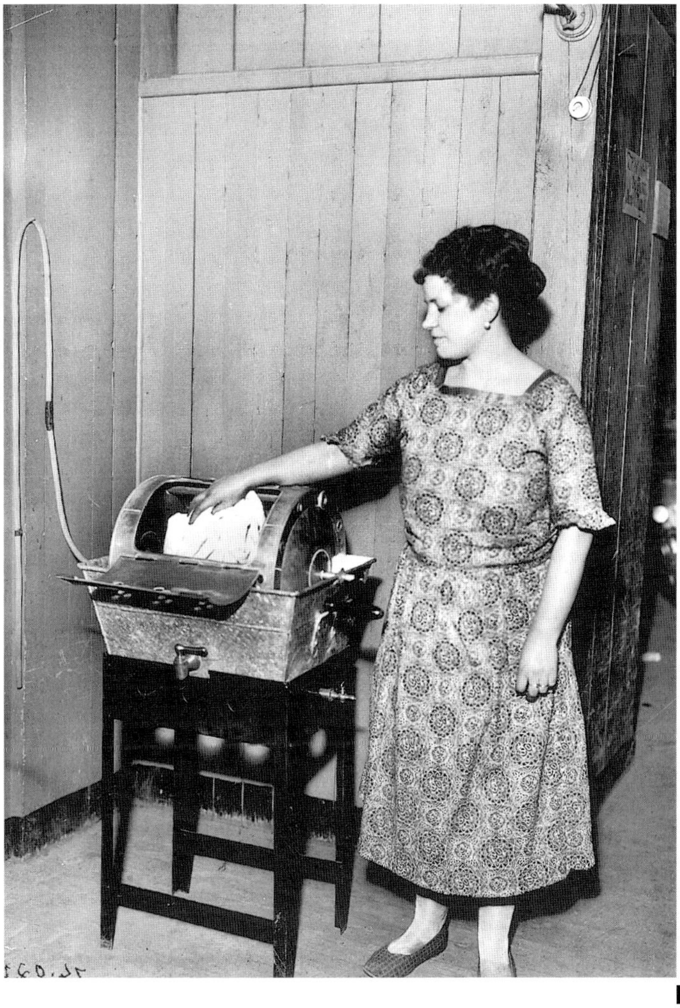

Réfrigérateur Frigidaire

Publicité parue dans la presse, 1926

Aspirateur Electrolux

Rilette

Publicité parue dans *Good Housekeeping*, États-Unis, 1927

Appareils de cuisine électriques, 1926

Allgemeine Elektricitäts Gesellschaft, Allemagne

Radio et haut-parleur « plat à barbe », 1927

Philips, Pays-Bas

Centre Pompidou/Mnam-Cci, Paris

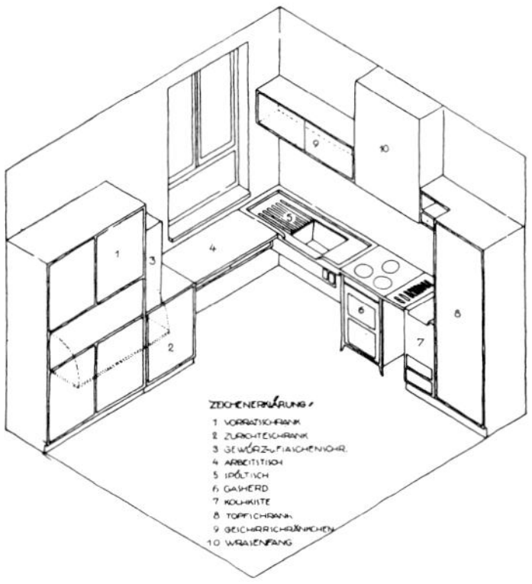

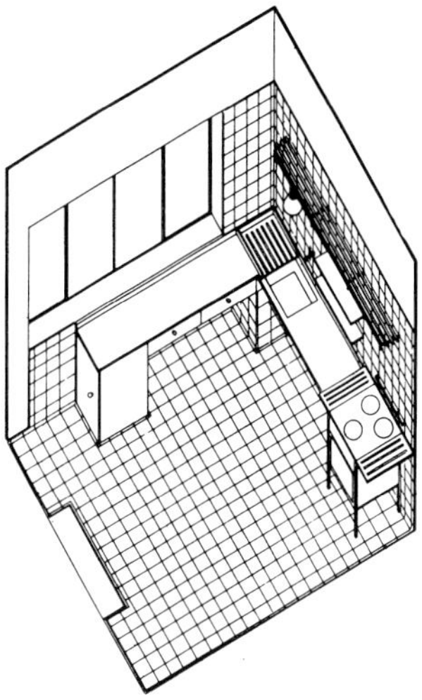

Cuisine de Francfort, 1927
Grete Schütte-Lihotzky, architecte

Schéma de la cuisine conçue pour l'exposition du Weissenhof, Stuttgart, 1927
Erna Meyer, architecte

Schéma de la cuisine conçue pour l'exposition du Weissenhof, Stuttgart, 1927
J. J. P. Oud, architecte

Couverture de la revue *Das Neue Frankfurt*, 1926-1927

Lotissement de Praunheim, Francfort, 1926-1927
Ernst May, architecte

Fer électrique Calor, affiche, vers 1920

Rôtissoire électrique Lemercier Frères
Publicité parue dans la presse, 1927

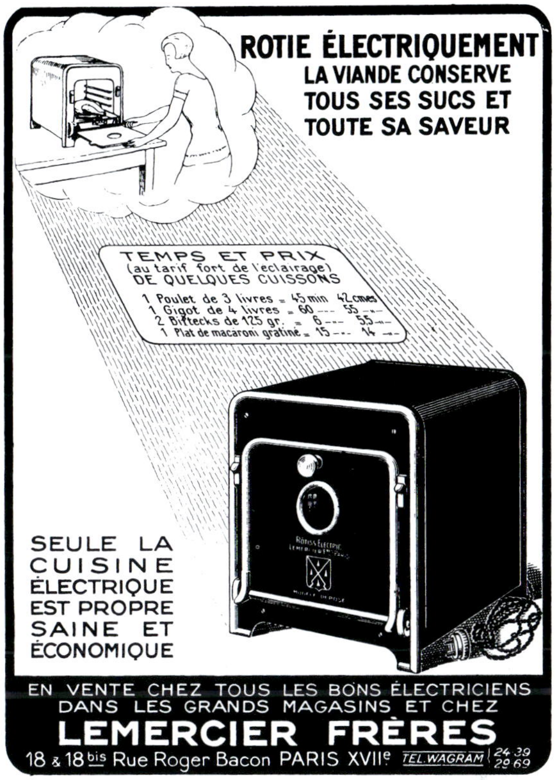

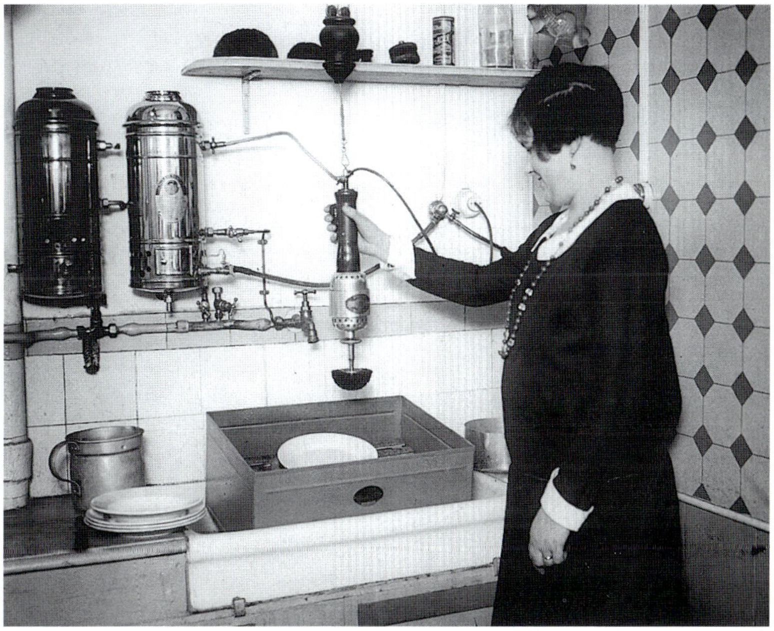

Le rêve du moderne : villa de Le Corbusier au Weissenhof, Stuggart, 1927, et une automobile Mercedes-Benz 8/38PS, 1928

Appareil ménager électrique Lave-tout, 1927

Bouilloire électrique
Thermor, affiche, 1928
Leonnec et Mercier
Bibliothèque Forney,
Ville de Paris, Paris

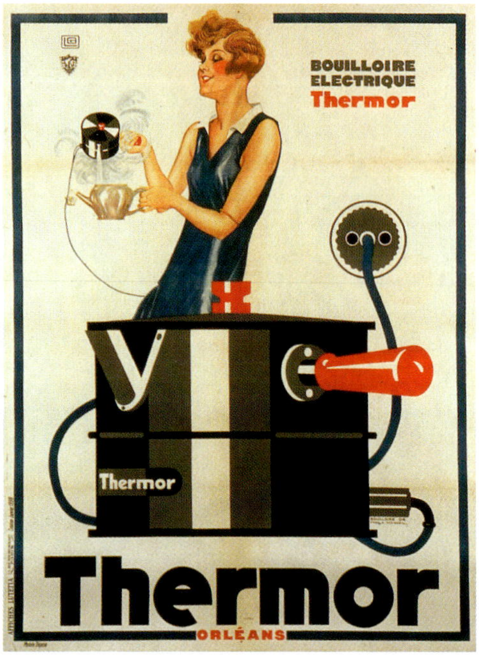

Théière électrique,
vers 1928
Wolfgang von Wersin
Ehrard & Söhne, Allemagne
Die Neue Sammlung, Munich

Miele lance le premier lave-vaisselle d'Europe, 1929

Toaster modèle 58C, vers 1930
Saluta
Grande-Bretagne
Die Neue Sammlung, Munich

Appartement
d'un enseignant
du Bauhaus, Dessau,
vers 1930

Cuisine école
de Stuttgart, vers 1929
Erna Meyer et Hilde
Zimmermann, architectes

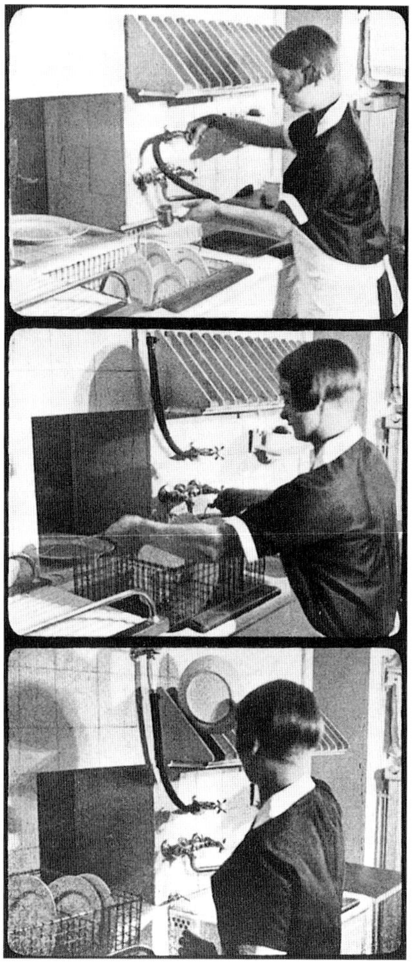

Lotissement de
Westhausen, Francfort,
1929-1931
Ferdinand Kramer,
architecte

DAS FRANKFURTER REGISTER 11

EIN NEUER GEDANKE FÜR DAS KLEINSTBAD AUF KLEINSTEM RAUM

BELCO CAMERA BAD

D. R. P. A.

Wanne, abgeschlossenes Klosett, Waschtisch, Heizkörper und Garderobe auf einer Grundfläche von nur 1,7 x 1,5 m.

Die neue kombinierte Sitz-, Fuß-, Brause- und Badewanne **„Cella"**. Raum u. Wasser sparend.

Wannenfüllung ca. 2 Minuten · Wasserablauf ca. 2 Minuten

Größe der Wanne ca. 104 cm lang, 70 cm breit, 62 cm tief.

ENTWURF ARCHITEKT KARL GUTMANN FRANKFURT AM MAIN

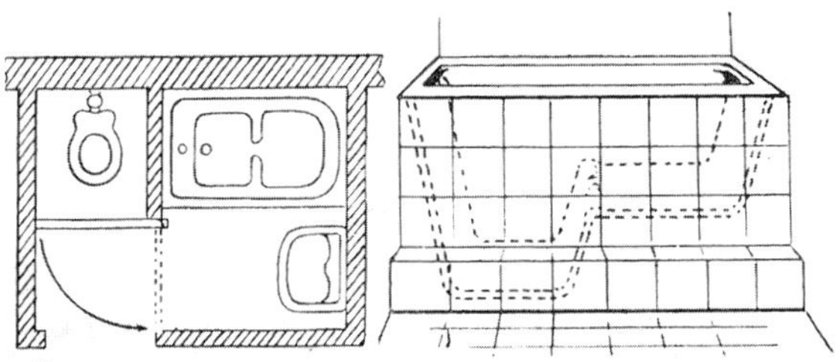

LIEFERANTEN UND FABRIKANTEN

BAMBERGER, LEROI & CO. A.-G.

FABRIK SANITÄRER EINRICHTUNGEN

FRANKFURT AM MAIN

Sonderdruck aus
„Das Neue Frankfurt" 1929, Heft 12, Verlag Englert und Schlosser, Frankfurt a. M.

La petite salle de bains de Francfort

Illustration parue dans la revue *Das Neue Frankfurt*, 1929

Couverture de
Die Form, revue du
Deutscher Werkbund,
1931

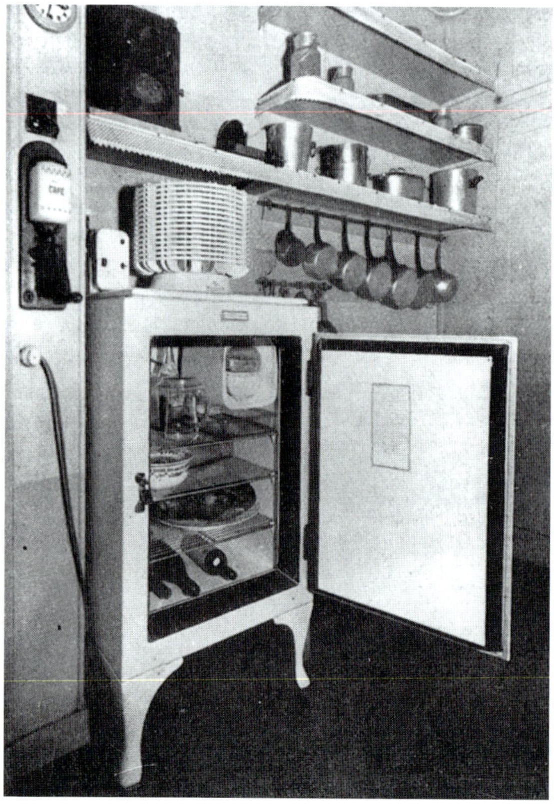

Réfrigérateur Frigéco

Publicité parue dans
L'Illustration, 1932

L'ALLEMAGNE À L'AUBE DU MOUVEMENT MODERNE

Michael Andritzky

À LA RECHERCHE D'UNE ESTHÉTIQUE CONTEMPORAINE

La période 1870 à 1914 fut en Allemagne celle des emprunts stylistiques. Outre le style Renaissance dans lequel, recueils de modèles à portée de main, on réalisait toutes sortes d'ornements, prospéraient une sorte de néo-gothique et une autre forme hybride, qui existe encore aujourd'hui, dite « style vieil-allemand », véritable salmigondis d'éléments empruntés au gothique, au baroque et à la Renaissance, qui décorait aussi bien le mobilier, les maisons de maîtres que les gazomètres ou les bureaux de poste. Selon une anecdote de l'époque, un maçon se serait adressé en ces termes à l'architecte : « Le bâtiment est construit, en quel style l'achève-t-on ? »

De toute évidence, l'aspect extérieur des maisons et des ameublements ne devait rien aux nouvelles techniques ou à l'esthétique du monde de la machine, il ne faisait que pasticher des styles du passé. Les nouveaux matériaux de construction et les nouvelles techniques de production étaient à ce point absents de la réflexion formelle que le pont métallique de chemin de fer sur l'Elbe, à Hambourg (v. 1880), œuvre d'ingénieurs à la magistrale technique, se trouva flanqué de portails néogothiques copiés sur les portes de villes médiévales, que les usines prirent des allures de palais Renaissance, que les hôtels de ville se mirent à ressembler à des cathédrales gothiques, les villas bourgeoises à se donner des airs de folies princières, les casernes locatives [1] à masquer leur misère derrière une façade historicisante. Décrivant cette époque, Egon Friedell ne mâche pas ses mots : « Tout matériau employé veut paraître plus que ce qu'il n'est. C'est l'ère de la supercherie. Le fer blanc se déguise en marbre, le papier mâché en bois de rose, le plâtre en albâtre, le verre en onyx. La lampe rose perchée au-dessus du lit c'est de la frime, tout comme la bûche dans la cheminée, car ni l'une ni l'autre ne servent jamais. Sur la desserte trônent de profondes casseroles de cuivre dans lesquelles on ne fait jamais la cuisine et de massives chopes en zinc dans lesquelles on ne boit jamais. Une

1. Immeubles de rapport construits en général dans la périphérie des grandes villes pour loger la population rurale venue grossir le prolétariat urbain à partir des « années de fondation » du Reich (1871-1873).

somptueuse bible de Gutenberg cache un nécessaire de couture, une armoire murale en bois sculpté un limonaire ; le cendrier est un casque prussien, le crachoir une tortue, la chope de bière un moine ouvert au sommet. Cette époque dont on vante le réalisme n'a eu de cesse de fuir son propre présent [2]. »

C'est la raison pour laquelle les architectes du *Neues Bauen* – le « Nouveau Construire » –, les membres du Werkbund et du Bauhaus étaient les uns et les autres passionnément animés du désir d'en finir avec ce monde d'imposture formelle. Le purisme et la simplicité radicale auxquels aspirait la nouvelle architecture aussi bien extérieure qu'intérieure apparaissent donc comme l'antithèse résolue de tout le faux-semblant qui sévissait à l'époque de Guillaume II. Cette nouvelle architecture entendait accorder ainsi au moins autant de valeur à une nouvelle esthétique qu'à de nouvelles conditions d'habitation. Walter Gropius voyait dans l'esthétisation de l'industrie un processus au cours duquel « à côté des exigences de perfection technique et économique se fait jour une exigence de beauté de la forme extérieure... La chose dont l'excellence technique est partout égale doit être pénétrée par une idée spirituelle, par une forme [3] ».

Et, pour Sebastian Müller, « la beauté de la forme technique s'accompagne en dernier ressort d'une espérance sociale. Gropius considère en effet qu'il n'est pas indifférent, d'un point de vue social, de savoir si l'ouvrier d'usine moderne accomplit son travail dans des casernes industrielles laides ou dans des espaces de bonnes proportions... C'est ainsi qu'une satisfaction croissante augmentera l'esprit de travail et le rendement de l'entreprise [4] ».

LA TECHNIQUE ET LA CROYANCE DANS LE PROGRÈS

Il convient de rappeler ici que, dans le premier quart du XXe siècle, bien des espoirs et des attentes étaient liés au développement de la technique. On voyait en elle la grande chance de susciter des progrès dans tous les domaines de la vie : alimentation, santé, transports, biens de consommation, architecture et habitat. La sphère de la vie privée était appelée, elle aussi, à s'ouvrir à la technique ; quant à l'architecture, elle devait être, comme le pensait Walter Gropius, un reflet du monde technique. Cela explique l'enthousiasme – peu compréhensible aujourd'hui – des architectes modernes pour les bateaux, les avions, les chemins de fer et l'automobile. « S'il y a une image qui résume le rêve de la modernité, c'est peut-être celle-ci : une maison, d'un blanc éclatant, immaculé, abstrait, comme s'il n'y avait aucun déclin et aucune histoire. Garée devant la porte, une voiture de sport, deux places, et toute en moteur... La promesse d'un départ dans un monde meilleur, moderne, étranger, l'aventure ! La femme : sûrement pas une ménagère enfermée chez elle, mais une femme aux cheveux courts et avec une jupe courte... L'auto est ouverte, la vie aussi... La villa construite en 1927 par Le Corbusier semble reposer en apesanteur sur des échasses. Et, alors qu'auparavant les fenêtres ressemblaient à des trous béants, la maison est ici, sur toute sa largeur, ouverte, sans plus de frontière, et avec une vue dégagée [5]. »

LA FASCINATION POUR LE TAYLORISME ET LA CHAÎNE DE FABRICATION

À cela s'ajoutaient l'irrésistible attrait exercé par les nouveaux processus de travail, concrétisés par la chaîne de fabrication, les travaux de Frederick Taylor et les formidables succès d'Henry Ford, à Detroit, dans le domaine de l'industrie automobile. Pour les penseurs de l'avant-garde architecturale qui souhaitaient un changement du tout au tout, la tentation était grande de considérer la maison comme une machine, et de concevoir le ménage comme une entreprise à organiser sur les mêmes principes qu'une usine. D'où, aussi, l'idée de conférer à la ménagère le titre d'« ingénieur du ménage ».

Dans les projets les plus radicaux du Nouveau Construire – ceux de Westhausen, à Francfort, ou de Dammerstock, à Karlsruhe, en particulier –, l'alignement rigoureux des barres d'habitation reflétait l'image de la chaîne de fabrication, laquelle, aux yeux de tous, représentait la forme progressiste et moderne de l'organisation du travail.

Certes, dès cette époque, des critiques comme Adolf Behne dénonçaient le rigorisme mécaniciste des barres : « Le lotissement tout entier semble posé sur des rails. Il peut, en suivant son méridien, faire le tour de la Terre, et ses habitants vont toujours au lit côté est, et vivent côté ouest [6]. »

La forme de la barre, et du même coup l'analogie avec la chaîne de fabrication, se retrouvait dans la cuisine. Alors que, jadis, une cuisine était équipée d'ustensiles et de meubles tous différents, avec la table au milieu, dans la cuisine fonctionnelle moderne, meubles et ustensiles se fondirent en un alignement compact : les placards bas et les appareils (fourneau)

2. Egon Friedell, *Kulturgeschichte der Neuzeit*, vol. 3, Munich, 1931, p. 360.
3 Walter Gropius, « Die Entwicklung moderner Industriebaukunst », *Jahrbuch des Deutschen Werkbundes*, 1913, p. 31.
4. Sebastian Müller, *Kunst und Industrie*, Munich, 1974, p. 50.
5. Niklas Maak, « Das Auto, das Haus und das Leben », *Süddeutsche Zeitung*, 8 décembre 1999.
6. Adolf Behne, « Dammerstock », *Die Form*, juin 1930, p. 170.

constituaient la base, tandis qu'à hauteur de tête les éléments accrochés au mur contenaient la vaisselle et les provisions. Inventé dans les années vingt, ce principe de cuisine moderne vaut encore aujourd'hui.

LE MOUVEMENT DE RATIONALISATION

La rationalisation était inscrite sur la bannière sous laquelle se rassemblaient les groupes venus d'horizons politiques et philosophiques les plus divers pour faire avancer la réforme de la cuisine et de l'ensemble des travaux ménagers. La « libération de la femme » était à l'ordre du jour et sur toutes les lèvres – une libération qui « ne sera pleinement réalisée que lorsqu'elle sera délivrée de l'esclavage de la cuisine », écrivait en 1927 l'architecte berlinois Bruno Taut, bien connu pour ses convictions socialistes. Afin de lutter contre les conditions de logement misérables du prolétariat, on imaginait de mettre à la disposition de chaque foyer, toutes origines sociales confondues, un petit logement, pourvu de tout le nécessaire, bien ensoleillé, bien aéré, répondant aux exigences de fonctionnalité et de beauté. Cette habitation moderne était à l'image d'une machine performante, conduite par une femme, permettant à celle-ci d'économiser du temps, de l'argent et de la fatigue. L'époque nouvelle voulait – prétendait-on – une femme capable de maîtriser les charges de la maternité, du ménage, de la sexualité et du salariat dans un environnement domestique parfaitement rationalisé de bout en bout.

Ce mouvement de rationalisation se réclamait, bien entendu, de Taylor, pour qui les principes d'organisation scientifique d'entreprise devaient « pouvoir s'appliquer avec le même droit et la même réussite dans tous les secteurs des activités humaines » : « administration et direction de la vie domestique, du domaine agricole, de l'entreprise artisanale, de l'usine ». L'engouement suscité par ces idées nouvelles, dont la prospérité des usines Ford démontrait brillamment le bien-fondé, empêchait de voir clairement que, dans la sphère domestique, rares sont les travaux rationalisables de A à Z et, surtout, que l'on serait bien en peine d'imaginer une division du travail tant que c'est la ménagère qui doit, toute seule, assumer la totalité des activités.

LA NOUVELLE ÉCONOMIE DOMESTIQUE

En 1913 parut le livre de Christine Frederick *The New Housekeeping, Efficiency Studies in Home Management*, dont le succès fut aussi large qu'immédiat. Il trouva sa version allemande dans l'ouvrage d'Erna Meyer *Der neue Haushalt* [La nouvelle économie domestique] publié en 1926, et qui ne connut pas moins de quarante éditions en fort peu de temps. Il constitua le fondement d'innombrables cours d'enseignement ménager dans les Volkshochschulen [Hautes Écoles populaires[7]] et dans les associations féminines, soucieuses de faire comprendre aux femmes qu'il leur fallait moderniser la gestion de leur foyer. En effet, Nouvelle Économie domestique et Nouvelle Cuisine n'allaient pas sans une Nouvelle Femme : « À quoi bon des logements rationnellement aménagés et des machines si cela ne s'accompagnait pas d'une réorganisation du travail des ménagères ? La femme au foyer devint, du moins en théorie, son propre chef d'entreprise, qui, chronomètre dans la main gauche et règlement d'entreprise dans la main droite, est son propre contremaître afin d'optimiser son travail quotidien[8] ».

Autoéducation de la ménagère devint le mot d'ordre.

LA « CUISINE DE FRANCFORT » ET LE NOUVEAU FRANCFORT

Au milieu des années vingt, dans le cadre de l'édification des lotissements du Nouveau Francfort que dirigeait Ernst May, la militante socialiste et architecte Grete Schütte Lihotzky mena à son terme la réforme de la cuisine, aboutissement d'années de discussions. La cuisine qu'elle proposait, qui a connu de multiples variantes et qui a maintes fois été copiée, est, dans son principe, conçue comme un pur espace de travail. Première petite cuisine moderne faisant appel à des éléments encastrés pour son aménagement et pourvue de tous les appareils nécessaires, elle est passée dans l'histoire sous le nom de « cuisine de Francfort » et reste un modèle valable encore aujourd'hui. C'était « un espace de travail pour une personne seule, optimisé grâce aux méthodes tayloristes fondées sur l'étude du travail, des déplacements et du temps d'exécution ». Rappelons que la cuisine de Francfort constituait un des éléments du programme complet du Nouveau Construire, dans le cadre duquel typisation et normalisation étaient les conditions premières d'une production de masse de maisons et d'aménagements bon marché. Ferdinand Kramer, l'un des pionniers du Nouveau Construire à Francfort, se souvient : « Les normes de Francfort s'appliquaient aux portes en contreplaqué avec leurs ferrures d'acier, à toute la menuiserie métallique, aux poêles, aux appareils d'éclairage électrique, aux baignoires, baignoires-sabots, lavabos, aux systèmes de placards et également à divers meubles. Elles concrétisent les nouvelles valeurs de vie, l'idée d'utilité sociale : portes et ferrures sans ornementation, foyers multi-combustibles économes en énergie, appareils

7. Il s'agit d'établissements d'éducation, en général gérés par les municipalités, où sont dispensés, dans les matières les plus diverses, des cours ouverts à tous.
8. Carola Sachse, « Anfänge der Rationalisierung der Hausarbeit in der Weimarer Republik », dans Barbara Orland, *Haushaltsträume*, Königstein, 1990, p. 49.

d'éclairage électriques, cuisine conçue dans un espace minimum en tant qu'instrument de travail par l'architecte viennoise Grete Lihotzky. "Projet d'une femme avec des femmes pour des femmes"[9]. »

Il est clair que ce programme des créateurs de forme modernes ne reposait pas sur des considérations esthétiques mais sur des préoccupations sociales résultant de la situation de l'époque. « Toute femme qui réfléchit doit être sensible à l'état retardataire de l'économie domestique actuelle, et voir que ce retard constitue le plus grand des obstacles pour son développement à elle, et donc pour celui de sa famille. La femme que la vie de la grande ville soumet aujourd'hui à une pression incomparablement plus forte que la vie contemplative d'il y a quatre-vingts ans est encore condamnée à gérer son foyer comme le faisait sa grand-mère. Le problème qui consiste à organiser le travail de la ménagère de façon plus rationnelle revêt la même importance pour toutes les couches de la population. Les femmes des classes moyennes qui, souvent, dirigent leur maison sans aucune aide ménagère, les femmes de la classe ouvrière, obligées dans bien des cas d'exercer aussi une activité professionnelle, ont les unes et les autres une telle charge de travail que le surmenage dont elles souffrent ne peut à la longue rester sans conséquence sur la santé générale[10]. »

LA LIBÉRATION DE LA FEMME, UNE UTOPIE

Cette idée de l'émancipation de la femme par l'aménagement rationnel de la petite cuisine est restée au stade de l'utopie. En réalité, la femme hérita d'une double, voire d'une triple, charge de travail – celle de ménagère, de mère et de salariée –, charge bientôt alourdie d'une autre exigence (encore d'actualité) portant sur le profil exigé : l'intendante tenue de se transformer en « manager » affecté à la gestion des personnes dans la sphère domestique, d'où des occupations supplémentaires... Toutes les économies, au demeurant fort hypothétiques, de temps et d'énergie que les nouvelles techniques ménagères et la nouvelle organisation étaient censées permettre de réaliser s'en trouvèrent diminuées d'autant, pour ne pas dire réduites à rien. Dans les ménages bourgeois, les appareils ne firent, pour commencer, que remplacer le personnel de maison, créant de nouvelles attaches à l'aire domestique. Par ailleurs, les standards d'hygiène se modifièrent considérablement. Ainsi, alors qu'autrefois on faisait la lessive deux fois par mois, le lave-linge fonctionne aujourd'hui presque quotidiennement. S'ajoutant aux diverses activités d'aide psychosociale aux membres de la famille, cet accroissement des exigences a pratiquement englouti les économies réalisées dans le domaine technique. Plus déterminant encore : le concept de cuisine nouvelle, pratique, où tout était à portée de main et pouvait s'effectuer en position assise ne rencontra pas le succès escompté auprès des utilisatrices. La plupart d'entre elles s'employèrent à retransformer la cuisine minimale en cuisine à vivre. « Manifestement, l'isolement de la femme dans cette cuisine pour une personne ne convenait pas à la famille. Les femmes ne voyaient pas bien non plus pour quelles raisons elles devaient diriger leur intérieur comme une entreprise[11]. » On sait aujourd'hui que la nature des activités d'une femme au foyer ne peut s'analyser du seul point de vue technologique : « Habiter est un acte multiple. Travail et consommation ne sont pas deux activités systématiquement séparables l'une de l'autre, ni de la communication avec autrui. On fait toutes sortes de choses en même temps, comme en passant ; il est donc impossible d'extirper des bribes de repos des processus de travail en vue de les réinjecter, d'un bloc, en fin de journée, dans les moments de loisir. C'est cette mixité des activités que le fonctionnalisme avait essayé de démêler en séparant les différentes fonctions pour les attribuer à différents lieux, pour les distribuer sur différentes heures de la journée et pour les confier à différentes personnes : la chambre à coucher qui ne sert qu'à dormir et à ranger les vêtements, la cuisine accessible seulement à la femme, laquelle ne peut qu'y cuisiner, la salle de séjour où l'on ne fait que s'asseoir pour converser. En soumettant l'habiter à la logique de la rationalisation tayloriste afin d'économiser du travail et du temps en faveur du "pur habiter" on détruit la qualité spécifique de l'habiter[12]. »

Michael Andritzky
Journaliste
Traduit de l'allemand par Guy Ballangé

9. Ferdinand Kramer, « Funktionelles Wohnen », dans *Das Schicksal der Dinge*, sous la dir. de Dagmar Lüders, Dresde, 1989, p. 77.
10. Grete Schütte-Lihotzky, « Rationalisierung im Haushalt », *Das Neue Frankfurt*, 1927, n° 1, p. 120.
11. Ricarda Haase, « Das bißchen Haushalt... », dans *Museum für Volkskultur in Württemberg*, Stuttgart, 1992, p. 46.
12. Hartmut Häußermann, Walter Siebel, *Soziologie des Wohnens*, Weinheim Munich, 1996, p. 123.

COMPOSÉ EN **FUTURA** DESSINÉ PAR PAUL RENNER, 1927

1930
1945

AIR KING
KILOCYCLES
MEGACYCLES
ATLAS

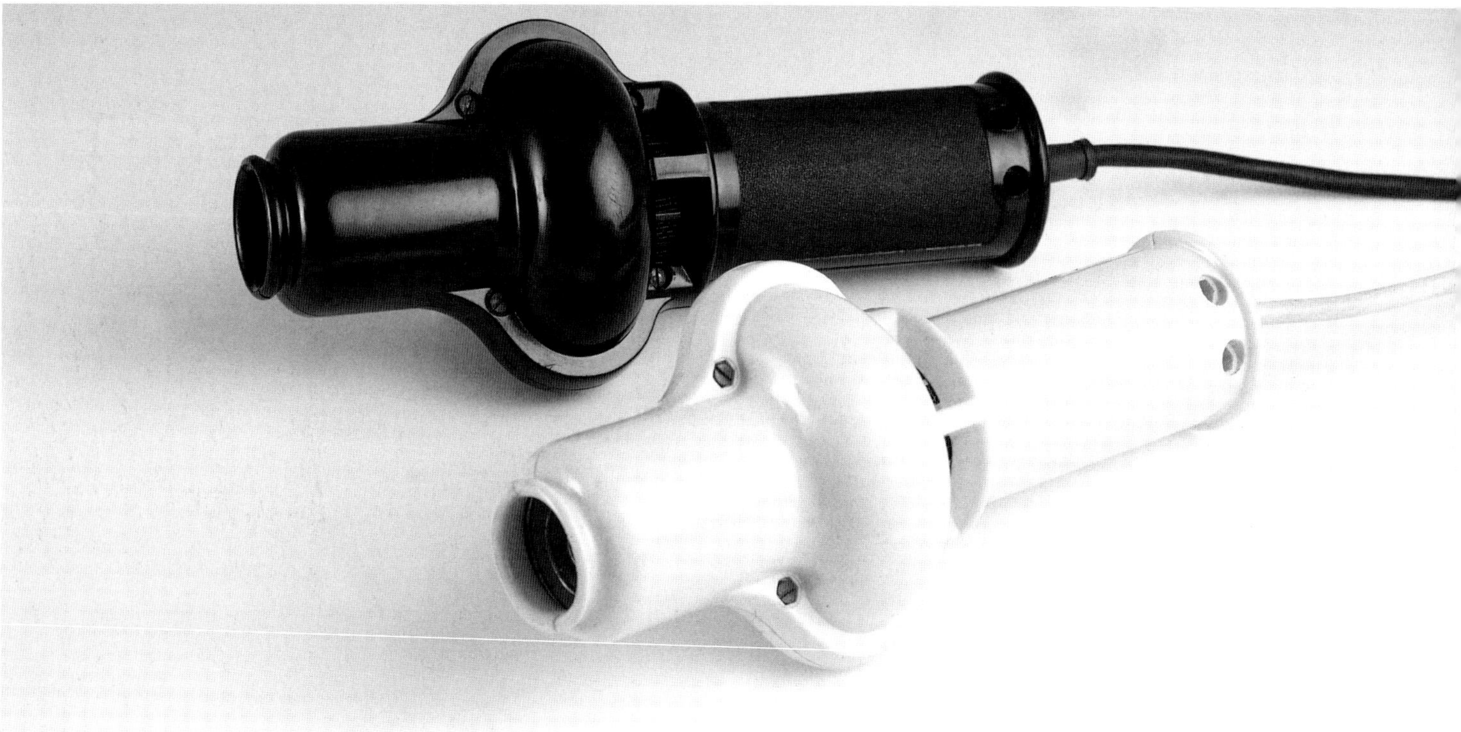

Appareil photo
Bantam Special, 1936
Walter Dorwin Teague
Eastman Kodak Co.,
États-Unis
Die Neue Sammlung, Munich

Sèche-cheveux Edir,
1936
Herbert Marloth
Siemens, Allemagne
Die Neue Sammlung, Munich

Toaster modèle T-9, 1937
Ivar Jepson
Sunbeam Corp., Chicago, Etats-Unis
DIE NEUE SAMMLUNG, MUNICH

Locomotive à vapeur S1, 1937
Raymond Loewy
Pennsylvania Railroad Company, États-Unis

Réfrigérateur Coldspot Super Six, 1937
Raymond Loewy
Sears Roebuck & Co., Chicago, États-Unis
ERNEST MOURMANS, MAASTRICHT

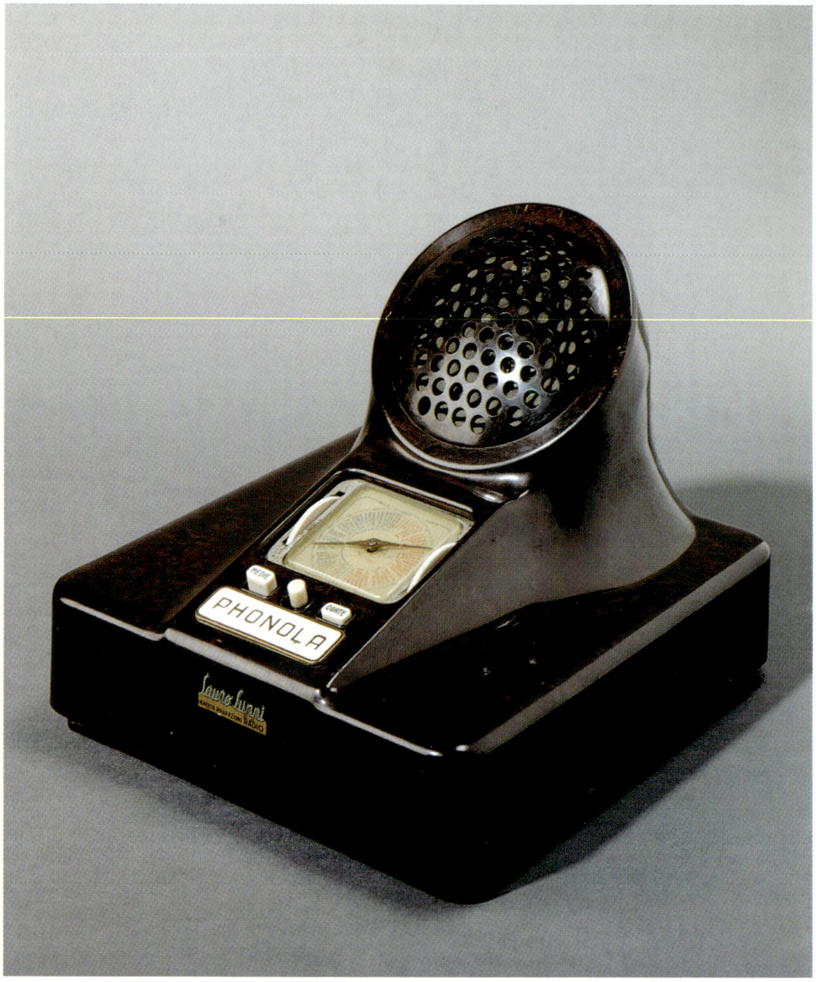

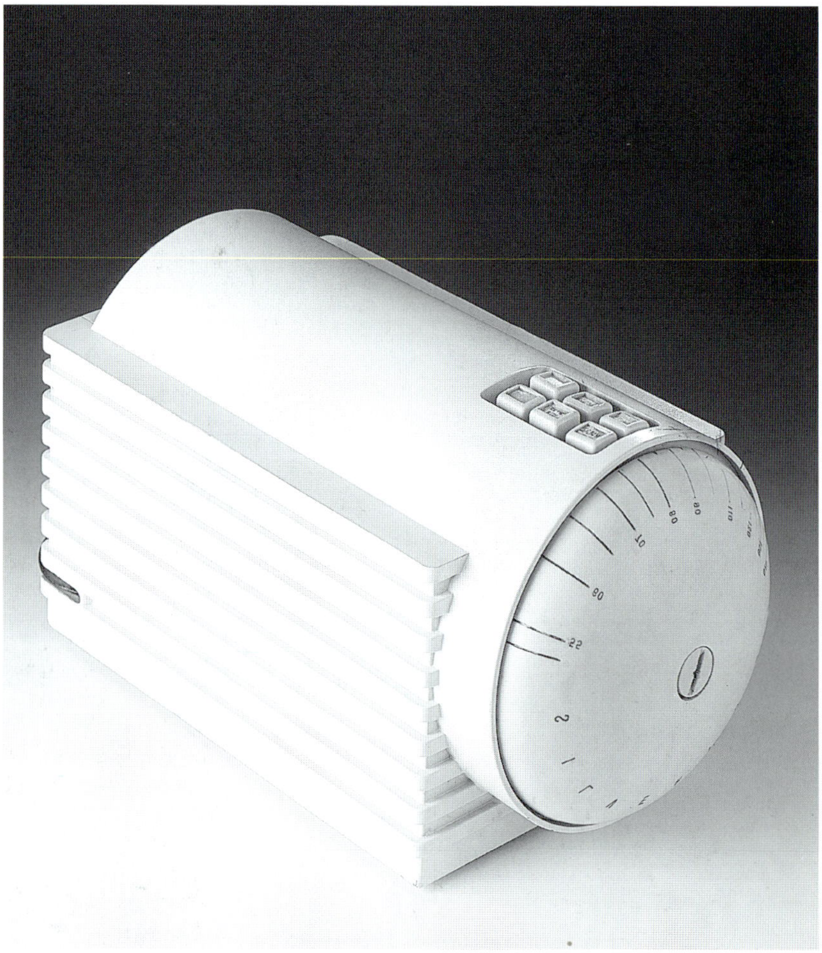

Radio Nurse, 1938

Isamu Noguchi

Zenith Radio Corp., Chicago, États-Unis

Die Neue Sammlung, Munich.

Il s'agit d'un récepteur des bruits captés par un émetteur installé dans une chambre d'enfant.

Locomotive à vapeur Twentieth Century Limited, 1938

Henry Dreyfuss

New York Central Railroad, États-Unis

Radio 547, 1938-1939

Livio et Pier Giacomo Castiglioni

Phonola, Italie

Centre Pompidou/Mnam-Cci, Paris

Radio Silvertone, modèle 6111, 1938-1939

Clarence Karstadt

Sears Roebuck & Co.

Chicago, États-Unis

Die Neue Sammlung, Munich

Radio Bluebird, vers 1936

Walter Dorwin Teague

Sparton Corp., États-Unis

Cité des sciences et de l'industrie, Paris

Machine à laver électrique, 1939

Henry Dreyfuss

Apex Manufacturing Company, États-Unis

Famille américaine regardant la télévision, fin des années 40

Fer à repasser Petit point, 1941
Clifford B. Stevens,
Edward T. Schreyer
Waverly Tool Co., Ohio,
États-Unis,.
Die Neue Sammlung, Munich

Radiateur électrique, vers 1945
Erlag, Bohême
Die Neue Sammlung, Munich

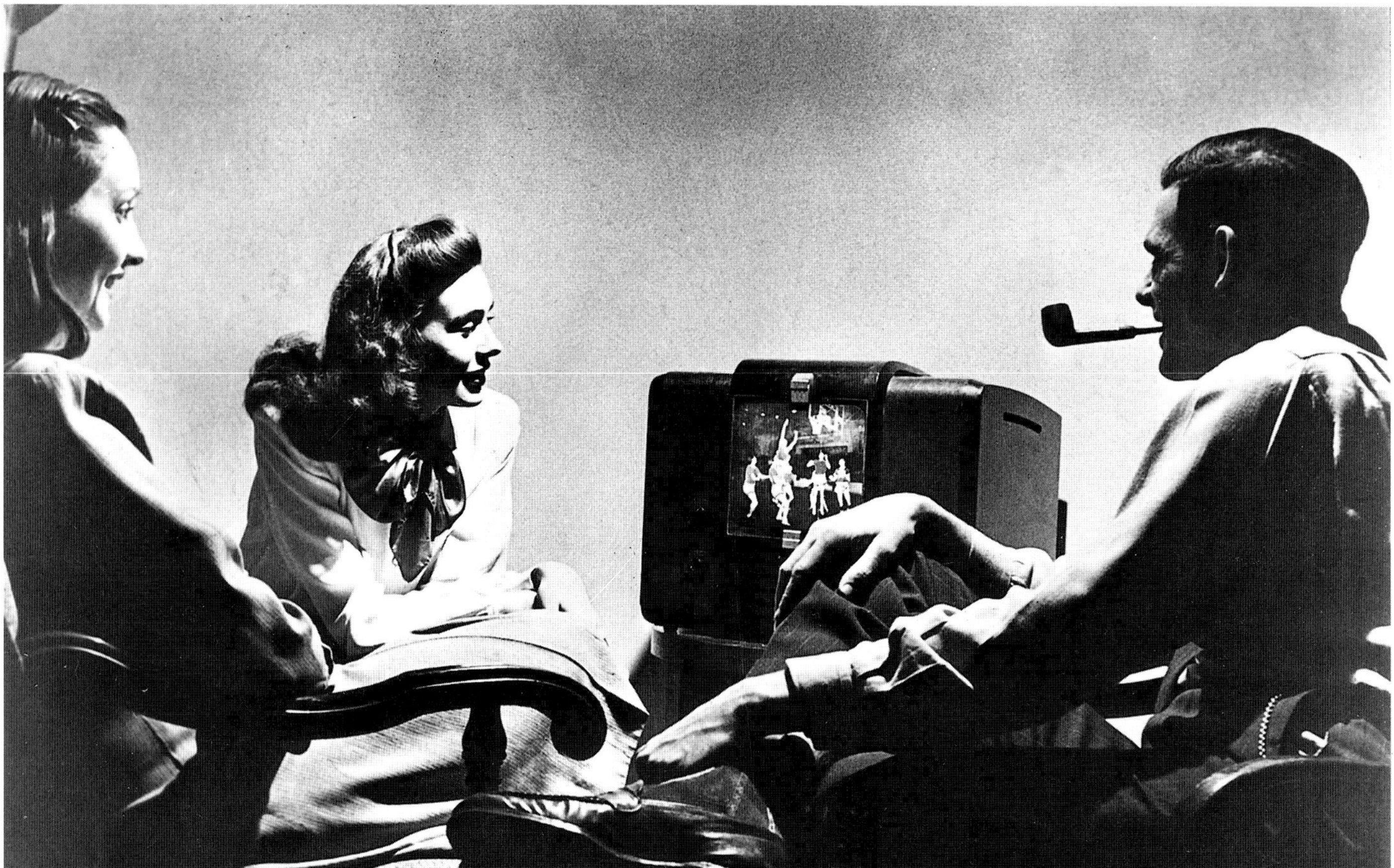

LA PLUS BELLE CUISINIÈRE À GAZ DU MONDE

OLIVIER BOISSIÈRE

On pourrait mesurer l'ampleur du changement accompli en Amérique entre la fin des années vingt et l'issue du second conflit mondial – soit une petite quinzaine d'années – à l'aune de deux images de référence : deux clichés symboles de deux moments de l'histoire de l'architecture et des arts appliqués du Nouveau Monde. Le premier serait l'intérieur présenté par le petit Napoléon de Manhattan, Raymond Hood, à l'exposition de New York, en 1929, un résumé des tendances du moment, sur fond de boiseries sombres, mettant en scène les images édulcorées de la modernité naissante, tout droit issues des retombées de l'exposition des Arts décoratifs parisiens, avec ses chromes arrondis et ses suspensions de verre en plaques rectangulaires superposées. L'autre cliché, daté de 1945, dû au crayon de l'architecte Ralph Rapson, exhibe les équipements du confort moderne dans une maison idéale calée sur son lopin de terre, toiture plate et patio intérieur vus en plongée : le héros, revient de son dur labeur quotidien aux commandes de son hélicoptère « paradise now » ; sa compagne, qui pendait le linge sur une corde dans le jardin, lui adresse de la main de grands signes de bienvenue. Sur un autre dessin, elle achève de se maquiller dans la salle de bains moderne, simplement vêtue d'un soutien-gorge, d'un slip, de bas et jarretelles noirs – le repos du guerrier... Entre ces deux moments, il n'y aura guère eu qu'un krach boursier inouï, une difficile relance de l'économie américaine sous le signe d'un New Deal, une Seconde Guerre mondiale et meurtrière...

C'est au milieu de ce tourbillon de l'histoire que naissait, modestement, une profession nouvelle : l'industrial design. Herbert Hoover, alors secrétaire d'État au commerce, avait dépêché à Paris en 1925, à leurs frais, une délégation officielle d'hommes d'affaires, afin d'y observer les méthodes de vente européennes. Les conséquences furent stupéfiantes : amplifié par la rumeur, relayé par les musées puis par les grands magasins, le style Art déco fit fureur dans tous les domaines, de l'architecture à la petite cuiller, et dans les coins les plus reculés de la nation : en domestiquant les avant-gardes, du constructivisme soviet à Dada revu par De Stijl et à la fusion des arts amorcée par le Bauhaus, les ensembliers français avaient fait mouche et créé un style dans lequel les bouillantes années vingt américaines s'identifiaient sans peine. La machine érigée en esthétique, la syncope musicale et une abstraction tempérée volontiers pointue exprimaient le « tempo » dont l'illusion d'une croissance sans bornes avait fait son leitmotiv. Le krach boursier balaya ce bel optimisme. Tandis qu'un gouvernement sous la présidence de Hoover – qui ne s'attendait certes pas à une telle épreuve – mettait timidement en place des mesures destinées à amortir le choc de la récession et du chômage, l'industrie recherchait les voies pour relancer la production et la consommation. Produire plus simple et moins cher par la rationalisation des processus, inventer de nouveaux modes de séduction et de vente devinrent les objectifs de la nouvelle économie.

C'est là que du chapeau de quelques astucieux bateleurs va surgir le remède miracle : dès 1905, un certain Earnest Elmo Calkins, distingué publicitaire, associé à Ralph Holden, avait fait de la beauté un argument favori de promotion et de vente. Dans les années vingt, son agence possédait un département « design » principalement occupé au « relooking » des emballages. Le pas suivant allait s'effectuer naturellement dans le « redesign » de produits.

Cooptés par le milieu publicitaire, les premiers designers américains sont bien différents des artistes et architectes mus par des préoccupations politiques, sociales et généreuses qui fondent le design du Vieux Continent. Des quatre figures dominantes et fondatrices de la profession, Walter Dorwin Teague, Norman Bel Geddes, Henry Dreyfuss et Raymond Loewy, hommes providentiels volant au secours de l'économie américaine, l'un est dessinateur publicitaire (Teague), deux autres décorateurs de théâtre (Geddes, Dreyfuss), un autre encore illustrateur de mode (Loewy) : franchement béotiens en matière de design de produits, ils mettront à l'œuvre une belle imagination, un flair aiguisé pour saisir l'esprit du temps et, mieux encore, des méthodes rigoureuses et bien adaptées au « job ». Leur véritable essor s'accomplit au milieu de la décennie trente, après l'exposition de Chicago, « Century of Progress », dont ils sont pratiquement exclus. Leur revanche et leur ascension seront foudroyantes. À peine surgis des limbes en 1934, les voilà maîtres d'œuvre incontestés de l'exposition de New York de 1939, dans le cadre de laquelle ils mettent en scène leurs visions futuristes de l'urbanisme et de la vie quotidienne : pour passer de l'illustration et du packaging au design global, il leur aura fallu moins de dix ans.

On dit souvent sur un mode un peu dérisoire – et avec quelque raison – que le design américain est entré dans la maison par la porte de service. Il est vrai que le décor traditionnel y est encore largement dominant à la fin des années vingt : bâtards des styles victoriens, succédanés des Arts and Crafts, voire mobiliers rustiques et pionniers, constituent l'idée communément acceptée du « home ». À l'exception notable des prototypes de maison industrialisée conçue par Buckminster Fuller (la fameuse Dymaxion house de 1927) et par George Fred Keck pour l'exposition de Chicago en 1933-1934, les quelques excursions dans le domaine moderne – ou moderniste – ne sont guère le fait que d'immigrés autrichiens ou allemands (Schindler, Neutra, Weber, Frankl...) avant qu'un Russel Wright ou un Donald Deskey ne s'essayent, non sans grâce, à enrouler du tube chromé. Ainsi fabricants et industriels laissent-ils les pièces nobles, salons, fumoirs et salles à manger pour des temps meilleurs, et se concentrent-ils sur les pièces de service, ingrates et humides, dont ils vont faire redessiner les équipements, machines et accessoires.

Quatre cas de figure passés à la postérité illustrent le bien-fondé de leur démarche. Le premier est l'œuvre du plus flamboyant et du plus imprévisible des mousquetaires, Norman Bel Geddes. Lequel a déjà un parcours riche, semé de rencontres improbables : il a bien failli dessiner le théâtre que projetait Aline Barnsdall à Los Angeles sur sa colline, avec Frank Lloyd Wright. Il a connu Mendelsohn lors de sa venue aux États-Unis en 1924, et en est demeuré profondément influencé. Son second mariage l'a allié à l'agence de publicité J. Walter Thomson, qui sera son agente et protectrice. C'est par l'entremise de cette dernière que le fabricant Standard Gas Equipment Co. lui confie le redessin d'une cuisinière et four – une simple question de style pour l'industriel. Geddes exige pourtant de faire un travail de design plus sérieux, et livre le projet, innovateur pour l'époque, d'un équipement entièrement carrossé de tôle émaillée blanche – carrossage rendu possible par la fixation de la tôle sur une structure tubulaire de métal assez flexible pour que l'émail supporte les transports sans se craqueler. Mieux encore, il propose un système modulaire composable au gré du client (mais qui ne sera pas réalisé). La campagne de publicité qui accompagne la sortie du modèle est sans doute parmi les premières à mettre l'accent sur l'auteur, qualifié tantôt d'architecte, tantôt de designer, tantôt d'artiste industriel. La conclusion est éloquente : « Nous avons demandé à un artiste de dessiner le plus beau et le plus pratique des fourneaux du monde. Et le voici ! » Assertion ingénue, certes, mais confirmée par le succès des ventes. Pour le digne Walter Teague épris de classicisme et de formes platoniciennes, le cas ne fut pas moins trivial puisqu'il s'agissait de redessiner pour l'American Gas Machine un appareil de chauffage au gaz. Désespéré par l'absence de caractère des appareils existants que l'on tendait à confondre soit avec une radio soit avec un placard, Teague résolut de créer « un appareil de chauffage qui ressemblât à un appareil de chauffage ». Une gageure, puisque jusqu'alors nul ne savait à quoi diable un appareil de chauffage au gaz pouvait bien ressembler. Rétrospectivement, le résultat ne paye pas de mine : une boîte perchée sur quatre gambettes de métal chromé, une porte à grille encadrée de métal légèrement en retrait pour donner un effet de profondeur, deux baguettes de métal verticales comme décor sur fond de tôle brune. Mais les 400 % d'augmentation des ventes justifiaient le design. Dreyfuss, lui, se mesura à une machine à laver pour Sears & Roebuck, et produisit un gros tambour de tôle émaillée mouchetée de gris, ceint de trois bandes de métal chromé et porté sur quatre pieds massifs munis de roulettes. Le tableau de bord perché sur le tout donnait son nom à la bête, le « Toperator » de 1933, qui se vendit à 20 000 exemplaires en six mois et précipita une avalanche de redesigns chez les concurrents. Avec son réfrigérateur Coldspot de 1935, également pour Sears & Roebuck, Loewy établit un véritable standard : simplicité des lignes et des formes, astuce des compartiments intérieurs, tôle blanche immaculée à peine rehaussée d'un motif chromé, condensateur intégré (il avait longtemps trôné au-dessus de l'appareil). Le modèle, au sens strict du terme, est encore en vigueur à ce jour.

Les pères fondateurs du design américain appliquaient avec sobriété et rigueur les sains principes du fonctionnalisme soufflés par les modernes européens. Et, pour la première fois dans l'histoire, sans le moindre complexe d'infériorité, puisque justement les Européens eux-mêmes, depuis Loos, Mendelsohn, Corbu et bien d'autres, se réclamaient explicitement du dynamisme et de l'efficacité de la société américaine. Nos designers américains rêvaient donc de commettre l'objet fonctionnel, idéal et imperfectible, et s'y employaient avec zèle. Mais leurs commanditaires et producteurs ne l'entendaient pas de cette oreille, se doutant qu'au-delà du design la nouveauté eût quelque influence sur le redressement de la courbe des ventes. Ainsi le « restyling » devint-il pour Teague, Dreyfuss et Loewy un exercice annuel auquel ils se prêtèrent sans trop de mauvaise grâce. Business is business. Le champ des équipements et accessoires domestiques était en pleine expansion. Les objets « design » de toute eau fleurirent entre cuisine, office et salle de bains : des toasters et des brocs, des radios et des machines à découper le jambon. Le téléphone devint, par le talent de Dreyfuss, cet étrange animal noir et familier que seul allait détrôner l'appareil blanc inventé bien plus tard par des Italiens soucieux de mieux transmettre les déclarations de désir et la parole de Gramsci. En toute bonne logique, il n'y avait guère de raisons pour que le design américain ne suivît pas son penchant naturel et ne se contentât pas d'appliquer sagement les recettes fonctionnalistes tempérées d'un zeste de formalisme au gré de la demande du client.

C'était sans compter avec l'esprit malin du temps et ce coquin de sort. Vers la fin de la décennie vingt, le tempo et les zigzags modernes se firent plus languissants. Une mode neuve naissait, l'essor de l'automobile et le vol de Lindbergh aidant : la vitesse. Ingénieurs et inventeurs à la recherche d'une forme aérodynamique idéale en vinrent à déduire, qui de sa soufflerie et qui de son intuition crayonnante, un canon aux performances douteuses mais à l'esthétique convaincante, ressemblant peu ou prou à une goutte d'eau, vite baptisé « larme ». Bel Geddes en conçut une série de véhicules, de l'automobile à l'aile volante, publiés dans son ouvrage *Horizons* en 1932. Bucky Fuller, plus pratique, exposa en 1934 à la « Century of Progress » un prototype d'automobile Dymaxion, avant en forme d'obus et arrière en queue de comète, qui avait fière allure. À la même exposition de 1934 surgissaient deux trains neufs, le Burlington Zephir et la M10000 de l'Union Pacific, deux signes triomphants du – lent – retour de l'optimisme et de la croissance. Le style prit le titre générique de *Streamline*, « le fil du courant ». La ligne brisée du cubisme cédait la place à la ligne serpentine du maniérisme. Premier style purement américain, le Streamline est un phénomène : pas un élément de l'environnement construit ou quotidien n'échappa durant la fin de cette décennie trente à sa ligne souple, dynamique et enveloppante, rehaussée de trois bandes parallèles. Immeubles et maisons, magasins et stations service, cinémas et écoles..., il arrondissait les angles, littéralement, et offrait à l'Amérique convalescente l'image rassurante d'une société en marche, fluide, sans aspérités ni conflits, un formidable lubrifiant social. Pour les designers ce fut une aubaine, la formidable chance d'avoir à redessiner des pans entiers de l'environnement. Les transports, d'abord : les compagnies ferroviaires en butte à la concurrence de la route modernisèrent leurs équipements – occasion pour Dreyfuss et Loewy de commettre les deux plus belles locomotives de l'époque, la Twentieth Century Limited de Dreyfuss et la S1 de Loewy pour la Pennsylvania Railroad, noires et lisses, dont les exégètes n'ont pas manqué de souligner le symbole phallique (horizontal ?). On aurait pu croire le domaine domestique à l'abri de cette vague du Streamline. Après tout, la maison, le home, le foyer, peuvent s'accommoder de la statique. Que nenni ! Des sièges prirent sous le crayon de Kem Weber ou Bel Geddes des allures entre luge et bobsleigh. Et que dire des aspirateurs et fers à repasser au nez de bolide ? Dérisoires et émouvants. À l'exposition universelle de New York, en 1939, intitulée « La construction du monde de demain », le design américain épanoui se taillait la part du lion. Pour Du Pont et Ford, Teague démontait les mécaniques des processus de production. Dreyfuss et Bel Geddes exploraient les espaces infinis de la démocratie et de la vie urbaine. Loewy, l'ingénu, exposait une station de lancement qui propulserait le voyageur de New York à Londres en une heure de vol de fusée. Sans soupçonner que la capitale britannique serait soumise dans un futur proche à un déluge d'Aggregat 4, plus connu sous le nom de V2. Le meilleur design, le plus efficace, dira un jour George Nelson, c'est celui que l'homme met à l'œuvre pour mieux massacrer son prochain.

Olivier Boissière

Les citations et références proviennent pour l'essentiel des ouvrages *Twenthieth Century Limited* de Jeffrey L. Meikle, Temple University Press, 1979 et *The Machine Age in America* The Brooklyn Museum et Harry. N. Abrams Inc, 1986.
Les informations et opinions hasardeuses sont le fait de l'auteur.

Composé en **Gill Sans** dessiné par Eric Gill, 1930

1945
1960

Robot Mixmaster,

1950

Sunbeam Corp., États-Unis

Musée Electropolis, Mulhouse

Scène du film

Sept ans de réflexion

Billy Wilder, 1955

Aérator n° 955, 1952

Calor, France

Centre Pompidou/Mnam-Cci, Paris

Appareil photo Super Reflex, 1954

Raymond Loewy

Agfa Gevaert AG., Allemagne

Die Neue Sammlung, Munich

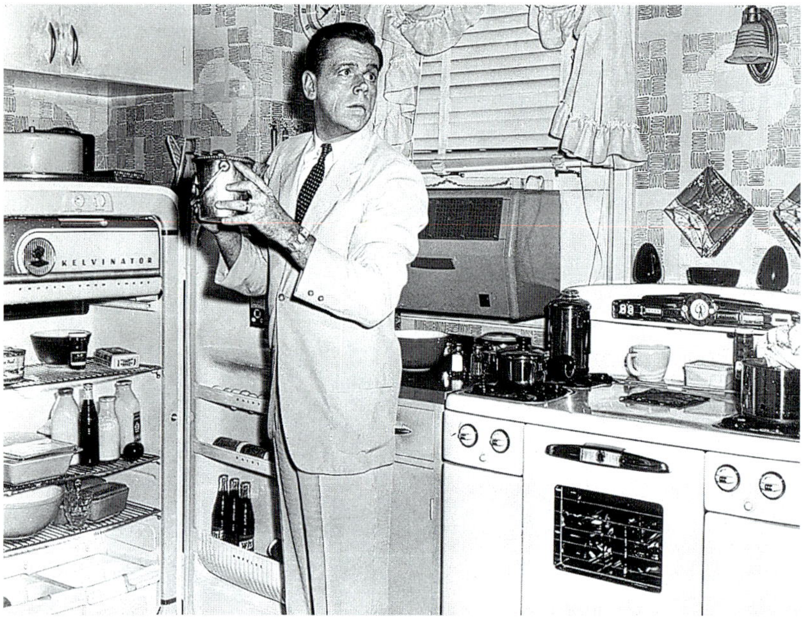

Radio, modèle Excelsior 55, 1955

SNR, France

Coll. Pierre Péchon, Paris

Tourne-disque Teppaz, affiche, 1956
Alain Gauthier
Bibliothèque Forney, Ville de Paris, Paris

Téléphone Ericofon, 1956
Hugo Blomberg, Ralph Lysell, Gësta Tharmes
Ericsson, Suède
Die Neue Sammlung, Munich

Phonosuper SK4, 1956
Hans Gugelot, Dieter Rams
Braun, Allemagne
Die Neue Sammlung, Munich

Caméra Véronic, 1957

Roger Tallon / Technès

Sem, France

Centre Pompidou/Mnam-Cci, Paris

Moulin à café, 1956

Moulinex, France

Centre Pompidou/Mnam-Cci, Paris

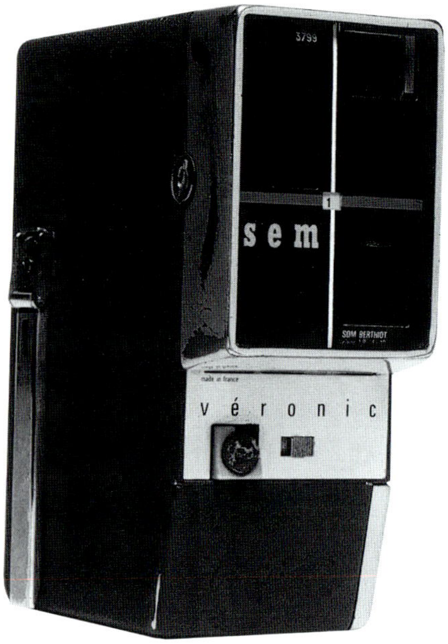

Radio transistorisée TR 610, 1957

Sony Corporation, Japon

Robot KM 32, 1957

Dieter Müller

Braun, Allemagne

Centre Pompidou/Mnam-Cci, Paris

Machine à coudre
Necchi, affiche, 1957
F. Grignani

Machines à laver Frigéco, affiche, 1959
Raymond Savignac
Bibliothèque Forney, Ville de Paris, Paris

Cuisine aménagée Hotpoint
Publicité parue dans *The Saturday Evening Post*, mai 1959

Zizi Jeanmaire présente la « cuisine de demain »
Article paru dans *Paris Match*, mars 1957

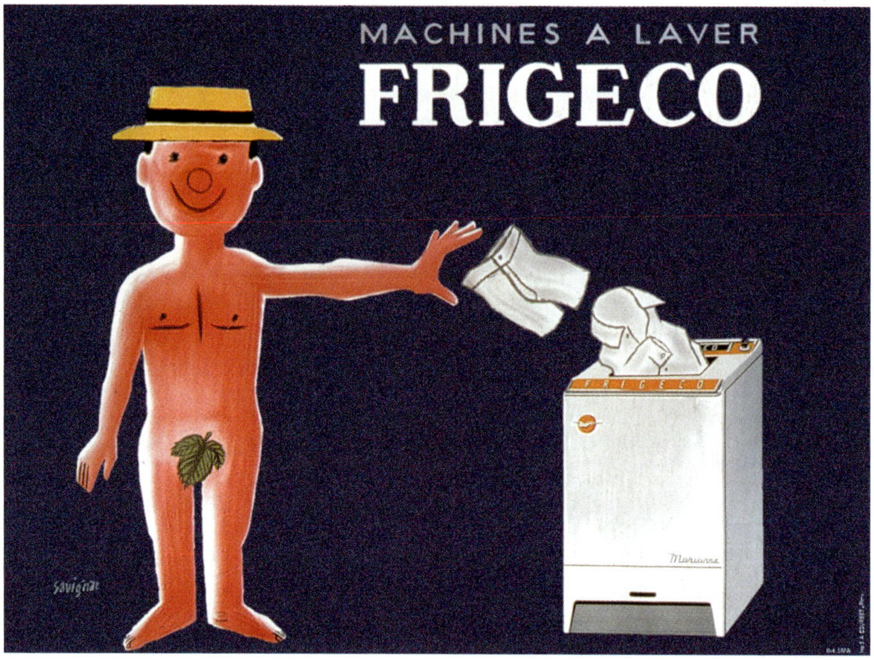

Réfrigérateur Frimatic

Publicité parue

dans *Paris Match*, mai 1959

Téléviseur Panoramic 111 Téléavia

Philippe Charbonneaux

Publicité parue

dans *Paris Match*, 1959

Aspirateur Hoover,
affiche, vers 1961
Heinz Looser
Bibliothèque Forney,
Ville de Paris, Paris

Télévision transistorisée 8-301, 1960

Sony Corporation, Japon

Sony Corporation, Tokyo

Gala de gaffes à gogo

Séquence extraite de la bande dessinée de Franquin et Jidehem

Robot Charlotte, 1961

Moulinex, France

Centre Pompidou/Mnam-Cci, Paris

des premiers objets de l'après-guerre aux années molles…

bruno vayssière

La volonté de reconversion que manifeste l'Occident, dès 1942, démarre très vite : à Londres, en 1951, lors du « Festival of Britain », les porte-avions deviennent des bateaux exposition pour le design. Passant du domaine militaire au civil, la plongée ne va pas tarder à faire la gloire de Cousteau, et surtout du premier Club Med… Après des années de guerre et d'extermination, il convient d'établir une nouvelle ère de paix durable, confortée par le progrès scientifique. D'où la mise en place d'un contrat social, très fort, qui va se traduire principalement par un changement radical des modes de vie pour le plus grand nombre. Il n'est plus question de laisser à quelques avant-gardes dorées le bénéfice exclusif des progrès techniques et des propositions esthétiques nouvelles. Le confort ménager tout électrique ne doit plus être réservé aux rentiers actionnaires des petites centrales privées : en France, ne vient-on pas de créer EdF, avec un prix de raccordement identique pour tous, et ce sur tout le territoire ? L'électrification des campagnes, vieux couplet léniniste, est réalisée depuis longtemps. Ce sont les brosses à dents que l'on électrifie, avec plus ou moins de bonheur.

la conversion vers les masses : d'une architecture d'élite au presse-légumes

Ce qu'il faut voir, c'est la rupture radicale entre la modernité des années vingt, réservée à quelques élites soucieuses de se distinguer, et celle des années cinquante, qui s'adresse, elle, à l'ensemble de la société, dans le cadre d'un contrat social nouveau épaulé par une puissante planification économique (du moins dans le cas, un peu à part, de la France), assortie du plus gigantesque saut en avant de l'histoire industrielle de l'humanité, saut qui, de surcroît, sera d'abord essentiellement lié à une consommation des ménages intégralement repensée à des fins de… consommation. La boucle n'aura jamais été aussi bien bouclée et aussi cohérente.

Certes, l'intérieur de l'appartement idéal pour la famille moyenne typique ne pourra refuser d'emprunter quelques éléments formels aux maisons de collectionneurs de l'entre-deux-guerres, emblématiquement édifiées par quelques grands noms de l'histoire architecturale. Mais l'important est ailleurs, dans les procédés de construction et dans les objets du quotidien, dont *Les Bons Génies de la vie domestique* sont précisément l'objet.
Ni Le Corbusier, ni Mallet-Stevens, ni Mies van der Rohe n'auront eu autant d'influence sur l'esthétique et sur l'art de vivre du plus grand nombre que Jean Mantelet… Dessiner quelques chaises destinées avant tout à « meubler » les vastes intérieurs somptueusement vides des manifestes architecturaux dessinés par les mêmes puis photographiés durant les quatre saisons, avant d'autoriser la femme du propriétaire à y accrocher ses propres fétiches, ne relève pas tout à fait de la même démarche qu'anticiper l'ivresse conjugale par robotique légumière interposée !
Dans le petit monde des arts ménagers, qui allait très vite devenir un géant des échanges planétaires, Jean Mantelet (1900-1991) a été, en France, le premier à comprendre les bouleversements qui allaient se produire. Sa prescience, renforcée par quelques voyages aux États-Unis, allait faire de son entreprise d'emboutissage d'avant-guerre l'une des grandes *success stories* industrielles des trente glorieuses.
La saga Moulinex (« ex » pour « express ») vient d'ailleurs d'être admirablement brossée par Patricia Defever-Kapferer et Tristan Gaston-Breton, ce dernier sachant particulièrement bien de quoi il parle, puisqu'il appartient à la famille du créateur et maître absolu de ces Salons des arts ménagers qui surent passer de la kermesse à la grand-messe, avant leur disparition – et celle de leur fondateur –, et surtout avant que l'engouement ne se déplace vers d'autres feux d'intérêt domestiques liés à la communication, à la bureautique et ensuite à la micro-informatique : le SICOB [1] aura définitivement raison de la cafetière après 1983 et soixante ans d'enthousiasme, d'abord au Grand-Palais, puis au CNIT [2] après 1958, dans un décorum architectural et urbain alors totalement futuriste, que le monde entier nous enviera.

de la manivelle au moteur

En quelques mots, Jean Mantelet transforma son entreprise de presse-légumes à manivelle, issue elle-même d'un atelier de tôlerie-plomberie des années vingt, en locomotive de l'exportation : 8 000 employés sur plusieurs sites en France, essentiellement en Normandie, d'abord autour d'Alençon, puis 20 000 en Europe, mais aussi aux États-Unis, par filiales interposées, sans compter l'absorption de Krups et autres… Ses usines symbolisèrent le génie français aux côtés du paquebot *France*, du *Concorde* et du premier sous-marin nucléaire *Le Redoutable* (différemment médiatisés, il est vrai) – des usines visitées par de Gaulle en personne, d'où sortirent très vite plus de 25 millions de robots ménagers dont les noms de baptême reprenaient les prénoms des secrétaires du patron : Marie, mais aussi Charlotte et les autres « libérèrent la femme » …
Plusieurs tentatives de rachat par les salariés, fiers à juste titre de leur entreprise, phare d'une certaine France contemporaine, n'ont pas totalement réussi à venir à bout des difficultés qu'elle connaît aujourd'hui (là aussi, on survit mal au fondateur, né avec le siècle, malgré l'intervention du designer industriel Jean-Louis Barrault, responsable en titre, dès 1963, du premier département de « design »).
En abandonnant, en 1947, la manivelle pour le moteur, Moulinex connut des difficultés : courts-circuits, manque d'étanchéité faillirent ruiner le projet. Heureusement, son idée d'un moulin à café plus simple et deux fois moins cher que ceux de la concurrence viendra se substituer à ses déficients robots, dont les défaillances permettront aux *"meat mincers" made in USA* de tenir le haut du pavé pendant une décennie. Mais, puisque EdF voulait dire aussi « tout électrique chez soi, très vite et pour tous », la deuxième manche allait prendre des allures de raz-de-marée.
S'il est un front de libération de la femme qui devint en un temps record de plus en plus omniscient, c'est bien celui-là : essoreuses, moulinettes de toutes sortes et de tous calibres, râpes, grille-pain, centrifugeuses, batteurs, toasters (et non plus grille-pain pour baguette) constituèrent la première génération d'un sans-faute, suivis avec des succès plus relatifs de grils à viande, couteaux électriques, ouvre-boîtes électriques, rôtissoires, aspirateurs, humidificateurs, presse-agrumes, yaourtières, cafetières – et même théières, aux formes pourtant immuables depuis le XVIIe siècle – jusqu'au fiasco de la machine à fabriquer les pâtes, au début des années quatre-vingt, laquelle avait peut-être poussé un peu trop loin le bouchon du *women's lib* face à des industries agro-alimentaires qui demeuraient beaucoup plus efficaces, y compris avec la récente poussée des plats tout prêts, lyophilisés ou surgelés. Bref, la vraie libération quittera rapidement le terrain domestique pour aller ailleurs séduire les femmes, en se conjugant avec la première grande montée quantitative, puis qualitative, du travail féminin autonome.

la décrue

À trop vouloir étreindre, au cours des années cinquante, le monde hégémonique des bons génies Moulinex de la vie domestique a fini par s'auto-étouffer. La marque, et elle ne sera pas la seule, ira jusqu'à proposer simultanément 70 modèles différents qui nous privent du bonheur d'un simple geste. Or, qui n'éprouve l'irrésistible besoin, aujourd'hui, de *malaxer* manuellement – mot perdu

1. Salon des industries du commerce et de l'organisation de bureau.
2. Centre des nouvelles industries et technologies, édifié en 1958.

et retrouvé – sa soupe au potiron pour lui conserver la subtilité du lien pulpe et sucs, lesquels furent affreusement broyés par l'acier de robots perfides et sans âme, au nom de la « modernité » ?
Peine perdue, la reconversion en direction du corps de petites prothèses électriques ingénieuses ne reproduira guère le miracle des trente glorieuses. Une gamme de nouveaux produits sera pudiquement baptisée « accessoires d'hygiène », là où des modèles de robots électriques autrement plus spécialisés firent la fortune plus discrète de fabricants plus dévergondés. Las, le sèche-cheveux 1960 n'avait plus rien d'excitant, même s'il faisait l'objet de phénoménales expérimentations techniques qui n'intéressaient plus que les spécialistes, les industriels, voire les philosophes passionnés par le « mode d'existence des objets techniques ». Mais les épigones de Simondon restèrent rares malgré l'extraordinaire qualité de son ouvrage[3], discrètement paru en 1958, en plein cœur de notre période.

et le marketing tuera

C'est d'ailleurs, au-delà de son double parfum de nostalgie et de « ça existait déjà », le grand mérite de l'exposition « Les Bons Génies... » : pour la première fois sont mises en scène les luttes industrielles pour les prototypes de vis de hachoirs à viande capables de trancher les « nerfs[4] » – vaste problème pour les bouchers d'avant-guerre. Enfin on peut appréhender la délicate chimie du monde fascinant des plastiques et admirer le premier pilon digne de ce nom (1957), comprendre la mécanique des fluides et les nouveaux mouvements rotatifs mis en jeu, avant de rester bouche bée devant nos ordinateurs actuels, beaucoup plus réticents à nous livrer les secrets de leur savoir-faire.
Outre les innombrables robots capables de transformer un vulgaire lapin de garenne en sorbet de myrtilles à... la viande, la prodigieuse accélération de l'histoire des objets ménagers d'après-guerre nous a légué quelques grands incontournables, telle la cocotte SEB en fonte d'aluminium, encore si lourde face à sa grande rivale italienne, la légère Lagostina, en fines tôles d'acier inoxydable.
Cette même accélération de l'histoire nous propulse également très vite vers d'autres habitudes de vie et de consommation. La bonne vieille soupe de légumes, aussi fraîche que quotidienne, a chuté en moins d'une génération encore plus brutalement que la vente du pain (de 200 à 50 kg par personne et par an !). Voilà pourquoi les États-Unis, s'ils ne font plus fortune aujourd'hui avec l'électroménager, s'essayent du moins furieusement à de nouvelles pratiques du style « *do-it-yourself bread*[5] » pour tenter de réapprendre, en les simplifiant, les gestes de nos arrière-grands-parents. Mais, entre pétrir soi-même et laisser le pétrin à d'anonymes usines géantes, qui va gagner ?
Au fond, n'est-ce pas avant tout le lien avec l'ethnologie du quotidien qui l'emporte aujourd'hui, superposition de glissements subtils entre vouloir oublier et vouloir innover, mais aussi, d'une autre manière, entre des vouloirs oubliés et des vouloirs reconstitués.

Les fabricants enthousiastes des années d'après-guerre n'avaient peut-être pas assez réfléchi aux fondements anthropologiques de l'alimentation et du quotidien : dix ans après l'ouvrage fondateur de Simondon, *Le Système des objets* de Baudrillard (1968) viendra plutôt souffler sur les braises de la contestation produite par un certain engorgement domestique. Les vrais questions, au-delà du pouvoir de ces « bons génies », ne seront soulevées que beaucoup plus tard et avec beaucoup moins de fortune publique. Il faut aller les chercher d'abord du côté des travaux sérieux d'ethno-histoire, tel le premier inventaire des « objets civils domestiques », dressé par le CNRS, en 1984, sous la direction d'André Chastel – ce dernier reprenant ainsi l'action de Georges-Henri Rivière, dont l'admirable et vaste Musée des arts et traditions populaires, créé en 1967, s'est très vite assoupi pour toutes les questions contemporaines sérieuses devant le Centre de création industrielle. Un CCI qui, en 1969, année de sa fondation, ne disposera que de six salles du Musée des arts décoratifs. Hélas, la simple monstration-propagande du design français et étranger ne pourra pallier le déficit d'un vrai centre de recherche sur la vie quotidienne, tel, en Suède, le Hommens Forsksing Institute (HFI), qui aidera Ikea à s'imposer sur le marché européen. En laisser l'initiative aux seuls industriels, juges et parties, et à leurs alliés obligés, venus d'un marketing encore tout frais, n'a pu que conduire aux cruelles restructurations récentes. Le *kitchen planning* est au fond beaucoup plus complexe qu'il n'en avait l'air en 1950 !

les laissés-pour-compte de la robotisation

Sans vouloir à tout prix comprendre quelles liturgies, profondes ou superficielles, se cachent derrière chaque objet, le déficit de travaux sur les fondements de la cuisine (lacune encore plus criante qu'en matière de soins du corps, mieux révélés, eux, par certains historiens, lesquels, hélas, s'arrêtent tous à 1950...) est fort regrettable. Préparer, cuire, boire, conserver, servir, entreposer ne sont pas des gestes innocents depuis que l'homme s'est fait femme d'intérieur : le Lévi-Strauss de la baratte « à agitateur », devenue Moulinex par la grâce du mini-rotor, doit être aussi un Lévy-Bruhl de la pensée des gestes. Passer de la verticalité du geste manuel à l'horizontalité de l'axe rotatif motorisé de l'appareil n'est pas seulement affaire de motricité : au-delà de la science des engrenages, les mouvements des individus sont presque aussi importants que ceux des populations. On ne banalise pas impunément bouilloire, biberon[6],

3. Gilbert Simondon, *Du mode d'existence des objets techniques*, Paris, Aubier, 1958.
4. Terme impropre, mais passé dans l'usage, y compris des professionnels ; en réalité, il s'agit des tendons.
5. « Faites votre pain vous-même ».
6. Référence à l'admirable exposition fécampoise « La goutte de lait », en 1997.

rince-bouche, rince-doigts, rafraîchissoirs, porte-cure-dents, porte-couteaux, ramasse-miettes, *pickles servers*, présentoirs à vin, sans toucher à des rituels profonds qui n'appartenaient pas qu'à la bourgeoisie, loin s'en faut. Que l'on abandonne la tasse pour moustachus de la Belle Époque au rayon des accessoires, passe encore. Mais que l'on réfléchisse au moins sur l'acte de rôtir (voir l'incompréhensible besoin de barbecue) ou sur les ciseaux à poulet, à défaut de s'appesantir sur l'impossible mécanisation des cuillères (« à macérer », « à puiser les œufs », « à olives », « à sucre »...). Les historiens de la pipe et du bourdaloue (urinoir pour femmes alitées) devraient nous en conter également sur l'histoire du moulinet de canne à pêche, du rasoir électrique et du fer à repasser. Aujourd'hui, pas moins de 10 000 tests sont nécessaires avant de lancer un nouveau produit.

écoles et pionniers

Pour faire simple, disons que les trois grandes écoles en présence sont américaine, allemande, française.
L'américaine oublie l'austérité avec l'optimisme des formes en liberté, y compris celles de l'atome, comme l'atteste, entre autres, l'extraordinaire Atomic Wall Clock de George Nelson en 1949, pied de nez aux tôliers frileux de l'Union des artistes modernes, à peine réunis de nouveau à Paris. Parmi bien d'autres, l'université de Pasadena, en Californie, regroupera après 1957 un grand nombre de nouveaux talents.
L'allemande, antithèse de la précédente, se caractérise par un retour presque intégriste vers un fonctionnalisme de plus en plus épuré, sans clins d'œil, sans concessions, relancé dès 1951 par le Rat für Formgebung, puis par le Berlin Center en 1961, et surtout, de 1955 à 1968, par un curieux second et puritain Bauhaus, à Ulm, la Hochschule für Gelstatung, confiée au départ à l'architecte artiste helvète Max Bill (lui-même ancien du Bauhaus), pré-minimaliste soucieux du petit plus de la beauté, allié au pré-sémioticien français Abraham Moles, contre-chant d'un second et éphémère New Bauhaus[7], fondé en 1937 par Moholy-Nagy à Chicago.
La française se situe un peu entre les deux. Elle est surtout un extraordinaire réservoir d'artisans encore peu enclins à lâcher prise, à abandonner ce que les anglo-saxons adeptes du contre-plaqué raillent sous le nom de *canes & wickers*[8], sobriquet réservé à nos premières productions, plus liées à une fibre viscéralement Art déco qu'à la réelle pénurie d'après-guerre.

Au-dessus de la mêlée des grands noms, surtout américains, le talentueux Raymond Loewy, Français allié à l'efficacité américaine (selon les mots des chroniqueurs de l'époque), est en tête depuis l'avant-guerre et va le demeurer un moment encore : il redémarre très fort dès 1948 en inventant une télévision aux allures de projecteur, encore plus *streamline* qu'avant, radicale coupure face « aux cabinets audiovisuels » de 1937-1939.
Les Français, eux, restent loin derrière les Britanniques (la Society of Industrial Design est créée en 1943, avec un extraordinaire Design Center) mais aussi derrière les Scandinaves, Finlandais en tête, les Italiens (avec les Triennales de Milan depuis 1932, autour de Gio Ponti, dirigeant de Fontana Arte, qui va continuer l'action de la revue *Domus* fondée par lui avant-guerre) ; loin derrière les Japonais (mais plus tardivement, ces derniers ne se montrant réellement offensifs en Occident qu'après l'apparition des premiers appareils électroniques Sony[9] en 1960, soit trois ans après les premiers MITI Awards[10] de leur ministère de l'Industrie, et avant la déferlante plus motorisée venue d'abord de chez Yamaha, célèbre facteur d'orgues de la fin du XIXe siècle, très vite reconverti dans les moteurs, puis dans les robots), voire même derrière les Suisses (dont le premier *werkbund – l'œuvre* créé à Genève – remonte à 1913), les Belges et les Néerlandais, dotés eux aussi d'un important organisme gouvernemental de design, dès 1949, puis d'un grand *showroom* en 1964, c'est-à-dire un lustre à peine après les Anglais. Seuls les Grecs, à ce jeu de coopération avec les industriels, feront très vite faillite, en moins d'un an !

Deux agences se caractérisent par un exercice de la technique primordiale et avant tout optimiste : Technès, chez nous, créée par Jacques Viénot, auquel viendra se joindre le touche-à-tout Roger Tallon[11], saura aussi bien investir les domaines des « projos », des motos, des arts ménagers, des téléviseurs (le portable P111 Téléavia) que celui des escaliers aux marches en pales d'hélice en fonte d'aluminium poli ; puis Tecno, en Italie, à Milan, créée par Osvaldo Borsoni – voir son fauteuil P40 (1954), et surtout l'extraordinaire canapé convertible papillon D70 (1956), très critiqué par les nordiques parce qu'on ne pouvait pas y ranger des couettes.
BrAun, avec le célèbre A médian dominant, firme fondée en 1921 à Francfort et très liée au fonctionnalisme de l'école d'Ulm, quittera la quincaillerie plus tôt que Moulinex, dès 1930, pour se lancer dans la fabrication des combinés

7. Aux années de migration forcée qui, de 1919 (date de sa fondation) à 1933 (date de sa fermeture), amènent le Bauhaus à séjourner d'abord à Weimar (1919-1925), puis à Dessau (1925-1930), et enfin à Berlin (1930-1933), succède pour ses enseignants et ses élèves le temps de la diaspora. Pour en faire renaître l'esprit, Laszlo Moholy-Nagy fonde en 1937, à Chicago, le New Bauhaus, dissous un an plus tard. Poursuivant son projet, Moholy-Nagy ouvre en 1939 la School of Design, qui devient, en 1944, l'Institute of Design, lui-même rattaché en 1949 à l'Illinois Institute of Technology. En Allemagne, c'est la Hochschule für Gestaltung d'Ulm qui, de 1955 à 1968, apparaît comme l'authentique héritière du Bauhaus. Son influence sur la production de certaines firmes allemandes, comme Braun, a été déterminante.
8. « Joncs et rotins ».
9. Le nom « Sony » est forgé sur le terme latin *sonus* [son] et sur le mot anglais *sonny* [fiston]. De plus, Sony se prononce de la même façon dans toutes les langues.
10. Prix décernés au Japon par le Ministry of International Trade and Industry.
11. Par la suite, le grand talent de Roger Tallon s'appliquera aussi bien aux bracelets-montres qu'aux TGV.

radio-phono. Ayant abordé en 1950 une reconversion très diversifiée allant de la radio hi-fi à l'électroménager, elle finit par s'essouffler plus vite que le holding français du presse-légume, et sera rachetée par l'américain Gillette en 1967. Reste une incomparable collection de prototypes, tout de simplicité et de clarté, au musée de Darmstad. Sans ornementation trompeuse lui non plus, mais beaucoup plus séduit, plastiquement, par une affiche résolument liée à la technologie des nouveaux matériaux, Brionvega, à Milan, reste l'autre grand nom de cette époque : dès 1945, amplis, radios, chaînes (dont l'incomparable RR126 des frères Castiglioni), puis téléviseurs, oscilleront entre les cubes noirs et blancs, avant d'être, eux aussi, repris par Seleco, un holding plus puissant, mais sans image de marque comparable.

L'excellente revue anglaise *Design*, créée en 1949, probablement la plus complète et la mieux informée internationalement pour cette époque, avec des jugements souvent féroces sur le retard français (contrairement aux « bons », les Scandinaves, les Suisses et les Italiens) permet de mieux saisir les coups de projecteur les plus importants sur les innovations de l'époque. Son tirage passera d'ailleurs très vite de 1 000 à plus de 10 000 exemplaires. Sa tempérance industrielle en fait un support souvent beaucoup plus intéressant que les délires gratuits des revues architecturales.

Issus des retombées civiles de la recherche militaire (d'où le nom de la section « War to Peace » de l'exposition londonienne « Britain can make it » en 1947 et du célèbre article « On Tank Design », de l'ingénieur Chapman), plusieurs produits vont se maintenir trente ans : les montres Kelton, les premières lunettes sans monture, les bras de pick-up allégés, les radios portables à transistors. Une fois qu'ils seront stabilisés, ce sera au tour de leurs structures de production de changer, passant d'une myriade de petits ateliers de sous-traitance à de gigantesques usines, avant de revenir, à la fin du siècle, au premier système, via les protocoles de flux tendus. Mais c'est une autre histoire...

Outre-Manche, le ministère du Travail passera des commandes de fauteuils austères pour toutes les administrations, loin des « agressives structures tubulaires des années trente ». La nécessité du passé se manifeste d'ailleurs plusieurs fois contre la dictature fonctionnaliste du Design Council.
Les questions de coordination modulaire, surtout de rangement et de classement, préoccupent beaucoup le monde de la cuisine (en guerre contre celui des living-room réinventés) et plus sérieusement celui du travail. La volonté d'économiser l'espace s'affirme partout (et non plus seulement dans les logements sociaux minimum), et va de pair avec des recherches de trames flexibles (y compris, surtout et d'abord pour les écoles du baby-boom à édifier d'urgence).
De leur côté, les premiers articles sur les structures (*patterns*) et sur l'ergonomie post-militaire semblent vite s'essouffler. Principale conséquence, entre autres : les lampes de chevet sur flexible renforcent le concept d'adaptabilité. Le « design management » le plus efficace en matière de sécurité s'impose, des bouilloires au ventube, pour ventiler l'intérieur et éviter l'explosion des bouillottes d'eau brûlante.
On ne plaisante plus avec les jouets et prises de courant. Les premiers grands mouvements de consommateurs apparaissent en 1956.
Régulièrement, le grand professeur Zdenek Kovàr, de Gottwaldorf (Tchécoslovaquie), propose un bilan de ses recherches sur les poignées, aux courbes molles mais dures et justes. Les premières perceuses se démarqueront alors de la vieille chignole verticale manuelle. Les scies, elles, comme les fers à repasser, ne semblent guère changer en trente ans. D'autres, encore proches des commandes militaires, deviennent spécialistes des interrupteurs et autres boutons.
Résultats d'une stratégie plus mercantile que liée à une improbable théorie de la forme, les subtils rejets – compromis pragmatiques avec le *streamline* – sont destinés à la fois à séduire le public américain, mais aussi à se démarquer des produits US issus des années trente afin de s'affirmer, y compris dans l'Europe du premier Marché commun, dont on pressent déjà l'importance. Décidément, l'essence scientifique du design vagissant aura vite cédé le pas face aux exigences commerciales. La futurologie des demeures de l'an 2000, entre 1955 et 1965, deviendra alors le seul vecteur de rêve puisque tous les équipements de base ont été très vite mis au point. C'était également une manière d'annoncer l'âge post-HLM en dépassant la préfabrication rigide par des formes molles destinées aussi à l'enveloppe architecturale.
La guerre d'Indochine, puis celle du Viet-Nam, vont définitivement rallumer les feux de l'inquiétude.

bruno vayssière
professeur à l'université de Savoie

Composé en Helvetica dessiné par Max Miedinger, 1957

Mange-disque portable GA 45 Pop, 1968

Dario et Mario Bellini

Grundig, Allemagne

Die Neue Sammlung, Munich

Chaise Langue n° 577, 1967

Pierre Paulin

Artifort, Pays-Bas

Fauteuil gonflable Blow, 1967

De Pas, D'Urbino, Lomazzi

Zanotta, Italie

Téléviseur portable

P111 Téléavia

Roger Tallon

Publicité parue

dans la presse, 1968

Four à pyrolyse Scholtès

Publicité parue dans la presse, 1969

Bibliothèque Forney, Ville de Paris, Paris

Machine à laver Laden

Publicité parue dans *Elle*, 1969

Bibliothèque Forney, Ville de Paris, Paris

LOVE

Lit en polyester armé de fibre de verre, 1969
Marc Held
Distribué par Prisunic, France

Radio bracelet Nat, modèle R-72S, vers 1969
Panasonic
Matsushita Electric Indust. Co. Ltd., Japon
Die Neue Sammlung, Munich

Siège Donna de la série UP, en mousse expansée, 1969
Gaetano Pesce
C & B Italia, Italie
Centre Pompidou/Mnam-Cci, Paris

Radio lecteur de cassettes, 1970
Weltron, Japon
Centre Pompidou/Mnam-Cci, Paris

Téléviseurs Philips, affiche, 1970
Bibliothèque Forney, Ville de Paris, Paris

Téléviseur Nivico, modèle 3240 GM, 1970
IVC, Yokohama Plant Victor Co. of Japan Ltd.
Die Neue Sammlung, Munich

Aspirateur Hitachi,
affiche, vers 1970
Neukommer Pinschewer
Bibliothèque Forney,
Ville de Paris, Paris

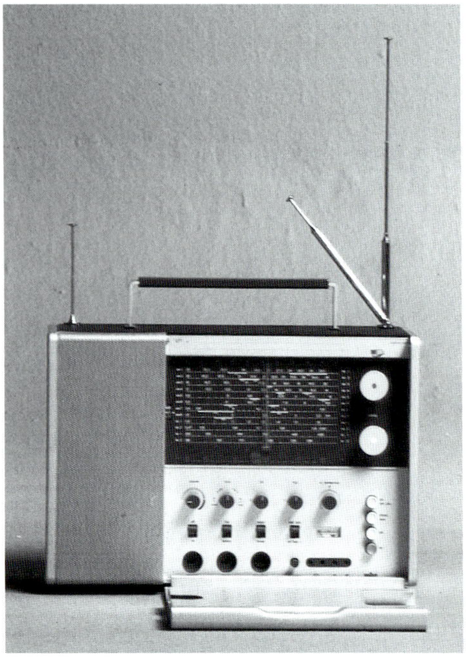

Radio T 1000, 1963
Dieter Rams
Braun, Allemagne
Die Neue Sammlung, Munich

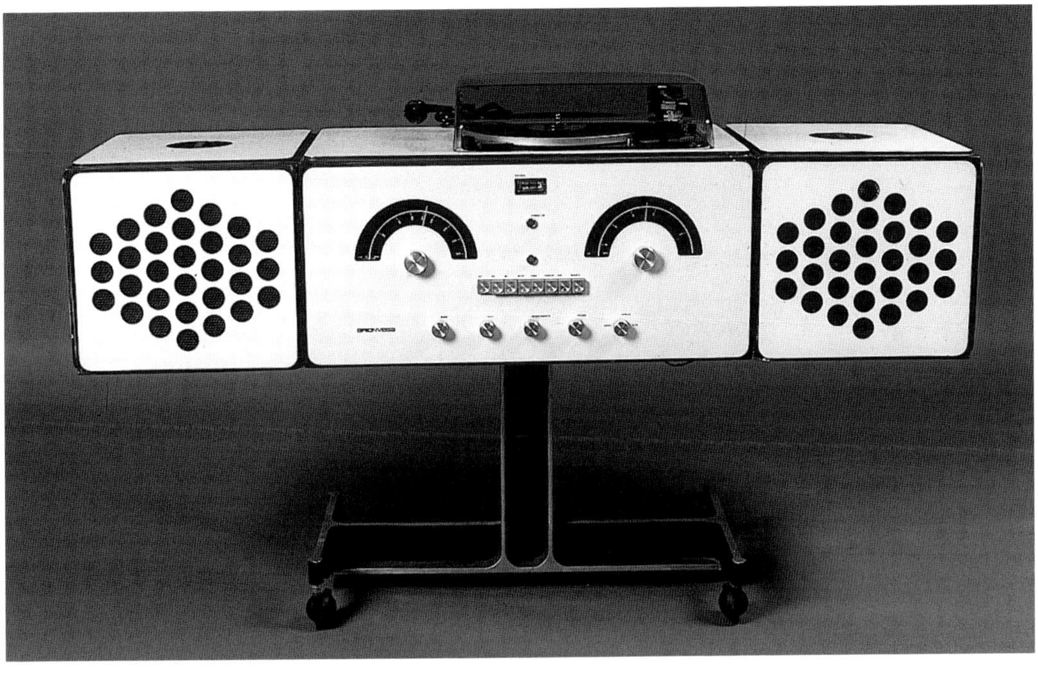

Combiné radio tourne-disques lecteur de cassettes Weltron 2005 stereo system, vers 1970

Weltron, Japon

Die Neue Sammlung, Munich

Combiné radio-électrophone RR 126, 1970

Achille et Pier Giacomo Castiglioni

Brionvega, Italie

Centre Pompidou/Mnam-Cci, Paris

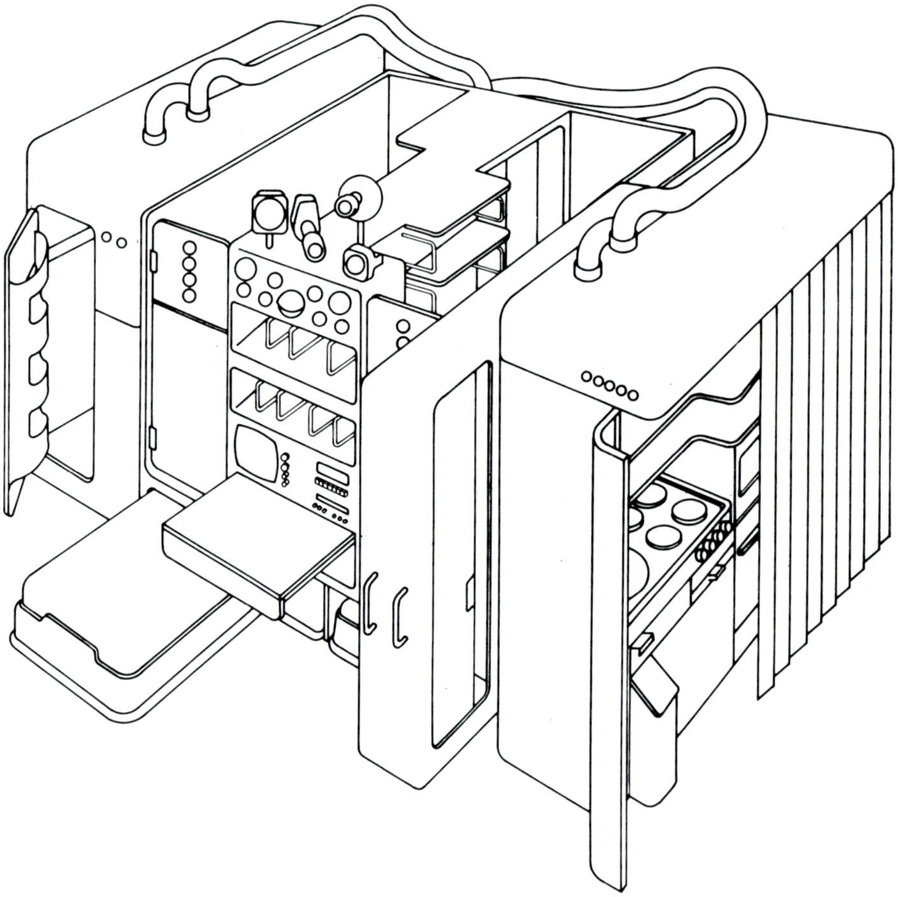

Habitat individuel Microcosme

Joe Colombo.

Container habitable présenté dans le cadre de l'exposition «Italy : the New Domestic Landscape» New York, 1972

Machine à laver Vedette

Publicité parue dans *Marie-France*, 1972

Agence Bazaine Publicité

Bibliothèque Forney, Ville de Paris, Paris

Siège Pratone, 1971

Gruppo Strum (G. Ceretti, P. Derossi, R. Rosso)

Gufram, Italie

Caméra Bauer C 14, 1973

Eric Slany

Bauer / Robert Bosch, Allemagne

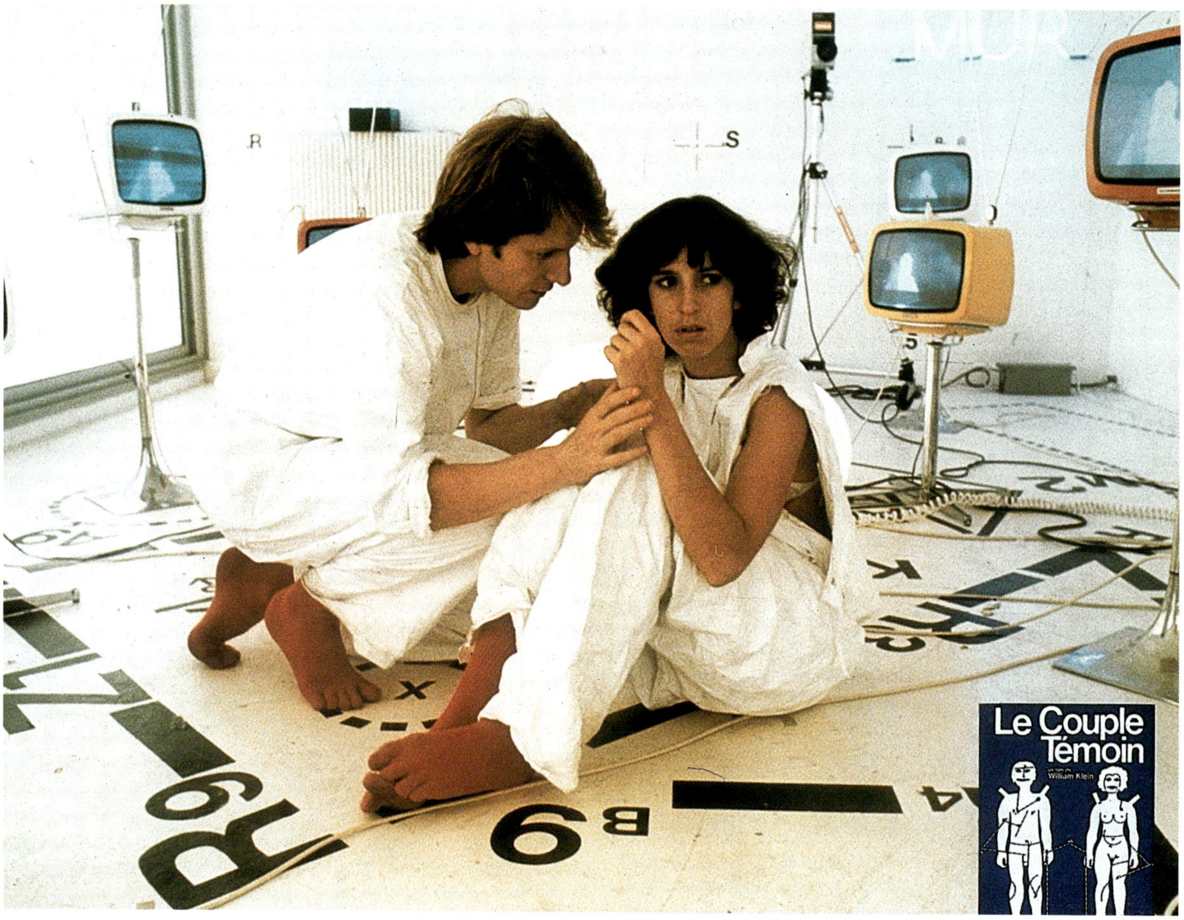

Scène du film

Le Couple témoin

William Klein, 1976

Machine à laver Calor

Publicité parue

dans *Femme pratique*, 1977

Bibliothèque Forney,

Ville de Paris, Paris

Appareil photo Polaroid

Publicité parue

dans *Paris Match*, avril 1978

Pour vivre heureux, vivons couchés

Gilles de Bure

Dans sa *Chronique d'une liquidation politique*, Frédéric Fajardie nous rappelle ces années-là : « Nous coulions des jours heureux ; dommage qu'on ne nous en ait pas informés [1]. »

Certes, mais où ont-ils coulé, ces jours heureux ? 1965-1975, drôle de décennie, déraisonnable et contradictoire, et qui s'articule sur un paradoxal jeu dialectique confrontant fascination productiviste et mobilisation idéologique, expansion et repliement, rigueur et imagination, maîtrise technique et liberté d'expression...

Dix années de luttes et d'espérances, de révoltes et d'utopies, de dérapages et de dévoiements, de chutes et de désillusions.

Dix années qui vont voir déferler, en rangs serrés, des régiments de nouveaux « concepts » : l'apparition et la reconnaissance des minorités, des autonomies et des différences ; la dénonciation des totalitarismes ; l'irrévérence retrouvée à l'encontre des grands de ce monde ; les glissements progressifs du plaisir et, partant, de la sexualité, du couple, de la famille, des déviances ; l'apparition massive des psychoses et des refoulements, de la psychanalyse, des enfers quotidiens et des paradis artificiels ; la découverte des nuisances, la naissance de l'écologie, les premiers balbutiements de l'humanitaire ; l'importance soudaine de la musique, de sa diffusion et de sa consommation, doublée de la starification-mythification de ses interprètes, et qui correspond à la naissance de la « planète-jeune » ; et, malgré la dénonciation du capitalisme et un engagement plutôt gauchiste, l'attirance-répulsion-fascination pour les États-Unis – le modèle dominant –, pour tout ce qui en procède, tout ce qui en découle...

Dix années qui verront fleurir de savants et violents traités de savoir-vivre, de curieuses et décapantes incursions au cœur de la société du spectacle ou du système des objets, d'étonnantes triturations de mots, de choses et d'idées. Bref, en tir groupé et à répétition, McLuhan et Vaneigem, Debord et Baudrillard, Foucault et Althusser, Lacan et Lévi-Strauss, Deleuze et Guattari publient à satiété. À la vitrine du libraire, les sciences humaines ont pris le pas sur la littérature. À tel point qu'en 1976, au sortir même de la décennie, un jeune journaliste argentin, Oscar Caballero, chassé de chez lui par le coup d'État militaire mené par un certain Videla et débarquant à Paris, se précipitera dans toutes les librairies mythiques de ce qui était pour lui la capitale de la littérature. À sa grande surprise, sur dix ouvrages exposés, « un seul était un livre, les neuf autres, des livres sur les livres »...

Le chant du styrène

1965 donc. L'année célèbre la ville de façon étonnamment littéraire. Malraux s'enflamme et salue d'un discours tout à la fois épique et apocalyptique la mort de Le Corbusier. De son côté, Jean-Luc Godard en donne, avec *Alphaville*, une vision romantique et crépusculaire. Le même Godard, deux ans plus tôt, a tourné une partie du *Mépris* dans la maison de Malaparte à Capri.

Et pendant ce temps-là, à Londres, la délicieuse Twiggy, légère et court, très court, vêtue, arpente d'un pas décidé Carnaby Street et King's Road. Mary Quant, déjà, a fait de la minijupe un étendard.

Tout n'est pas encore mini dans notre vie, mais un certain Roger Legrand, en mettant au point le Pan U, élément combinable et assemblable à l'infini, générateur de formes et de fonctions multiples, amorce un virage qui passe quasiment inaperçu, mais influera durablement sur l'essence même de l'environnement domestique.

En 1966, une grande « Révolution Culturelle » prolétarienne secoue la Chine, tandis qu'une autre, moins ambitieuse mais tout aussi culturelle, agite l'Occident. Là-bas, les pensées et maximes du président Mao enserrées dans le rouge du « petit livre » illuminent l'avenir ; ici, c'est l'orange qui domine dans ce déferlement de formes nées des dérivés du pétrole : phénoplastes, aminoplastes, polystyrène, polyméthacrylate de méthyle, polychlorure de vinyle, polyamides, polyéthylène, polyuréthanne, polyester, silicone, résines époxydes, polycarbonate, polypropylène... Avec, en vedette toutes catégories, l'acrylonitrile buthadienne styrène, mieux

1. Frédéric Fajardie, *Chronique d'une liquidation politique*, Paris, Éditions de La Table Ronde, 1992.

connu sous l'appellation ABS. Et avec pour penseur et faiseur de maximes le Raymond Queneau du *Chant du styrène*.

Un univers merveilleusement plastique est en train de se constituer, qui n'aura plus de cesse, et moins encore de limites.

Les mousses armaturées et tendues de jersey de Pierre Paulin, Verner Panton et Olivier Mourgue, les coques moulées de Marc Berthier, Marc Held et encore Verner Panton, les mousses expansées de Gaetano Pesce (livrées sous forme de minces galettes, et qui retrouvent leur allure plantureuse dès qu'elles prennent l'air, à l'ouverture de l'emballage), les gonflables de AJS Aérolande et de Quasar seront l'écho du téléviseur P111 conçu par Roger Tallon pour Téléavia, du poste de radio TS 502 créé par Marco Zanuso et Richard Sapper pour Brionvega et des containers de toutes sortes dessinés par Joe Colombo et Jean-Claude Maugirard.

Grâce aux matières plastiques, déjà, tout devient plus compact. On n'en est pas encore à la miniaturisation, mais à la portabilité. Les arts ménagers ont quelques longueurs d'avance en la matière, et on s'attache à réduire la distance.

Braun et Moulinex, dans des registres et des styles différents, sont des références. Exemple et contre-exemple en quelque sorte. Rigueur et kitsch opposés.

Que la rigueur soit incarnée par Braun n'a, en soi, rien d'étonnant. Version industrielle et commerciale de l'enseignement diffusé à l'école d'Ulm, réputée héritière du Bauhaus mais dont ne subsiste que l'esprit de système, la firme allemande va, plusieurs décennies durant, représenter l'aboutissement ultime de l'axiome « la bonne forme découle nécessairement et logiquement de la bonne fonction ».

Pendant ce temps-là, à Milan, une firme italienne, Danese, développait, sous le crayon notamment de Bruno Munari et Enzo Mari, une autre rigueur qui, soudainement, allait envahir le monde du bureau.

Comme si, une fois encore, la modernité en la matière ne pouvait envahir que les espaces de travail, cuisine et bureau conjugués ; ne pouvait exister que dans les secteurs relevant, justement, de la modernité immédiate, image et son associés.

Il faudra attendre 1969 pour qu'un objet fasse le lien entre le bureau et la maison. En l'occurrence, la machine à écrire Valentine, dessinée par Ettore Sottsass Jr pour Olivetti. Une petite machine portable, capot en plastique rigide, dotée d'un rouge éclatant, et qui allait crever tous les plafonds de la notoriété...

Pour

vivre

heureux...

Petit à petit donc, les plastiques grignotent et s'introduisent subrepticement dans tous les espaces qu'on leur offre. La recherche et l'espace lui ont déjà fait la part belle. Mais en 1969, tandis que Armstrong puis Aldrin marchent sur la Lune, sur la terre, une génération entière s'allonge à Woodstock.

Fleurissent alors une cohorte de meubles étranges dont on ne sait plus très bien s'ils sont des sièges en forme de sol ou des sols en forme de siège.

Le Sacco de Gatti, Paolini, Teodoro, l'Asmara de Bernard Govin, le Yéti de Gaetano Pesce, le Lit refuge du Groupe ETA 1, la Fosse de conversation de Jean-Claude Maugirard, l'Astronef de Olivier et Varenka Marc, le Plan déformable de Pierre Paulin, le Tapetto volante de Ettore Sottsass Jr, le Tapis siège d'Olivier Mourgue, le fauteuil Joe, en forme de gant de base-ball et en hommage à Joe Di Maggio de De Pas, D'Urbino, Lomazzi, et tant d'autres encore, témoignent d'un très fondamental bouleversement des attitudes, des comportements et des postures. La vie au ras du sol s'organise. Non pas comme un hommage au Japon, qui, lui, déjà commence à rendre hommage à l'Occident, mais bien plutôt comme le détournement d'une vieille constante : pour vivre heureux, vivons couchés.

On ne s'assied plus, on se pose, on se jette, on se vautre, on se laisse aller. On ne se regarde plus en chiens de faïence, on se regroupe, on se recherche, on se rassure.

Comme un repliement, un cocooning avant l'heure. Ce qui n'empêche pas, de Florence à Londres, de Düsseldorf à New York, de Paris à San Francisco de repenser la ville, l'architecture, les objets du quotidien de façon radicale. Des groupes se constituent ici ou là, Archizoom et Superstudio, Archigram et Haus Rücker Co, Utopie et la Ant Farm...

Et, comme toujours, c'est vers les États-Unis que les yeux se portent. Là-bas, tout là-bas, en Californie et dans les *mountain states*, s'organisent d'étranges communautés qui revisitent le Thoreau de *Walden* ou le Rudofsky de *Architecture without architects*, hésitent entre la contestation radicale et l'angélisme hippy, édifient des cabanes en bois, des dômes géodésiques, des hogans, des tentes indianisantes et des structures tendues moins abouties que celles qu'Otto Frei a édifiées pour le pavillon allemand de l'Exposition universelle de Montréal en 1967 et qu'il fera revivre à Munich pour les jeux Olympiques en 1972.

À l'Ouest,

quoi

de nouveau ?

Plus proches, à New York, les jeunes artistes qui rêvent d'un succès équivalent à celui que connaissent les « pop artists » s'emparent des espaces laissés libres par les artisans, les stockeurs et les micro-industriels dans le bas de la ville. La civilisation des *lofts* est née. On laisse ces grands espaces en l'état, on les meuble comme on peut, essentiellement de « récupérations ». D'une côte à l'autre, la jeune Amérique vit au ras du sol. Trente ans plus tard, la migration hippy aura généré le « style Santa Fé », et la civilisation du loft le « style high tech ».

À la même époque, pourtant, le design italien part à la conquête de l'Ouest. En 1972, le Museum of Modern Art de New York, sous la baguette commissariale de Emilio Ambasz, présente une gigantesque et mémorable exposition, « Italy : the New Domestic Landscape ». Soit la réunion du gotha du design italien en une savante alchimie dans laquelle se mêlaient vitrine (les meilleurs produits) et manifeste (environnements spécialement conçus pour le MoMA).

À peine un an plus tard, en septembre 1973, c'est à Londres que tout va basculer. C'est Londres qui va enfin rendre publiques les trouvailles, les recherches, les divagations de ceux qu'on n'appelle pas encore les créateurs. Le même jour, à la même heure, « Biba » à Kensington High Street et le premier grand « Habitat » à King's Road ouvrent leurs portes. D'un côté, la folie créatrice, débridée et la fugacité. De l'autre, la rigueur, l'utilité et l'efficacité. D'un côté, les verts acidulés, les mauves hurleurs, les roses bonbon et les jaunes criards. De l'autre, les beiges, les blancs, le bois clair et l'inox lumineux.

Tout était, d'un magasin l'autre, résumé. Non pas le système, mais l'univers des objets. Un déferlement d'objets portables et posables, colorés et sympathiques, pratiques et délicieux. Les années révolte et les années utopie étaient déjà loin. Envolées, tout comme s'étaient envolés Jimi Hendrix et Janis Joplin trois ans plus tôt. S'annonçait déjà *Saturday Night Fever*, et, dans le droit fil de la société du spectacle et du système des objets, la société de consommation triomphait. Et, avec elle, la profusion et la panoplie, l'idéologie égalitaire du bien-être.

1965-1975, drôle de décennie, contradictoire et paradoxale, qui allait s'achever, en décembre 1974 par une flamboyante exposition de Robert Malaval à la galerie Sapone, à Nice, et intitulée « Poussière d'étoiles ». Dans le catalogue, Malaval écrit : « Vouloir tout saisir c'est un vertige terrible/ faut aimer ça/ de la vie à la mort faire le voyage/ encore une fois encore une nuit encore un instant/ j'aime à penser à des milliards d'années/ à l'infini et au néant/ toutes ces choses vertigineuses comme les valses de Strauss (et le champagne). »
Et encore :
« Qu'on le sache bien/ rien n'est plus précieux que ce petit cœur qui bat tandis qu'elle dort sur le sofa de l'atelier/ je donnerais toutes les œuvres d'art de l'univers pour ça/ pour cette chose sublime/ fragile/ qu'un rien éteint qu'un rien enflamme/ juste un peu de vie. »

Gilles de Bure
Journaliste, critique, auteur d'ouvrages sur l'art, l'architecture et le design

Composé en **Eurostile** dessiné par Aldo Novarese, 1962

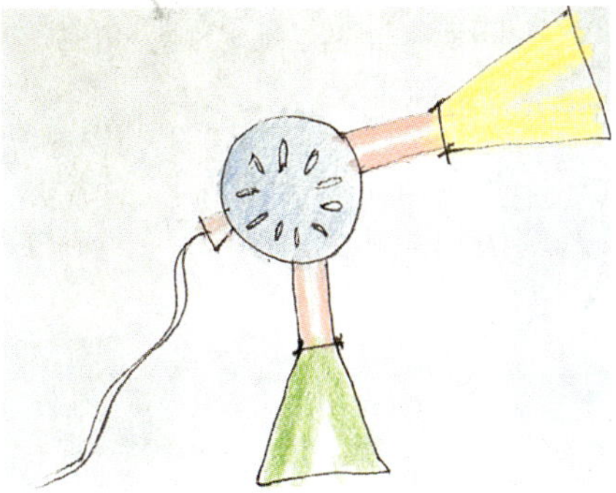

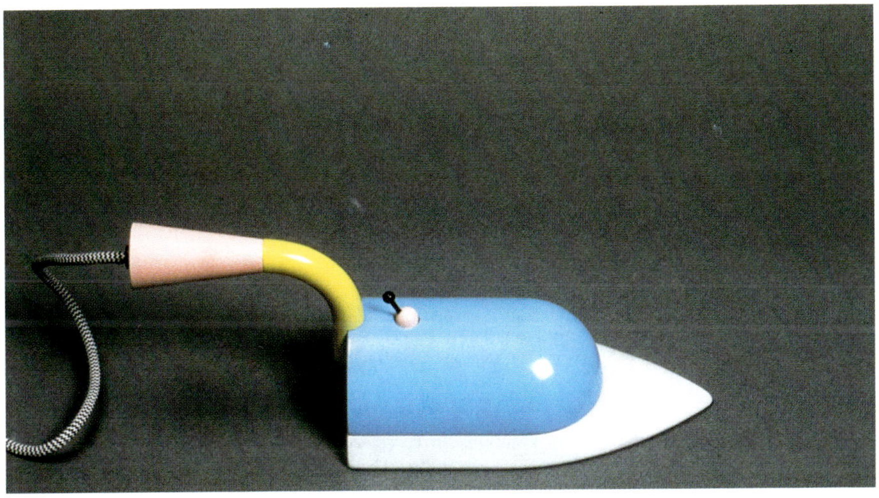

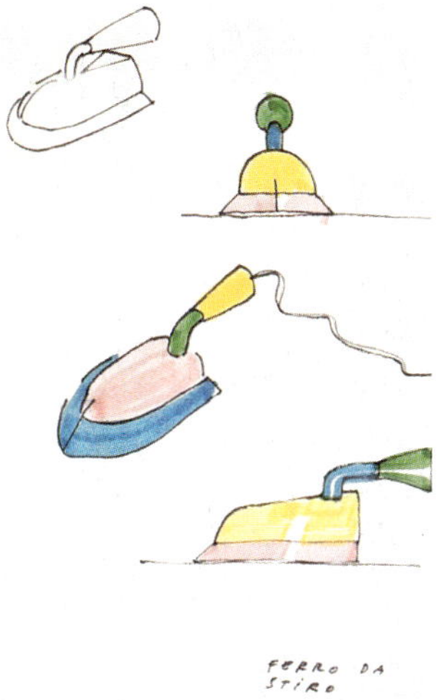

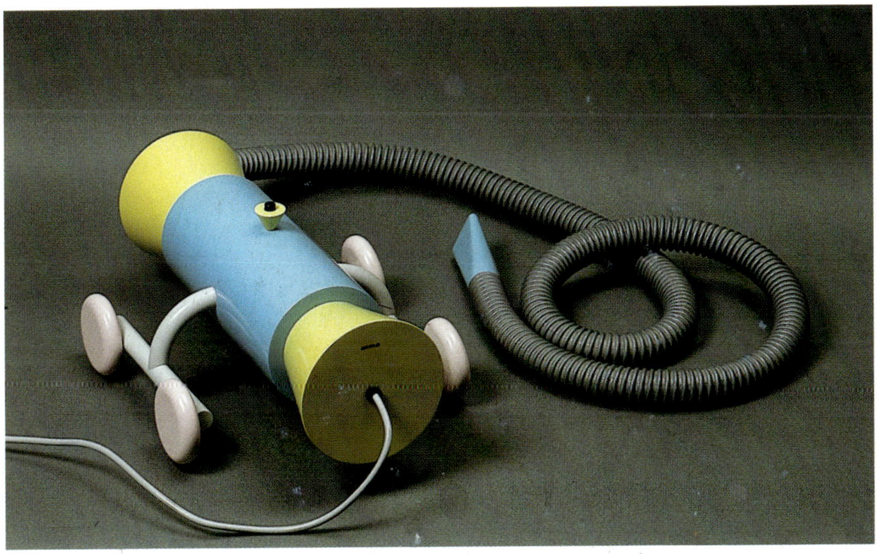

Sèche-cheveux

Maquette et dessin, 1980

Fer à repasser

Maquette et dessins, 1980

Aspirateur

Maquette, 1980

Michele De Lucchi

Projets pour Girmi, Italie

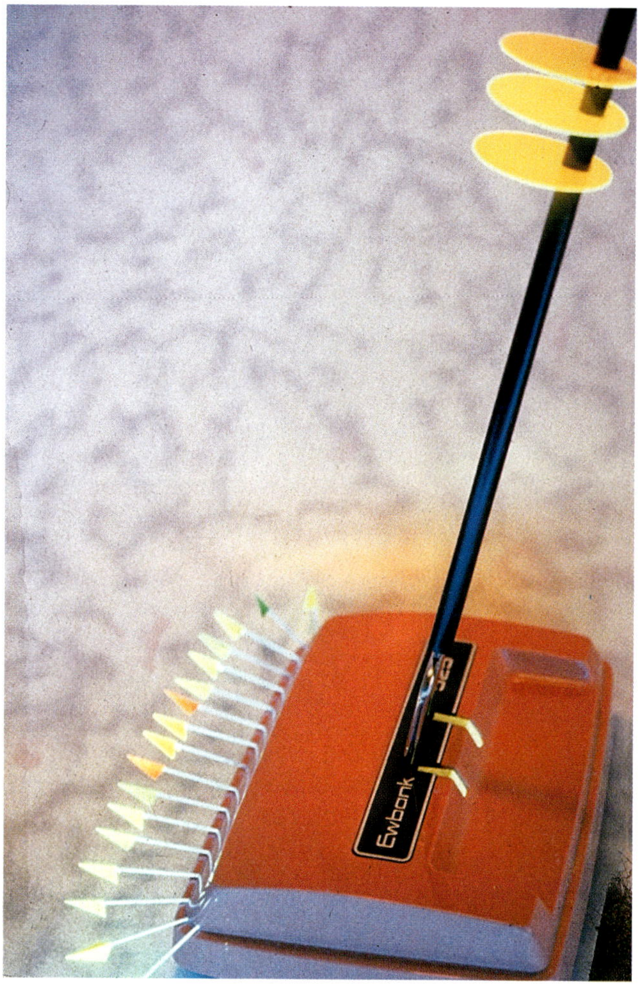

Balai mécanique, 1980
Alessandro Mendini,
Paola Navone,
Daniela Puppa, Franco Raggi.
Interprétation de la banalité,
exposition « L'Oggetto
banale », Biennale
de Venise, 1980

Mini four, 1982
Jean-Louis Barrault
Moulinex, France
Centre Pompidou/Mnam-Cci,
Paris

Appareil de photographie sous-marine Frog, maquette, 1982
Luigi Colani
Étude (commencée en 1974) pour Canon, Japon
Centre Pompidou/Mnam-Cci, Paris

Appareil photo CB10, prototype, 1982
Luigi Colani
Étude (commencée en 1974) pour Canon, Japon
Centre Pompidou/Mnam-Cci, Paris

Lecteur de compact diques CDP 101, 1982
Sony Corporation, Japon. La différence de taille entre un disque microsillon et le tout nouveau CD est ici mise en évidence.

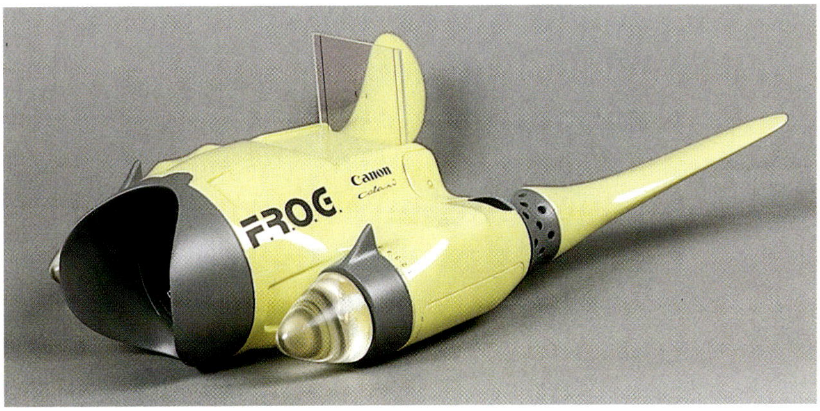

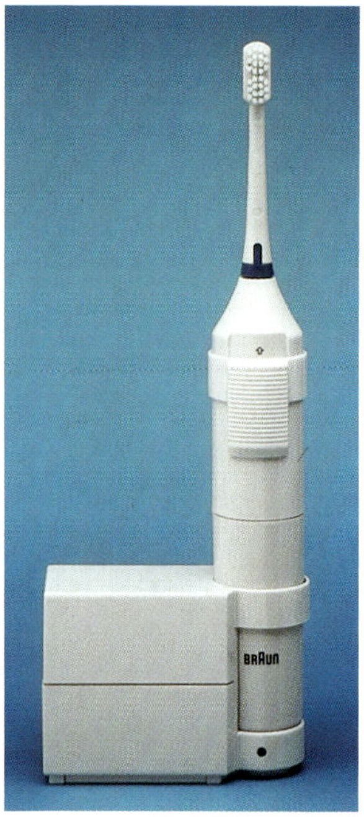

Brosse à dents électrique, 1984
Peter Hartwein
Braun, Allemagne
Centre Pompidou/Mnam-Cci, Paris

La mère Denis, Vedette, affiche, 1983
Musée de la publicité, UCAD, Paris

Lave-vaisselle Miele, affiche, 1983
Miele, Allemagne

Animali domestici, 1985

Andrea Branzi

Zabro, Italie

Appareil photo AZ-300, 1988

Olympus Optical Co. Ltd.

Tokyo, Japon

Die Neue Sammlung, Munich

Téléphone Beocom 2000, 1988

Bang & Olufsen, Danemark

Bang & Olufsen, Struer

Téléphone Enorme, 1988

Ettore Sottsass

Enorme Corporation, Italie

Centre Pompidou/Mnam-Cci, Paris

Disparition et retour des serviteurs fidèles

Andrea Branzi

« Le mariage en phase de changement » (*Die Ehe im Ubergang*) est l'une des analyses les plus originales sur la crise du mariage bourgeois. Thomas Mann écrit ce bref essai en 1925, et y avance l'hypothèse selon laquelle les causes du phénomène qui frappe cette très ancienne institution civile pourraient résider dans la disparition progressive de la domesticité. Des causes, donc, totalement étrangères aux relations affectives entre conjoints, mais à rechercher au contraire dans l'effritement d'un ensemble de défenses humaines sur lesquelles reposent le fonctionnement et la base charismatique de la famille bourgeoise.

Cuisinières, gouvernantes, femmes de chambre, repasseuses, couturières, majordomes constituaient les bastions d'une autorité sociale où se reconnaissaient non seulement les enfants et les parents directs, mais aussi de nombreux éléments extérieurs travaillant dans les secteurs de cette économie domestique qui garantissait au couple la continuité de son *gène*, et de sa *gens.*

Des employés qui étaient souvent, au fond, les gardiens les plus jaloux des rites et du décorum du couple, comme si leur travail dépendait davantage d'une adhésion de nature éthique à cette famille que d'un contrat entre patrons et prestataires de service.

Les perplexités de Thomas Mann par rapport à l'homosexualité venaient de l'incapacité supposée de celle-ci à faire preuve du moindre instinct de stabilité et de perpétuation, et donc à *fonder* un lieu domestique, une communauté non seulement d'enfants, mais surtout de serviteurs fidèles.

Les appareils électroménagers sont nés dans l'interstice que, depuis le début du XXe siècle, la disparition des *serviteurs fidèles* avait laissé ouvert. C'étaient des machines conçues non seulement pour laver la vaisselle ou le linge, non seulement pour conserver les aliments, pour cuire ou repasser, mais aussi pour sauver les fondements menacés de la famille.

Faute d'éléments d'identification culturelle et éthique forts, la société bourgeoise avait, de fait, accepté que ce soient ces machines sans âme qui construisent les fondements *faibles* d'une nouvelle famille relationnelle et sans moralité définie.

Les appareils électroménagers nous ont permis de travailler, et nous apprennent aussi, comme le dit Bart Kosko, à adopter des codes moraux fondés non plus sur des valeurs absolues mais sur des systèmes autorégulés, tels ces microclimatiseurs domestiques qui ne sont plus chargés de produire *le chaud* ou *le froid* au sens absolu, mais de réguler le climat de nos intérieurs selon un équilibre ambiant doux, relatif, momentané et réversible.

Dans une société comme la nôtre, entièrement faite d'*anormalités diffuses*, d'exceptions aux règles et de vertus criminelles, les *machines domestiques* ont fini par constituer le seul parc fiable de fonctionnalités sûres, sur lesquelles, s'il n'est pas possible de construire des cathédrales et des fondations pérennes, l'on peut au moins pratiquer avec bonheur la navigation à vue, couler chez soi une existence provisoire de jours tranquilles.

Pendant de longues années, les grandes industries productrices d'électroménagers *blancs* ont joué ce rôle de garants des certitudes domestiques, et se sont organisées comme si les réfrigérateurs, lave-linge et autres lave-vaisselle étaient des *catégories éternelles* – les véritables piliers de la société, et pas seulement de l'économie domestique.

J'ai souvenir d'un atelier, dans les années soixante-dix, de l'un de ces géants mondiaux des *machines domestiques*, où, lorsqu'en jeunes designers nous avons suggéré d'expérimenter de nouvelles typologies de services et de nouveaux produits, il nous a été répondu que l'entreprise était fondée sur des secteurs productifs précis et sûrs, ce qui excluait tout essai hasardeux de nouvelles *machines* autres que celles de la grande tradition domestique.

L'électroménager se présentait à l'époque comme un *machine unitaire*, c'est-à-dire comme un volume à fonction unique, compacte, globale : un réfrigérateur, un lave-vaisselle ou un aspirateur étaient dotés d'une *icône* explicite, reconnaissable, qui n'avait rien à voir avec le contexte domestique. Des prismes blancs, simples, brillants, parfaits.

Ils exprimaient cette *unité de forme et de fonction* fondée sur les certitudes de la modernité orthodoxe ; lorsque, dans les années quatre-vingt, ces certitudes se sont mises à vaciller, les appareils électroménagers ont vu, eux aussi, leur conception se faire dans un climat différent.

Le *Nouveau design*, animé par les ex-protagonistes des avant-gardes de la radicalité, par les groupes Alchymia et Memphis, menait, au cours de ces années-là, une vaste réflexion portant sur le paysage domestique et les technologies commerciales industrielles. Principalement visé par cette réflexion critique : l'optimisme du *rationalisme* de l'époque par rapport au futur, un optimisme utopique, fondé sur l'espoir d'un avenir fait d'ordre logique, de technologies avancées, de langages standard, de comportements homologués, dans le cadre d'une société industrialisée, donc *rationnelle*, correcte, juste et bien-pensante.

Ce Nouveau design (italien, surtout) proposait, après l'avoir longuement mûrie, une autre analyse du présent, donc une autre appréciation du futur : un futur éminemment complexe, confus, hétérogène, résultat global d'une société industrielle qui fonctionnait à coups de logiques contradictoires en faisant appel à des technologies opposées, en développant des codes stylistiques multiples et émotionnels.

Un futur construit sur la croissance d'un appareil industriel mû par la loi de la concurrence, par l'innovation permanente, par la diversification des marchés. C'était donc le *chaos* et non pas l'*ordre* qui semblait être l'image de notre à-venir.

Mais un *chaos* entendu comme multiplicité positive, complexité cognitive et civile, catégorie culturelle praticable, stimulante, libératrice. Ce changement crucial de logique, cette nouvelle philosophie du monde, fut à l'origine d'une *post-modernité* non réactionnaire, d'un *nouveau design* ouvert à de nouvelles expériences de recherche qui utilisaient la *complexité* et non pas l'*ordre* dans les projets innovants qu'il proposait.

Tout ce que le Nouveau design a réalisé ces années-là tendait à accroître les diversités internes de l'objet, à mettre sur pied une combinatoire de composants poussée au paroxysme et porteuse d'une nouvelle et extrême *expressivité*; fort éloignée de la rigoureuse réduction sémantique de la modernité orthodoxe, cette combinatoire était plus adaptée à des produits *concurrentiels*, appelés à se retrouver parmi tant d'autres sur un marché saturé, traversé par une foule de groupes sémantiques. Des objets qui n'étaient pas destinés à plaire à tous, mais capables au contraire de mettre à profit leur charge figurative pour *sélectionner* eux-mêmes leur utilisateur et leur marché.

Si nous consultons les publications des années quatre-vingt, ainsi que le catalogue de l'exposition « Formes des métropoles - Nouveaux designs en Europe » que François Burckhart et moi-même avions organisée au Centre Pompidou en 1991, nous constatons une absence totale de projets en matière d'appareils électroménagers, et plus généralement de produits de grande série.

Cette absence n'est pas le fruit du hasard. Elle s'explique par l'effort que faisait le *nouveau design* pour remettre en jeu les technologies artisanales, la production de petites séries, les singularités technologiques; un effort qui n'était pas dirigé *contre* la production industrielle ou contre la grande série, mais qui avait pour but de signaler que désormais les grands marchés s'étaient fractionnés en de multiples marchés de *niches*, et que donc la petite série, la pièce unique, le prototype expérimental constituaient la nouvelle frontière des grands systèmes de production.

Le *fait main, l'artisanat, la série limitée* représentaient le futur du marché postindustriel, et non pas son passé. À la lumière de cette réflexion, le monde des *électroménagers blancs*, tout comme celui des automobiles ou des produits *universels*, se trouvait exclu de notre recherche, parce que trop rigide, trop rétrograde, incapable d'allonger le pas pour suivre, en première ligne, celui d'une époque qui se renouvelait, et dont le Nouveau design se faisait le témoin.

C'est plus tard, seulement, dans le cadre de la grande restructuration industrielle des années quatre-vingt, consécutive à l'introduction de l'électronique dans les cycles de production et dans les *machines*, qu'il a été possible de faire éclore une vaste génération de *lutins domestiques*, employés dans de nouvelles attributions et surtout dans de nouveaux *menus* personnalisés de services domestiques.

Le travail que les designers ont effectué sur l'électroménager est donc assez récent. Il y a vingt ans, la *carrosserie* d'un appareil leur offrait peu d'éléments d'innovation; c'est à travers le thème des *interfaces* que le projet a trouvé une nouvelle piste, en s'employant à trouver un nouveau rapport entre l'usager et la machine intelligente, c'est-à-dire cet électroménager prêt à interpréter et à donner une réponse originale aux exigences toujours différentes des innombrables couples de maîtres (*singles* compris).

Sur cette voie a commencé une longue période, faite de quantité d'études (et de rares réalisations) sur les *maisons intelligentes*, et aussi sur des hypothèses toujours plus complexes d'interconnexion entre tous les cerveaux électroniques présents dans l'habitation, intégrant toutes les fonctions de service et articulant des programmes de travail personnalisés; l'une de ces hypothèses allait jusqu'à prévoir une unification entre téléphonie, électroménager, ordinateur, télévision, systèmes de sécurité et microclimatisation.

Ces recherches fascinantes sont sur le point de donner réalité à une sorte de *Grand Frère* qui, au lieu d'être un *serviteur fidèle*, devient un inquiétant centralisateur de services et de contrôles domestiques, capable de mettre en péril notre liberté personnelle avec sa présence envahissante de *gardien unique*, disposé à servir, mais ayant trop de responsabilités.

Dans leur rôle de produits placés au centre de questions plus sociales que fonctionnelles, les *appareils électroménagers écologiques* des années quatre-vingt-dix ont ouvert la *crise de la complexité*. Jusqu'alors, cette complexité passait pour une valeur toujours positive, et voilà qu'elle se révélait capable de faire exploser le marché et l'environnement, d'engendrer des produits trop complexes en matière de prestations et de technologie.

La bataille menée pour réaliser des produits *recyclables* et *éco-compatibles* n'est pas allée, en effet, sans une révision philosophique du concept de complexité : concept récusé par la modernité orthodoxe, accepté par le Nouveau design, analysé par le marketing postindustriel, exacerbé par toutes les minorités ethniques et politiques, mais considéré aujourd'hui, d'un point de vue critique, comme agent de pollution et de déperdition d'énergie.

En effet, si nous voulons parvenir à la meilleure récupération possible des produits industriels (à commencer par les appareils ménagers), il faut les soumettre à une simplification drastique, qu'il s'agisse de la manière dont on les fabrique ou des matériaux dont ils sont faits. Il faut s'engager, par l'analyse, dans la voie de la réduction, pour parvenir, lorsque le produit est en fin de vie, à le subdiviser et donc à récupérer le minimum de déchets divers dispersés dans l'environnement.

Le recyclage et la récupération des composants d'un *lave-linge écologique* incite à imaginer un monde de produits réalisés en *un seul matériau* et avec un petit nombre d'éléments, que l'on proposerait à une société métropolitaine dont les déchets solides doivent déjà aujourd'hui être collectés selon quatre catégories : *ordures ménagères, papier, verre, plastique*.

Aussi, pour produire des objets qui portent le moins possible atteinte à l'environnement, il faudrait imaginer des *produits simples*, issus d'un nouveau tableau de valeurs et de *qualités naturelles*, simples, spontanées; un tableau de valeurs qui mette au centre de tous les théorèmes culturels le *bien naturel*, les valeurs de coexistence écologique, les technologies *éco-compatibles*. Voie difficile pour un projet improbable – voire dangereux sur le plan social.

Mais, depuis peu, la recherche concernant de nouvelles frontières pour les machines domestiques s'est développée aussi dans d'autres directions.

Une voie praticable et intéressante est celle qui s'emploie à trouver le moyen de disperser les constituants de la cuisine que nous connaissons pour répartir les appareils électroménagers dans des endroits différents. Cette hypothèse consisterait à adjoindre à la *cuisine unitaire* traditionnelle une *cuisine diffuse*; autrement dit, à introduire certains services domestiques dans des lieux nouveaux, qui en sont traditionnellement dépourvus. Par exemple, dans l'espace de travail du bureau, qui pourrait aisément s'équiper d'un mini-frigo et d'une plaque chauffante pour tenir le thé à bonne température – une façon comme une autre de contrebalancer cette tendance qui nous fait rapporter du travail à la maison par celle qui conduirait à doter les lieux de travail de certains éléments propres au *confort* domestique.

Ou bien doter nos chambre à coucher de ces services que l'on trouve dans tous les hôtels: un mini-frigo et un mini-four. On pourrait en faire tout autant pour les voitures, qui, hormis l'inévitable cendrier, n'ont strictement rien à proposer. Les *camping-cars* sont la preuve que dans un habitacle bien conçu l'on peut loger quantité de *mini-appareils électroménagers*, et même des espaces habitables fort intéressants.

Cette tendance *diffusive*, osons le mot, qui vise à répartir dans l'environnement et aussi dans la ville quelques éléments de service traditionnellement enfermés dans la cuisine, est née de cette dispersion générale des *zones fonctionnelles* qui résulte de l'introduction de l'électronique. Une révolution pour de bon, produite par la possibilité d'exercer *en quelque lieu que ce soit une activité quelle qu'elle soit*. Ainsi, après avoir appris à travailler à la maison, en voiture, à l'hôtel, dans la rue, pendant le temps libre, on pourrait (juste retour des choses) imaginer d'habiter au bureau, en voiture, dans la rue, à l'usine.

Outre les ordinateurs portables et les téléphones cellulaires, la technologie du *sans fil* permettrait de se balader avec des éléments produisant du froid ou du chaud comme s'il s'agissait d'une *cuisine dispersée*. Il suffirait d'être capables d'emprunter des voies plus courageuses pour une recherche innovante, au lieu de se limiter à proposer d'improbables *électroménagers qui parlent* (mal). Personne, en effet, n'aurait pu imaginer qu'il était possible de se concentrer sur son travail ailleurs qu'au bureau et hors des codes stylistiques qui exaltent l'efficacité; et pourtant, dans une cabine d'avion, dans un fenil ou sur la route, le travail se révèle meilleur et plus plaisant, ce qui prouve bien que l'esprit humain – mieux que l'électronique – est capable de changer le système de fonctionnement des lieux.

L'évolution génétique et la lente migration des *serviteurs fidèles* ne font donc que commencer, et les appareils électroménagers ne peuvent entrer dans une nouvelle phase que s'ils savent se relier à des énergies de transformation plus générales, en s'insérant dans ces révolutions silencieuses et discrètes qui sont en train de changer non pas notre cuisine mais nos métropoles et notre vie.

Tant que le design continuera à ne s'occuper que d'un produit, d'un problème et d'un appareil ménager à la fois, il court le risque de ne pas parvenir à voir l'ensemble du scénario des transformations en cours, et de ne plus avoir conscience du rôle de réformateur que les objets jouent dans la société contemporaine. Une société où le capitalisme post-industriel ne survit qu'à condition d'être capable de se réformer et de se repenser sans cesse – non plus à travers les grands projets politiques et culturels, mais à travers les micro-systèmes des objets, les micro-pensées et les forces faibles de transformation de la société. Les objets (y compris les appareils ménagers) font partie de cet appareil génétique nouveau qui transforme l'ensemble de la société, ses systèmes relationnels, ses micro-économies, ses habitudes et ses rites, au besoin sans produire de révolutions apparentes, mais en opérant des mutations profondes et silencieuses.

Il nous arrive souvent de parler de notre *société industrielle* en pensant que l'expression veut simplement dire « société utilisatrice de produits industriels ». Comme si le terme *industriel* signifiait encore et seulement un patrimoine de technologies, et non pas un ensemble de pensées et de logiques qui concernent notre tête, notre manière de comprendre le monde. À croire que dans le sens courant de *civilisation industrielle* il serait resté quelque chose d'ancien, quelque chose qui appartient au XIXe siècle, quand *l'industrie* était un enclos spécialisé, coupé de l'univers quotidien, fait de traditions et de rites dérivés d'histoires anciennes, différentes de cette *logique productive* que l'usine essayait de proposer à un monde encore largement rural et préindustriel.

Aujourd'hui, lorsque nous parlons de notre *civilisation industrielle*, nous devons entendre par là quelque chose d'entièrement nouveau, une réalité sociale qui a intériorisé au niveau de la masse les logiques de l'entreprise, la créativité financière, l'énergie du projet, la recherche d'innovation; une réalité historique tout à fait originale, issue de la diffusion au sein de la société d'une culture nouvelle, née le siècle dernier dans des *enclaves* industrielles et progressivement étendue à tous les niveaux du monde humain. Bien ou mal, nous vivons dans un système de valeurs (et pas seulement de technologies) que nous appelons *industriel*, mais qui transcende l'usine, ses limites physiques et productives, pour devenir une vision de la vie et du monde totalement et définitivement moderne et laïque.

Des changements aussi radicaux dans la manière de produire, d'habiter, de vendre et de communiquer bouleversent lentement la ville tout entière, nos maisons, et donc aussi l'appareil de services et de machines qu'elles contiennent. Il ne s'agit pas d'un changement stylistique ou fonctionnel, mais bel et bien d'une nouvelle manière d'organiser l'espace et les fonctions qui s'y effectuent.

Notre mode de vie s'achemine vers une synthèse originale de vieilles traditions et de nouvelles activités; temps libre et temps de travail, activités créatives et commerciales, promotion et relations sociales deviennent de plus en plus fluides et de plus en plus simultanés, demandent des espaces moins spécialisés, des maisons plus libres, des *incubateurs* indifférenciés où peut s'effectuer une activité *intégrée* aux mille visages pendant la journée, ce qui permet donc des formes *réversibles* d'organisation de l'espace.

Nos métropoles sont de moins en moins des réalités liées à l'architecture, et toujours davantage des systèmes spatiaux indifférenciés disponibles pour toutes sortes d'activités, des environnements *relationnels* pour des activités de masse, pour une créativité publique qui s'emploie à inventer de nouvelles formes de travail fondé sur les services et l'innovation. Des lieux relationnels pour habiter, produire, vendre, exposer, expérimenter, s'informer.

En matière de *projet* s'ouvre donc une nouvelle période d'*expérimentation* qui implique le design plus que l'architecture. Une expérimentation attachée à rechercher de nouveaux processus de *montage* des composants traditionnels de la maison pour parvenir à un *espace libéré*, c'est-à-dire à un vide indifférent prêt à accueillir des fonctions non prévues, des relations nouvelles, des activités relevant de ces énergies créatives qui alimentent la *nouvelle économie*.

Les appareils électroménagers de conception nouvelle sont donc des appareils de service que l'on ne peut pas qualifier globalement de domestiques : ce sont aussi des instruments de travail, de commerce, de relations ; ils tendent de plus en plus à s'intégrer à une activité multiforme et non plus traditionnelle, à laisser l'espace libre en disparaissant peu à peu du fait des rapports de symbiose qui se créent avec d'autres systèmes de produits ; mais aussi à conserver et à valoriser leur ancienne fonction de *serviteurs fidèles* qui défendent les derniers dieux tutélaires du foyer domestique.

Voilà pourquoi ces appareils de la dernière génération ressemblent de plus en plus à des ordinateurs, ou à des objets de notre tradition domestique. Il n'y a, dans cette dualité, nulle contradiction, parce que notre *modernité faible* prévoit justement la coexistence pacifique entre les nouvelles et les anciennes technologies, et entre des signes qui relèvent de choix de vie et de style dont on ne peut juger.

Les *serviteurs fidèles* dont parlait Thomas Mann, et dont la disparition avait remis en question les fondements de la famille traditionnelle, nous les retrouvons maintenant : ce sont nos collègues de travail, des employés de magasin, des messagers e-mail, des assistants disposés à nous suivre dans toutes ces activités simultanées qui marquent la fin des classes et des castes sociales.

Les appareils électroménagers sont devenus les équivalents de bien d'autres produits relationnels, ambigus, présents dans des lieux non spécialisés, mais ouverts à tout le possible. Ils font partie du véritable système fonctionnel de la métropole contemporaine, et permettent, comme tout le sous-système des objets et des micro-structures, de changer constamment le cap du Titanic afin d'éviter les icebergs qui font obstacle à la navigation en haute mer.

Andrea Branzi
Designer et architecte
Traduit de l'italien par Marie-Claire Llopès

Composé en Stone Sans dessiné par Summer Stone, 1987

1990
2000

Téléviseur RT201, 1996

Alberto Borgonovo,
sous la dir. artistique
de Philippe Starck
Thomson Multimedia, France
Centre Pompidou/Mnam-Cci, Paris

Répondeur Pala Pala T3900, 1996

Gérard Vergneau,
sous la dir. artistique
de Philippe Starck
Thomson Multimedia, France
Centre Pompidou/Mnam-Cci, Paris

Lave-linge Zoé, prototype 1996

Roberto Pezzetta
Zanussi, Italie
Groupe Electrolux, Senlis

Réfrigérateur Oz, 1998

Roberto Pezzetta

Zanussi, Italie

Groupe Electrolux, Senlis

Radio LA 42-Tykho, 1998

Marc Berthier

Lexon, France

Centre Pompidou/Mnam-Cci, Paris

Aspirateur
Motorhead DC 05,
2000

James Dyson
Dyson Appliances Ltd.,
Royaume-Uni
Centre Pompidou/Mnam-Cci,
Paris

Micro-ordinateur iMac DV, édition spéciale, 1999

Jonathan Ive

Apple Computer Inc., Ca., États-Unis

Centre Pompidou/Mnam-Cci, Paris

Téléviseur extra plat 42 PF 9952, 1999

Philips, France

Centre Pompidou/Mnam-Cci, Paris

Micro-ordinateur portable iBook, 1999
Jonathan Ive
Apple Computer Inc., Ca, États-Unis
Centre Pompidou/Mnam-Cci, Paris

Téléphone portable 8210, 1999
Façades interchangeables
Nokia

Table de cuisson

Induction Plus, 1999

Arthur Martin Electrolux,

France

Groupe Electrolux, Senlis

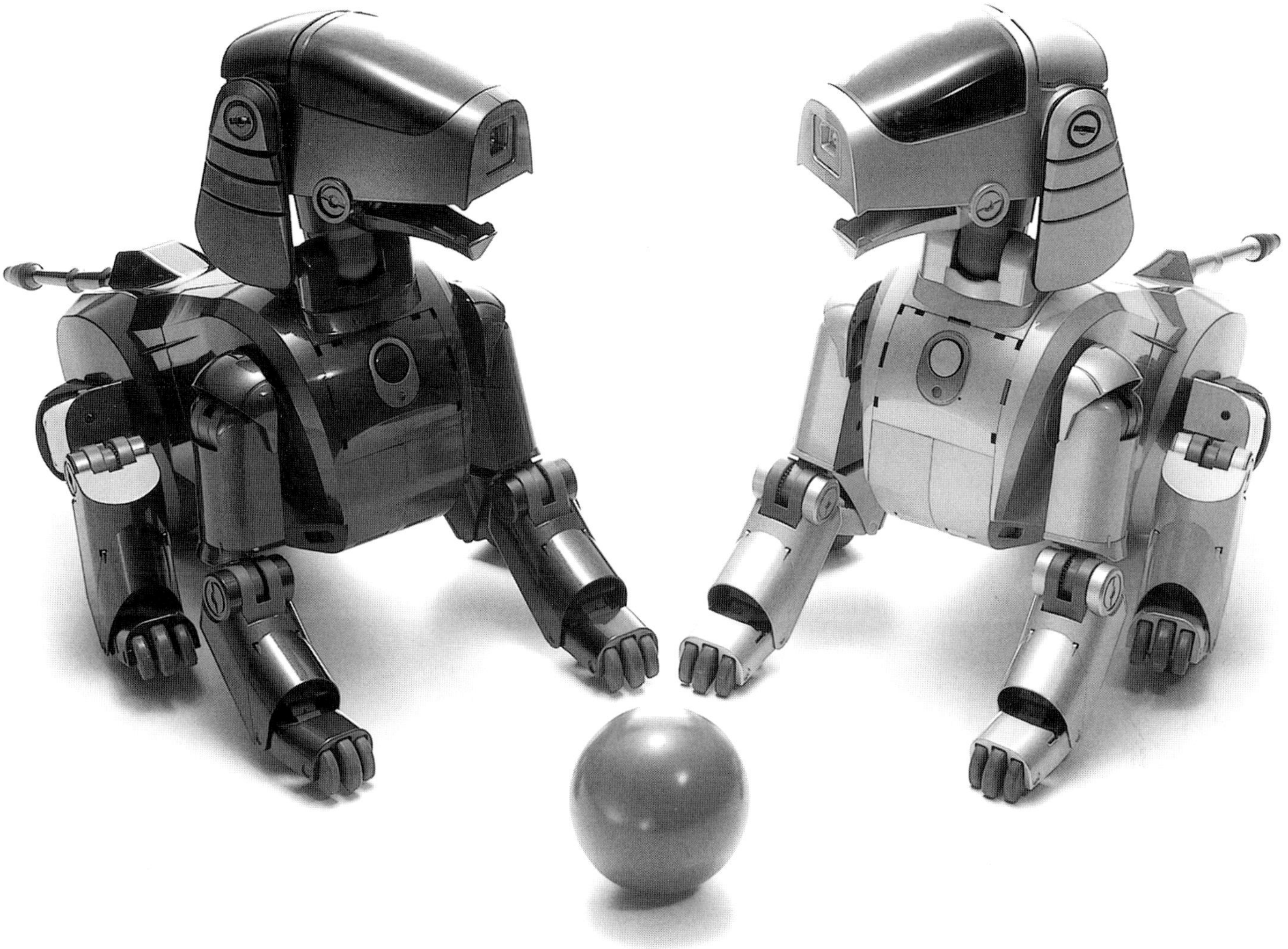

Robot de compagnie

Aibo, 1999

Sony Corporation, Japon

SONY FRANCE, PARIS

Balance Scale Control
5000 F839, 2000
Krups
Groupe Moulinex, Paris

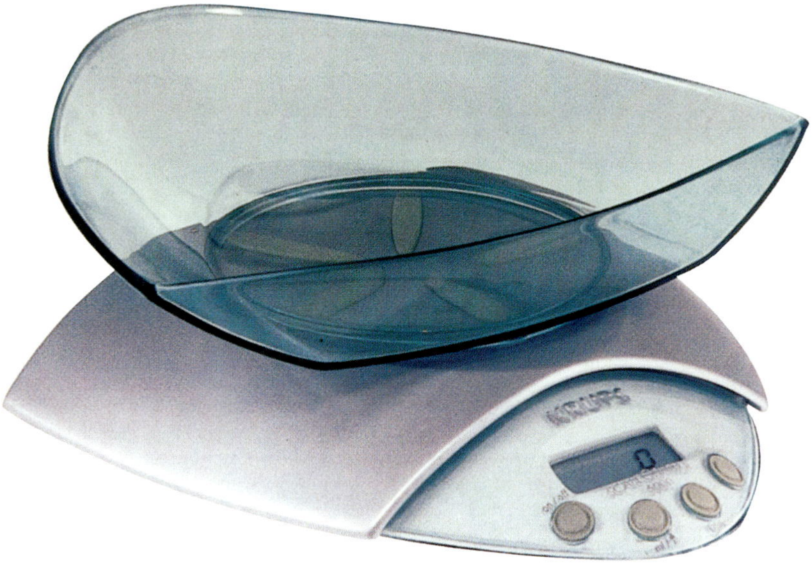

Fer à repasser V 70,
2000
Marc Sadler
Krups
Groupe Moulinex, Paris

Bouilloire Aquastyle,
2000
Krups
Groupe Moulinex, Paris

Gamme petit-déjeuner Vent d'ouest, 2000

Moulinex, France

Groupe Moulinex, Paris

Aspirateur Atmosphère, 2000

Moulinex, France

Groupe Moulinex, Paris

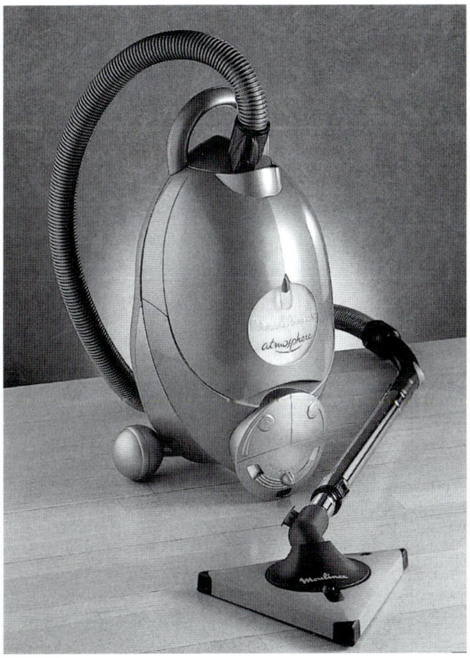

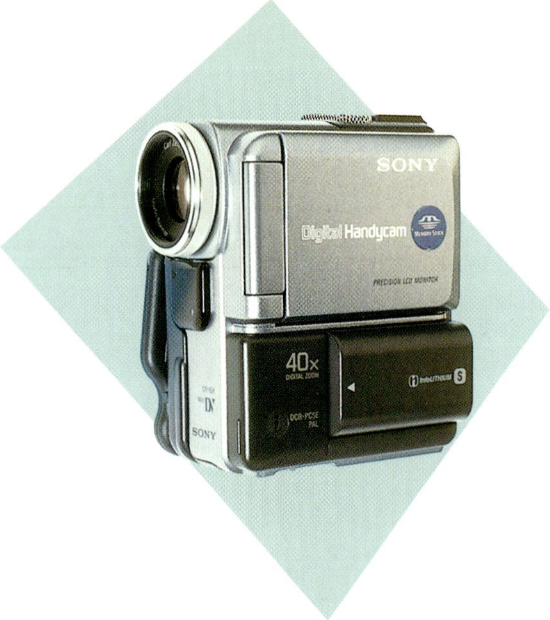

Caméscope Digital Handycam, 2000
Sony Corporation, Japon
Sony France, Paris

Baladeur CD anti-chocs D-EJ915, 2000
Sony Corporation, Japon
Sony France, Paris

Micro-chaîne extra-plate LS1, 2000
Sony Corporation, Japon
Sony France, Paris

Téléviseur extra plat

Wide 28, 2000

Toshiyuki Kita

Sharp Corp., Japon

Sharp Corp., Osaka

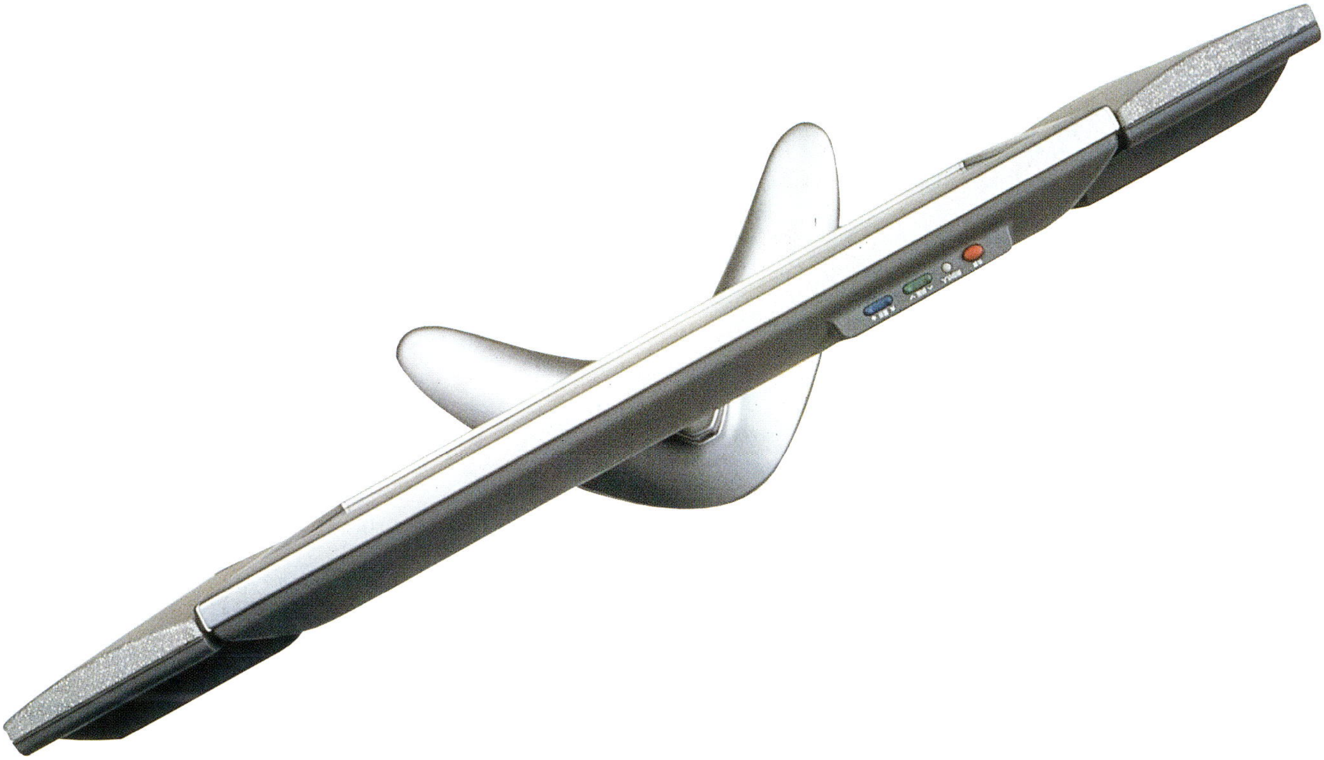

LE TEMPS DES OBJETS « AMICAUX »

Anne Monjaret

Authentiques et technologiques, les années 1990 sont surtout celles du métissage et de l'ambivalence : les images du passé croisent les images du futur, l'envie de se déplacer ne supprime en rien un fort ancrage territorial, la liberté promise par le téléphone mobile tend à se transformer en aliénation. Souci fonctionnel et esthétique, besoin de mobilité et de communication caractérisent cette période. Les nouveaux produits proposés aux consommateurs pour équiper et pour décorer leur espace domestique n'échappent pas à cette tendance. Mieux, ils font de cette décennie celle des objets « amicaux » et du lien social.

De l'apparence à la transparence ?

L'équipement ménager n'a plus la place discrète qu'on lui réservait, car il réunit dorénavant défi technologique, matériaux composites et design. Les appareils électroménagers – cuisinière, réfrigérateur, robot, grille-pain, etc. –, les postes de télévision, les magnétoscopes, en passant par les micro-ordinateurs munis de CD-Rom, par les téléphones, fax et répondeur compris, par les chaînes hi-fi, ne sont plus seulement choisis et achetés pour leur fonction technologique mais aussi pour leur esthétique. Ils font partie du décor. Plus encore, pour certains d'entre eux, ils le valorisent. La matière, la forme, la couleur et la marque font désormais partie des critères de sélection de l'équipement ménager, puisque ces objets se montrent. Ils appartiennent à la mise en scène du quotidien et contribuent à la construction d'un bien-être.

Les couleurs sont présentes dans les créations des designers, et la lumière apparaît comme un élément central de la physionomie de ces objets électriques. Le choix des matières brillantes, translucides ou transparentes signe clairement les années 1990. Les matériaux se transforment en miroir : le métal chromé est lié à une idée de luxe et de modernité, alors que le métal brut ou brossé, plus évocateur d'un passé rural ou industriel, fait plutôt référence à des savoir-faire d'antan. La translucidité et la transparence adoptées pour de nombreux équipements domestiques – table de cuisson à induction, téléphone (Spotlight 753), aspirateur, ordinateur (iMac, iBook) – dévoilent les entrailles de l'objet et mettent en évidence la beauté des mécanismes, des systèmes électroniques colorés et complexes, valorisant ainsi l'excellence technologique. Il en est de même pour certains aspirateurs au collecteur transparent (le Dyson DC 02 par exemple) – encore que ces modèles qui laissent voir la poussière récoltée ne fassent pas l'unanimité auprès des consommateurs français, les catégories du propre et du sale étant perçues, semble-t-il, de manières différentes. Pour certains, telle cette utilisatrice d'aspirateur transparent qui déclare : « Je n'aime pas, on a envie de le vider tout le temps », voir des résidus, même emprisonnés dans un réceptacle, ne paraît pas compatible avec la notion de propreté. L'attrait pour l'aspect technologique – plus de sac à manipuler – ne suffit pas à effacer le dégoût qu'inspire l'idée de déchets, dont l'histoire a montré qu'ils ont depuis longtemps été évacués hors de la sphère privée, le courant hygiéniste du XIXe siècle n'ayant fait que renforcer les exigences de propreté. Il faudra donc à ces consommateurs le temps d'apprivoiser l'appareil avant d'adhérer au message publicitaire vantant le collecteur de l'aspirateur Dyson : « On voit poussière, moutons et poils s'accumuler, c'est gratifiant... » D'autres, en revanche, sont immédiatement conquis, et considèrent en outre cet appareil comme le summum en matière de propreté puisqu'il réduit la manipulation au simple fait de vider le collecteur.

Sensualité des formes

Transparence de l'enveloppe, mais aussi arrondi et pureté des lignes, le corps devient source d'inspiration pour les créateurs. Prôné par Luigi Colani dans les années 1960, le « biodesign[1] » s'impose trente ans plus tard. Les formes végétales, animales, humaines inspirent largement les designers. Le téléphone prend les lignes d'un coquillage. Le réfrigérateur Oz de l'Italien Roberto Pezzeta pour Zanussi adopte des rondeurs corporelles qui renvoient à la douceur maternelle. Il en est de même de sa machine à laver, baptisée Zoé – prénom qui vient souligner cette proximité humaine[2]. Joyeux et rondouillards, gentiment prénommés Daisy, Billy, Bob – ce qui renforce leur aspect ludique –, les mini-aspirateurs, mixers et bouilloires Philips ont le charme acidulé et irrésistible de jouets multicolores. La performance technique ne suffisant plus à contenter le consommateur, les appareils

1. Voir Pascale Weil, *À quoi rêvent les années 90. Les nouveaux imaginaires. Consommation et communication*, Paris, Éditions du Seuil, 1993 ; Mike Jones, « Le biodesign », dans *Le Design, miroir d'un siècle*, sous la dir. de Jocelyn de Noblet, Paris, Flammarion/APCI, 1993, p. 283-291.

2. Voir Martine Kurz, « Le design prend du galbe », *Elle*, n° 2804, 27 septembre 1999, p. 82.

ménagers aux formes suggestives, presque charnelles, invitent à la caresse, sollicitent les sens. Souvent, l'objet technique n'est plus seulement une prothèse, il fait un avec le corps, grâce, entre autres, à sa miniaturisation. On assiste à son incorporation. Le téléphone[3] est un bel exemple du développement sensitif. L'ouïe et le toucher sont sollicités. Le combiné peut être aussi bien tenu à la main que maintenu à l'oreille par un léger mouvement de l'épaule. Lorsqu'il se dote du signal d'appel vibreur, le « mobile » fait pleinement corps avec son possesseur. C'est aussi un objet personnel, dont un code d'accès interdit l'usage à tout autre qu'à son maître, un objet dont on a aussi choisi la couleur, sélectionné les fonctions. Ces qualités lui confèrent en outre une valeur symbolique, le plus souvent associée à l'idée de prestige et de pouvoir.

Des objets sur soi pour mieux bouger

Le téléphone sans fil est le premier modèle domestique à avoir permis de se déplacer chez soi librement, de s'isoler dans n'importe quelle pièce, donc de s'affranchir des contraintes territoriales et du partage auditif qu'impliquait le téléphone fixe. En 1996, le sans-fil « était présent dans un ménage sur quatre[4] ». Certains n'hésitent pas à dire que cet appareil leur a « changé la vie ». Le choix des espaces téléphoniques montre comment les individus préservent leur intimité et protègent aussi l'autre de la gêne occasionnée par une conversation qui ne le concerne pas. Souci de soi et respect de l'autre construisent les relations conjugales et familiales. C'est dans l'interaction entre ceux qui partagent le même toit – conjoints, parents, enfants... – que s'élaborent les identités personnelles, comme le remarque aussi pour sa part François de Singly[5]. Les usages domestiques de la télécommunication, et ils le montrent bien, se sont recomposés, tendant à une plus grande autonomie de chaque membre de la famille ainsi qu'à une nouvelle distribution des activités individuelles et collectives. L'individualisation des pratiques s'est vue en effet considérablement renforcée avec l'arrivée du micro-ordinateur portable et avec celle du téléphone mobile, qui connaît un essor fulgurant à la fin des années 1990.

Ces objets répondent évidemment à une logique de déplacement, la mobilité étant aujourd'hui au cœur des préoccupations et des activités – encore que les Français, attachés à un territoire, aient plus de mal à bouger que les Anglo-Saxons[6]. L'éclatement de l'espace urbain, l'éloignement souvent de plus en plus grand entre logement et lieu de travail ont fini par rendre quasiment indispensables ces instruments de médiation liés à une nouvelle forme de « nomadisme » – tout aussi relatif que moderne... Les industriels proposent donc aux consommateurs des équipements domestiques de taille réduite, facilement maniables, et remédiant aux contraintes qu'impose la mobilité.

Voyager et communiquer de chez soi

Simultanément, des objets sédentaires viennent conforter l'idée d'ancrage territorial, tout en permettant de communiquer toujours davantage, d'être ailleurs sans quitter son domicile. Le téléphone s'entoure du répondeur et du fax, qui réceptionnent les messages extérieurs, oraux et écrits. L'ordinateur (dont 21 % des ménages sont équipés au début de 1996) n'est plus simplement un outil de travail, de gestion domestique ou de jeu. Depuis 1993, avec le multimédia qui en diversifie les usages, leur vente a progressé[7]. L'accès à Internet (les internautes français sont cependant moins nombreux que ceux de Grande-Bretagne ou d'Allemagne[8]) fait du sédentaire un voyageur grâce au Web, incite à de nouveaux modes de communication et de consommation par l'e-mail ou sur site. Connecter sur Internet un réfrigérateur doté d'un ordinateur et d'un écran tactile, c'est ce qu'a même imaginé la firme Electrolux pour son Screenfridge, présenté en 1999 au Salon Domotechnica de Cologne : ainsi équipé, l'appareil peut prendre des messages, établir, selon ce qu'il contient, la liste des courses, et passer lui-même commande au supermarché...

Autre porte ouverte sur le monde extérieur, la télévision. Contrairement au mouvement de miniaturisation constaté pour des équipements comme l'appareil photo ou la caméra, le téléviseur des années 1990 se caractérise par la taille de son écran et par la qualité de l'image qu'offre la technique de numérisation. L'écran plat peut prendre une forme panoramique adaptée aux images du cinémascope : fini les duels au revolver où l'un des adversaires, pour des raisons de cadrage, disparaît de l'écran. Aujourd'hui, le format 16/9 permet déjà d'obtenir une image de 107 cm de diagonale, et l'on peut supposer que, dans les années qui viennent, celle-ci s'agrandira pour tendre aux dimensions d'un écran de cinéma. C'est ce que réclame le « home cinema », pour lequel il existe, certes, la projection directe permettant d'atteindre de grandes dimensions, mais qu'il n'est pas toujours simple d'installer dans un appartement. Quant aux meubles intégrant projecteur et écran, ils n'offrent pas la possibilité de dépasser 1,33 m de diagonale et leur profondeur est de 0,62 m. Le téléviseur actuel est renforcé

3. Voir Anne Monjaret, « Ethnographie des pratiques téléphoniques de "cadres" parisiens » dans *Réseaux*, Usages de la téléphonie, 1997, p. 82-83.

4. Patrice Flichy, « La nouvelle révolution du téléphone », *Sciences humaines*, n° 26, hors série, 1999, p. 68.

5. Voir François de Singly, *Le Soi, le Couple et la Famille*, Paris, Nathan, 1996.

6. Voir Dominique Desjeux, Anne Monjaret, Sophie Taponier, *Quand les Français déménagent ? Circulation des objets domestiques et rituel de la mobilité dans la vie quotidienne en France*, Paris, Presses universitaires de France, 1998.

7. Voir Gérard Mermet, *Francoscopie*, Paris, Larousse, 1997.

8. Voir P. Flichy, « La nouvelle révolution du téléphone », art. cité, p. 70.

dans sa position de fenêtre sur le monde extérieur grâce au câblage ou à l'antenne satellite, qui démultiplient l'accès aux chaînes nationales et internationales. Par ailleurs, l'avènement du caméscope permet désormais à chacun de faire en quelque sorte son cinéma à la maison. Lecteur de cassettes vidéo achetées, louées ou copiées, le magnétoscope propose un service analogue. En outre, en donnant la possibilité d'enregistrer son programme télévisé, il offre une gestion plus souple des emplois du temps et augmente par là même le sentiment de liberté des individus, pendant que les consoles de jeux renforcent, elles, l'usage ludique de cet équipement. Tout ceci ne fait qu'accentuer la place centrale que connaît la télévision au sein de l'habitat, même si elle n'est plus, comme naguère, support décoratif ou autel familial : photos et bibelots disparaissent d'autant plus que ses formes nouvelles se prêtent assez mal à ce type d'appropriation. Elle est en soi un objet décoratif qui s'affirme – encore que, comme dans les années 1980, certains préfèrent la loger dans un meuble qui la protège et dissimule sa présence. Reine du foyer, elle trône le plus souvent dans le séjour où se retrouvent les membres de la famille, où sont accueillis les amis. Un deuxième « poste », plus rarement un troisième, plus petits ou plus anciens, sont quelquefois installés ailleurs – chambre, espace de loisir pour enfant, plus rarement la cuisine. Malgré une moins bonne qualité d'image, faute de branchement d'antenne, le téléviseur portable, facilement déplacé dans la pièce désirée, a aussi ses adeptes, tout comme le casque d'écoute sans fil, proche parent du baladeur, grâce auquel on n'importune pas son entourage avec « sa » musique ou les commentaires plutôt envahissants d'un match.

La maison s'est ainsi vue équipée d'outils domestiques et de travail qui ont participé au brouillage des frontières entre les sphères privées, professionnelles et publiques[9]. On assiste en quelque sorte à la professionnalisation de l'espace domestique et à la privatisation de l'espace public. Un sentiment de liberté est associé à ces nouveaux objets : le téléphone mobile permet d'être joignable et d'appeler à tout moment, mais également de gérer à la fois disponibilité et tranquillité, son système de veille-messagerie rendant possible une mise entre parenthèse temporaire, le choix des moments de réception et d'écoute des messages ; le micro-ordinateur portable aide à une gestion plus souple des tâches. Ces situations positives ne sauraient pourtant occulter les effets pervers de ces appareils : le premier peut, paradoxalement, devenir un véritable « fil à la patte », voire un instrument de contrôle ; le second conduit à travailler à la maison, le soir comme le week-end, et à faire du temps de travail un temps flexible difficilement mesurable.

Ces équipements qui concourent à la construction de l'univers domestique conduisent à interroger la nouvelle gestion du lien social. Les nombreuses possibilités de communication favorisent le tissage d'une toile relationnelle, la constitution de réseaux multiples, s'entrecroisant et se structurant à partir d'individus en interrelation. À un autre niveau, on remarque qu'en offrant un répondeur ou un téléphone portable, les amis ou la famille manifestent doublement la nécessité de l'alliance et celle du maintien ou du renforcement des liens affectifs. On sait que ces objets sont, par excellence, ceux de la communication, et que le cadeau est en soi, de par sa matérialité, témoin et porteur de la mémoire relationnelle[10]. Les années 1990 sont donc celles, à plus d'un titre, des objets « amicaux » : en prenant des lignes charnelles et en se plaçant volontiers à l'enseigne du ludique, ils sont aimés, on les porte sur soi. Mieux encore, comme le déclare Philippe Starck, ils « *aiment* les gens » et sont « au service de l'humain »[11]. Des objets, donc, qui favorisent et entretiennent le lien social.

Anne Monjaret
Chargée de recherche au CNRS, CEF-MNATP

9. Voir A. Monjaret, « Ethnographie des pratiques téléphoniques... », art. cité, p. 101-127.

10. Voir A. Monjaret, « L'argent des cadeaux », *Ethnologie française*, n° 4, 1998, p. 493-505.

11. Voir Odile Fillion, « Philippe Starck, le juste produit », *Les Villages (1994). Modernité et modestie*, revue des Industries françaises de l'Ameublement, Liège, Mardaga, 1993, p. 53-63.

Composé en Blur dessiné par Neville Brody, 1991

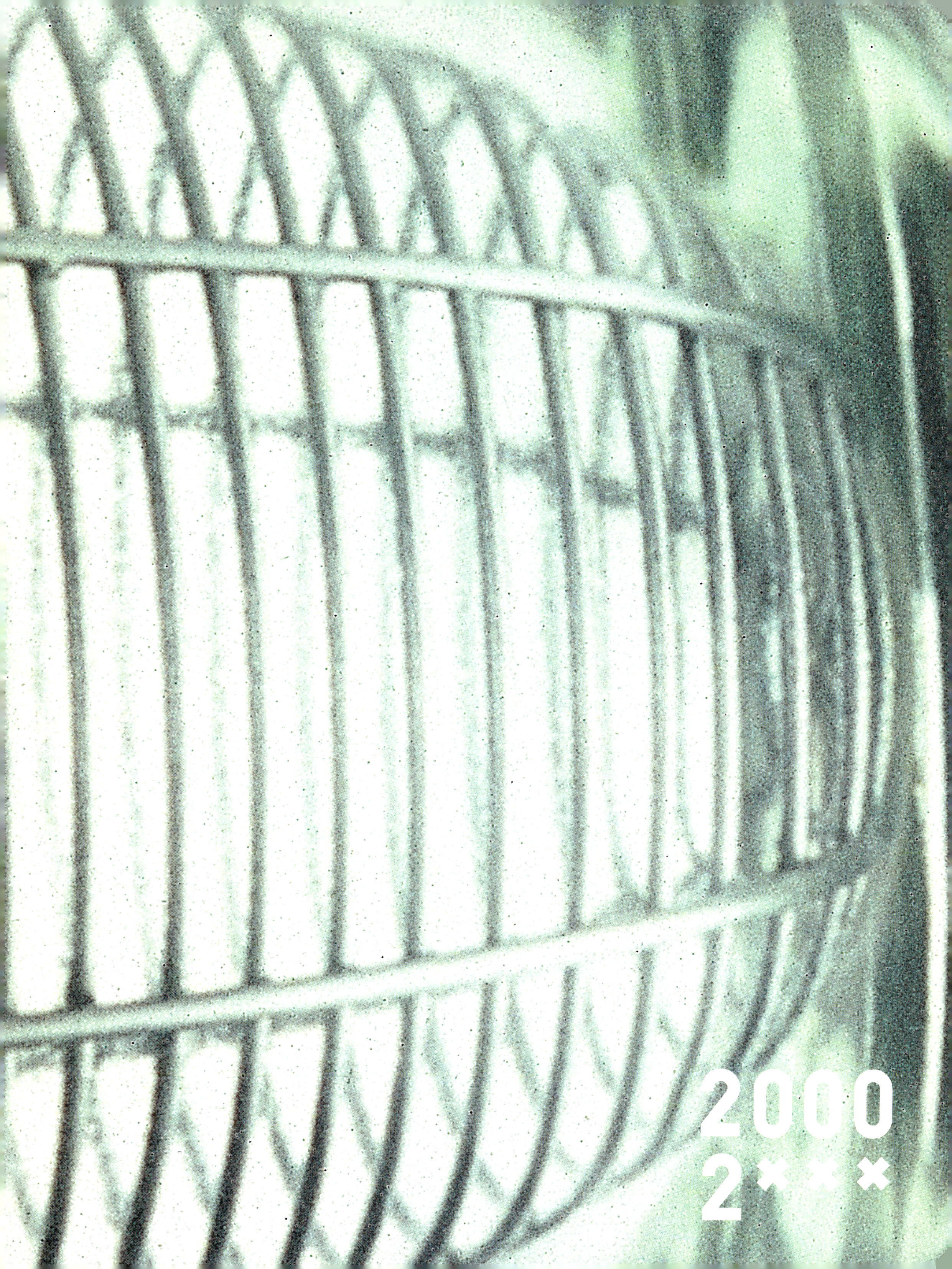
2000

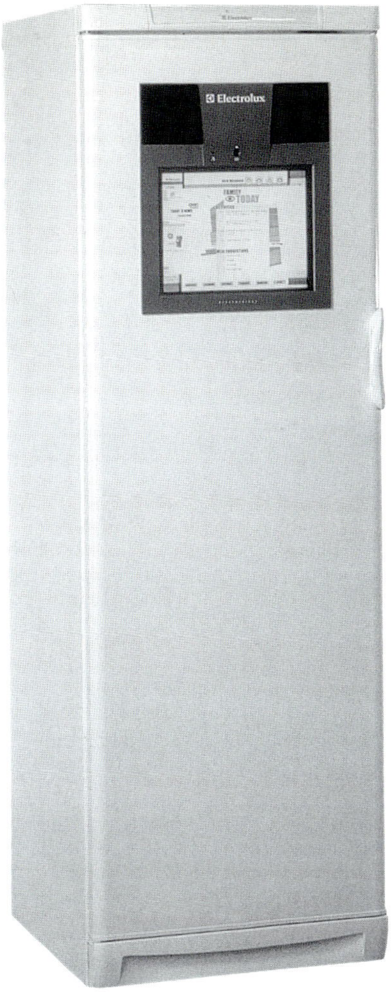

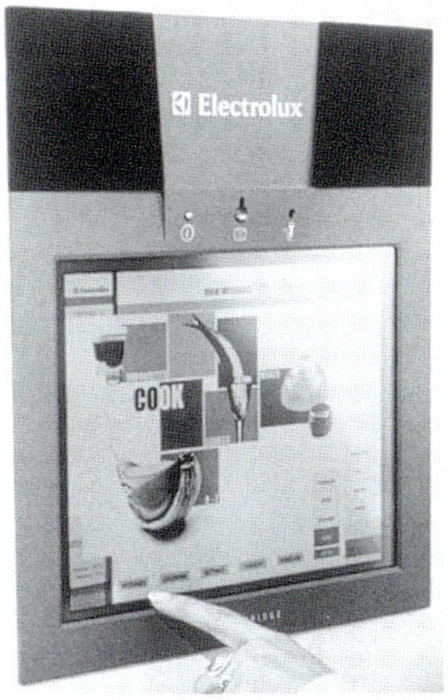

Réfrigérateur Screenfridge, prototype, 1999

Arthur Martin Electrolux, France

GROUPE ELECTROLUX, SENLIS

Aspirateur autonome DC06, 2000

James Dyson

Dyson Appliances Ltd., Royaume-Uni

DYSON APPLIANCES LTD., MALMERBURY, ROYAUME-UNI

Réfrigérateur Internet, prototype, 2000
Whirlpool, France
Whirpool, Suresnes

Lave-linge à pesée automatique W 397 WPS, 2000
Miele, Allemagne
Miele, Gütersloh, Allemagne

Bouilloire en verre, série Culinary Art, concept-objet, 1999
Philips Design, Pays-Bas

Grille-pain en verre, série Culinary Art, concept-objet, 1999
Philips Design, Pays-Bas

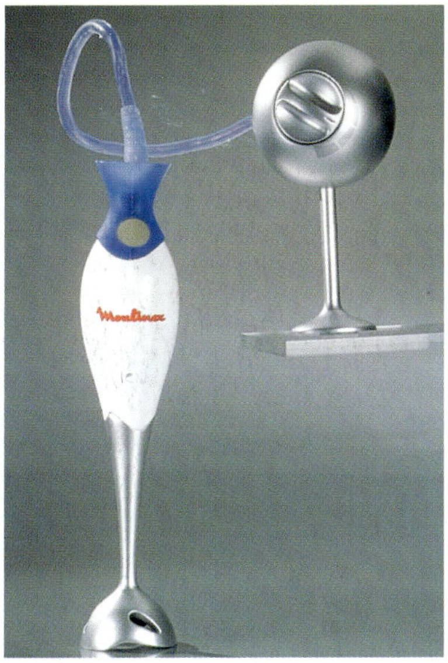

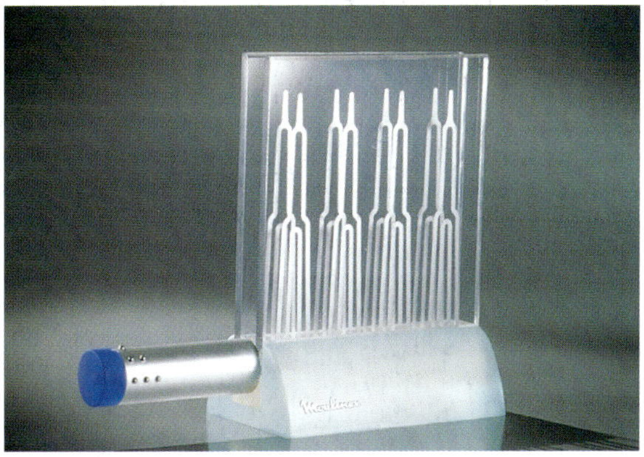

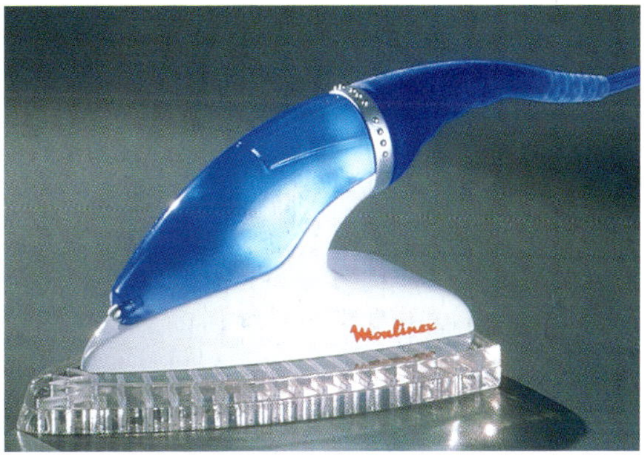

Mixer plongeant Flexi, concept-objet, 2000
Marc Sadler
Moulinex, France
Groupe Moulinex, Paris.
L'enrouleur automatique repositionne le mixer sur sa base.

Toaster à résistance sérigraphiée, sans fil, concept-objet, 2000
Marc Sadler
Moulinex, France
Groupe Moulinex, Paris.
Munie d'une poignée, la partie en verre qui contient le pain peut être apportée sur la table.

Fer à repasser à vapeur à résistance sérigraphiée, concept-objet, 2000
Marc Sadler
Moulinex, France
Groupe Moulinex, Paris.
Le corps technique réduit au minimum et la semelle transparente permettent de bien voir la pièce à repasser ; le fer refroidit instantanément après usage.

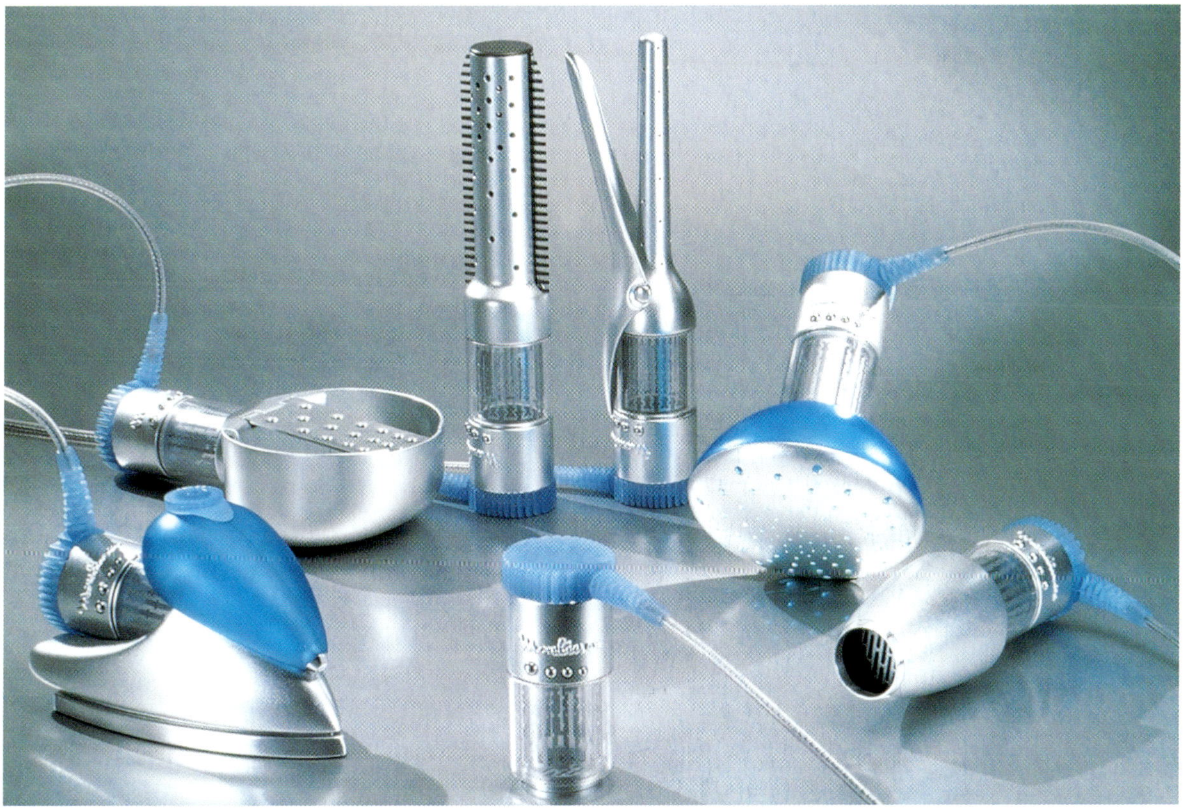

Les Nomades, unité chauffante multifonctions : fer à repasser à vapeur, réchauffeur, peigne à boucler, fer à friser, sèche-cheveux diffuseur, sèche-cheveux concentrateur, concept-objets, 2000
Marc Sadler
Moulinex, France
Groupe Moulinex, Paris.
Au centre de l'image, l'unité de chauffage sur laquelle se clipsent les appareils.

Nécessaire de bureau Work Office, série Maison du futur, concept-objet, 1999

Philips Design, Pays-Bas. Composé d'un écran vertical pour la vidéotéléphonie, d'une caméra, d'une imprimante et d'un crayon « intelligent », cet ensemble constitue un pôle de communications et d'échanges.

Plateau pour petit déjeuner, série Culinary Art, concept-objet, 1999

Philips Design, Pays-Bas. Un dispositif magnétique évite aux objets de glisser sur la plateau ; assiette et tasses sont maintenues à bonne température sur le plateau qui, au toucher, n'est pas chaud.

Micro-ondes Chef, concept-objet, 2000

Konstantin Grcic

Whirlpool Europe, Italie

Whirlpool Europe, Comerio (Varese).

Sur une plaque et un plat circulaire, une batterie de couvercles permet de choisir le volume du « four », qui s'éteint dès que le couvercle est retiré.

Micro-ondes Pots & Pans, concept-objet, 2000

Christophe Pillet

Whirlpool Europe, Italie

Whirlpool Europe, Comerio (Varese).

Des cuiseurs de tailles différentes viennent se poser sur la base de l'appareil.

Micro-ondes Micro Mobile, concept-objet, 2000

Mario Fioretti

Whirlpool Europe, Italie

Whirlpool Europe, Comerio (Varese)

Léger et portable, il se branche sur secteur ou sur batterie. En matériau plastique très résistant, il peut supporter tous les chocs.

Micro-ondes P.I.C.N.I.C., concept-objet, 2000

Riccardo Giovanetti

Whirlpool Europe, Italie

Whirlpool Europe, Comerio (Varese).

En forme de panier, il peut être aisément transporté. Les aliments se placent à l'intérieur, sous le couvercle, qui fait aussi office de plateau.

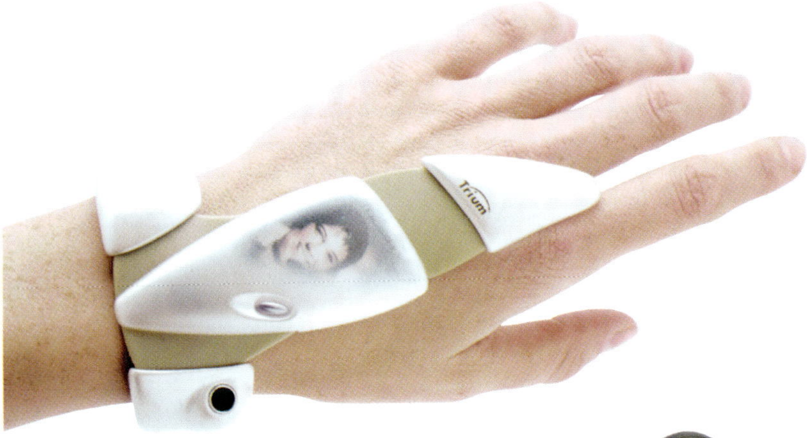

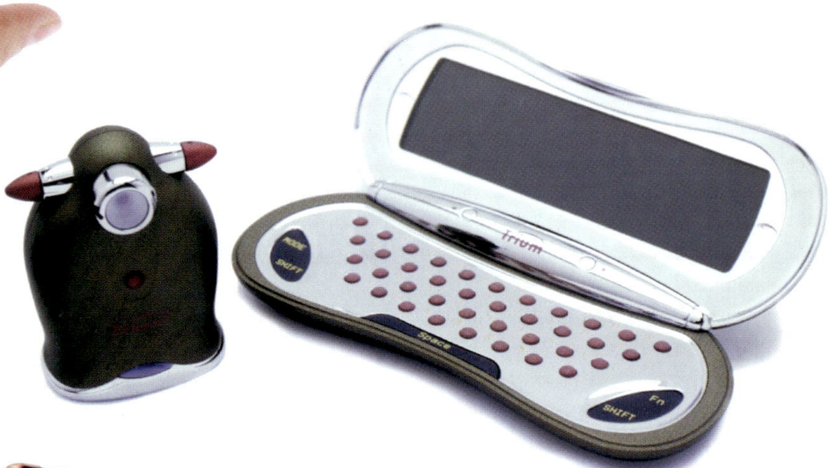

Téléphone Gant, concept-objet, 2000

Trium / Mitsubishi Electric Telecom Europe, France

Mitsubishi Electric Telecom Europe, Nanterre

Il rassemble un téléphone, une caméra, un écran de contrôle, un micro, un écouteur, ainsi qu'un système de reconnaissance de voix.

Téléphone Viking, concept-objet, 2000

Trium / Mitsubishi Electric Telecom Europe, France

Mitsubishi Electric Telecom Europe, Nanterre

Téléphone-assistant personnel et son mini-projecteur. Ces deux objets communiquent sans fil.

Téléphone Collier, concept-objet, 2000

Trium / Mitsubishi Electric Telecom Europe, France

Mitsubishi Electric Telecom Europe, Nanterre

Chaque pendentif correspond à une fonction et peut être également utilisé comme zone de stockage d'informations.

« Au XXIXe siècle, la journée d'un journaliste américain en 2889 »

Dessin de Georges Roux dans *Hier et Demain*, contes et nouvelles de Jules Verne, coll. Hetzel, Paris, 1910.

Quels **OBJETS** pour **DEMAIN**? Giovanni Pavesi

Le foyer, entre progrès technologique et stabilité symbolique

Celui qui s'amuserait à évoquer l'hypothèse d'une transformation radicale de notre environnement domestique d'ici dix ans observerait chez ses interlocuteurs un sentiment ambivalent. D'une part, une curiosité impatiente, le regret que cela n'aille pas assez vite, la fascination pour les possibilités offertes par de nouveaux ustensiles ou de nouvelles technologies : vivement la maison intelligente, les tissus qui changent de couleur suivant la température, l'écran souple pour la télévision et l'ordinateur... D'autre part, un mélange d'incrédulité, de résistance, d'ironie, et même d'inquiétude : on ne se laissera pas faire, on ne veut pas d'une maison qui ressemblerait à un bureau, on continuera de prendre les repas ensemble ; rien de tel qu'un vrai lit pour rêver et faire l'amour ; pas question de jeter les meubles hérités de la grand-mère...

Le foyer a une double nature : en tant que lieu de travail et de production, il évolue avec les technologies; en tant qu'institution il est d'une stabilité remarquable.

Le siècle qui vient de s'achever a rendu naturelle pour tout le monde l'idée que les objets dont est fait notre quotidien connaissent des mutations. Cependant, les progrès des techniques de cuisson, de chauffage, d'éclairage et de communication ne sauraient cacher la persistance — ici, entre nos murs — d'une institution ancestrale. L'usage même du mot « foyer » — au moment où faire du feu n'est plus une pratique quotidienne — en apporte la preuve. Avoir un « chez-soi » est une nécessité, dont la signification pour les humains a peu changé depuis les origines. Comme si, parmi ses fonctions d'abri, était comprise celle de la halte, c'est-à-dire la possibilité de se reconnaître dans un paysage durable, d'y inscrire les mémoires de la vie familiale ou individuelle, de développer des habitudes originales et autonomes.

L'échec de quelques tentatives de rationalisation des tâches domestiques au cours des deux derniers siècles le confirme. En effet, alors que les hygiénistes allemands de la fin du XIXe siècle avaient créé des lave-linge industriels permettant de « blanchir » de façon économique et efficace, dès que cela a été possible, les ménagères se sont ruées sur les lave-linge domestiques. De même, dans certains pays communistes, on avait pensé remplacer la cuisine familiale par un service de restauration collectif à domicile. Une facilité, pensait-on, pour les célibataires, les femmes qui travaillent, les personnes âgées. On sait ce qu'il advint de ce genre d'utopies.

En somme, la vie domestique telle que nous la connaissons ne sera pas bouleversée, tout simplement parce que personne — ou presque — ne le souhaite. Il n'en est pas moins intéressant de distinguer, parmi les objets et les services, ceux qui ne peuvent plus évoluer de ceux qui sont destinés à des changements importants. Sans oublier quelques nouveaux arrivants, aujourd'hui encore à l'étude.

Les techniques et les formes

Indiscutablement, le premier moteur de l'évolution humaine est l'innovation technique : l'origine même de l'homme se confond avec celle de ses techniques et de ses outils. Aujourd'hui, c'est l'industrie qui détermine l'évolution des objets. Il s'agit avant tout d'un impératif économique qui consiste à créer de nouveaux produits, des marchés, des besoins. Alors, tout comme l'électricité puis l'électronique et leurs produits ont marqué le siècle qui s'achève, l'apport des technologies électroniques et de l'information marquera les décennies à venir.

Le second moteur, c'est l'innovation des formes, qui traduit le changement du goût et de la sensibilité. Ainsi que l'ont remarqué les historiens de l'art à la fin du XIXe siècle, la sensibilité humaine se modifie[1]. L'adoption d'une nouvelle technologie, et même sa découverte, ne sont pas vraiment le fruit d'un hasard, mais résultent d'une volonté, d'un ensemble de choix où s'exprime la sensibilité d'une époque. Telle pratique qui semblait normale ou agréable devient à tout à coup insupportable ; de façon tout aussi irrésistible, surgissent des nécessités que ne connaissait pas la génération précédente. C'est le goût collectif d'une époque — une façon d'apprécier l'espace et le temps, les formes et les couleurs, une préférence pour des opérations manuelles plutôt que mentales — qui détermine les choix de l'humanité à un moment donné de l'histoire. Le goût et la sensibilité décident également du succès d'une technologie et de sa diffusion.

Toutefois, la création de nouvelles formes est indépendante de l'innovation technologique. C'est ainsi qu'une nouvelle technologie ne revêt pas toujours immédiatement une forme adéquate (les premières automobiles aux allures de carrosses, les premiers piliers en béton déguisés en colonnes antiques, etc.).

1. Voir les études de Gottfried Semper et de Alois Riegl. Ce dernier développe le concept de « Kunstwollen », volonté collective, goût qui s'exprime dans les choix artistiques. En français, voir *Questions de style*, Paris, Hazan, 1992, et *Grammaire des arts plastiques*, Paris, Klincksieck, 1985.

Les formes apparaissent et disparaissent suivant des dynamiques propres. Elles déterminent de la sorte la vie et la figure des objets, l'apparence réelle des virtuels que la technologie rend possibles. Par exemple, on a observé que, formellement, la tablette à écrire trouve un avatar dans l'ordinateur portable ; ou que l'habitude de percevoir le support d'une image peinte comme un plan transparent, ouvrant sur une profondeur, a rendu possible l'invention de la photographie, puis de l'écran du cinéma et du téléviseur.

L'évolution technique L'enfant qui voit dans le département des antiquités égyptiennes d'un musée les ustensiles et meubles contenus dans un tombeau meublé constate avec surprise qu'on y trouve des couverts, des lits et des chaises très semblables aux nôtres. De même, l'homme d'un autre siècle qui entrerait dans un des nos appartements n'aurait aucun mal à reconnaître l'essentiel des meubles et des autres ustensiles, même s'il était étonné par leur style. En revanche, il serait plus perplexe face à ce dont l'existence remonte à peu de temps, l'électricité, l'audiovisuel, les outils de télécommunications — pour ne pas parler des médicaments. Les objets de notre environnement domestique peuvent se partager en plusieurs catégories : les objets figés, c'est-à-dire ceux qui sont parvenus à leur maturité technique, qui n'évoluent plus ; les oubliés du progrès, à savoir ceux qui évoluent peu parce qu'ils ne sont pas au centre de l'intérêt du moment ; les objets à obsolescence rapide, qui évoluent vite parce que les technologies dont ils relèvent sont en pleine mutation ; les « futuribles », autrement dit ceux qui n'ont pas encore vu le jour, mais que les nouvelles technologies vont créer.

Les objets figés. D'après une thèse bien connue de Leroi-Gourhan[2] les outils connaissent des transformations aussi longtemps que la technique peut les améliorer. L'homme a eu besoin de millions d'années pour arriver à donner leur forme optimale au couteau, au marteau, au scalpel, etc.

Parmi les ustensiles domestiques, les plus proches du corps — ou les plus indispensables — ont été découverts et perfectionnés par nos ancêtres bien avant la création de l'industrie telle que nous la connaissons. Aujourd'hui, ils sont devenus des archétypes, à la fois universels et stables. Il s'agit des meubles relativement importants, tels que la chaise ou le lit, des outils de table — couverts, assiettes et verres —, des brosses et peignes ; des tissus, tapis, tentures... La liste serait longue.

Les siècles qui nous ont précédés ont mis au point des variantes subtiles : des centaines de formes de marteaux, en fonction d'usages techniques différents ; des dizaines de formes de couteaux : à viande, à pain, à poisson..., de table ou de poche... ; des millions de types de chaises, des milliers de techniques de tissage, etc.

Depuis, l'évolution de ces objets est presque imperceptible. Le premier souci de l'industrie actuelle n'est pas de les réinventer, mais de concevoir des façons de les produire plus vite, à meilleur marché, avec des matériaux plus adaptés aux nouveaux contextes. Les designers ne nous proposent pas de nouveaux types de couverts, mais des ornements, des « looks » différents pour les couverts que nous connaissons. Même les nouveaux matériaux (la céramique adoptée par certains couteaux) se sont coulés dans des formes éprouvées. On peut donc affirmer en toute tranquillité que ces objets, archaïques et universels, seront dans nos maisons encore pendant de longues décennies.

Les oubliés du progrès. Entre dans cette catégorie l'électroménager classique : réfrigérateurs, lave-linge et autres lave-vaisselle. Bien que les industriels s'efforcent de présenter des nouveautés, d'ajouter à ces appareils de nouvelles fonctionnalités, de faire varier formes et couleurs, les consommateurs ne se précipitent pas sur les nouveaux produits. La greffe de l'électronique (avec des fonctions de commande et contrôle) sur ces appareils mécaniques les rend plus proches des habitudes de manipulation des usagers. Mais la confrontation avec l'électronique souligne aussi le caractère astreignant et archaïque de ces ustensiles : la durée du cycle d'un lave-linge, la nécessité d'un tri manuel, l'obligation de laver séparément des tissus différents sont des contraintes incompréhensibles pour l'homme électronique. À défaut de technologies plus performantes en la matière, il est vraisemblable que dans les dix ans à venir les appareils électroménagers resteront *grosso modo* ce qu'ils sont aujourd'hui.

Les objets à obsolescence rapide. Dans le domaine de l'électronique, de l'information et des télécommunications, l'obsolescence des technologies se mesure en mois. Si les avancées réalisées sont dues à d'énormes investissements, aussi bien en moyens financiers que de matière grise, elles témoignent aussi d'une modification de la sensibilité humaine qui rend ces marchés très porteurs. Pour la majorité de nos contemporains, le fait d'utiliser un téléphone miniaturisé ou de pouvoir se connecter instantanément à un réseau d'informations disponibles, parce que numérisées, représente de réelles sources de plaisir esthétique. L'évolution rapide des formes et des technologies dans ce domaine reflète celle de la sensibilité. L'informatique et les télécommunications accompagnent et confortent une nouvelle manière de percevoir le réel et virtuel, la présence et l'absence, la diachronie et la simultanéité. Cet univers en pleine mutation verra apparaître de nouveaux produits, et se modifier rapidement ceux qui existent.

Les « futuribles ». Parmi les nouveaux arrivants dans nos foyers, on annonce depuis longtemps le robot. En fait, pour peu qu'on décide de lui attribuer des

2. Voir André Leroi-Gourhan, *Le Geste et la Parole*, Paris, Albin Michel, 1964.

fonctions domotiques, l'ordinateur domestique dispose d'une intelligence suffisante pour exécuter un certain nombre de tâches, mais qui ne relèvent pas vraiment des attentes de la « ménagère » : les corvées courantes ne semblent pas nécessiter d'intelligence artificielle. En revanche, les robots pourraient avoir leur chance si on leur accordait une fonction ludique. Entre jeu et réalité virtuelle, le chien-robot de Sony semble plus adapté à l'environnement urbain qu'un vrai chien. De plus, pour un chien robotisé, la vie en appartement ne serait pas un calvaire...

L'évolution de la sensibilité Lorsque les industriels s'interrogent sur les perspectives de succès d'un nouveau produit ou d'un service, ils étudient les facteurs qui peuvent déterminer sa réception. La question est de savoir à quelles attentes – réelles ou encore virtuelles – le nouveau projet a des chances de correspondre ; en quoi il rencontre la sensibilité des consommateurs. Parmi ces formes de la sensibilité générale, nous indiquerons rapidement les tendances les plus nettes, dès lors qu'il s'agit de déterminer le destin des objets domestiques.

La perception de l'espace et du temps devient plus subjective en fonction d'un individu qui se considère isolément. Les objets les plus intéressants sont donc ceux qui se portent sur le corps, ou qui suivent le corps de près, tels les mobiles et portables. Le principe du meuble (ou de l'appareil stable) est volontiers remplacé par celui de la prothèse. Tout lien avec les installations fixes est ressenti comme une gêne, tout gain en termes d'autonomie et de liberté de mouvement comme un avantage. C'est le triomphe du sans-fil.

La disparition des objets, cette vieille lune des écrivains de science fiction[3], devient enfin possible grâce à l'électronique et à la miniaturisation. Des objets immatériels. Qui se matérialisent dès qu'on en a besoin, en adoptant une position de repli aussitôt après. Des formes intelligentes, capables de suivre tout mouvement du corps, de se dilater, de se plier, de s'approcher ou de s'éloigner sur commande. Objets rêvés, dont la matière n'aurait pas une forme préétablie ; rêves d'une mécanique et d'une géométrie plus floues, dont les coordonnées seraient dessinées par la volonté humaine et non par l'espace euclidien.

Le décor fictionnel : nous habitons une galaxie d'objets devenus virtuellement invisibles, qui demeurent en tant que supports, sur lesquels on pourra projeter n'importe quelle image, n'importe quelle forme[4]. Dans l'ère mécanique la forme raconte une fonction mécanique de l'objet. Dans l'ère de l'électronique et de l'information numérisée la forme est un décor, gratuit, fictionnel, qui ajoute à l'objet d'autres dimensions. Des informations, des sensations, des virtualités matérialisées.

L'augmentation de réalité redessine, elle aussi, les contours des objets : le consommateur ne regarde ou n'utilise pas un produit pour ce qu'il est. Un nouveau besoin se manifeste, qui est celui de le prolonger par des informations (un réfrigérateur qui aide à gérer les stocks), par des fonctions supplémentaires (des vêtements qui détendent ou qui soignent), par des connexions avec d'autres objets. L'objet n'existe plus en tant que tel, mais comme devenir, ensemble des manipulations qu'il autorise.

Le rapport avec la matière devient problématique. En effet, le monde pourrait rapidement être encombré par des produits de plus en plus complexes et difficiles à maîtriser, et cependant en voie d'obsolescence accélérée[5]. L'accumulation de ceux qui ne tardent pas à se transformer en déchets n'a pas échappé aux industriels et aux designers. Deux solutions se profilent. Il y aura des produits qui intègrent leur fin, nécessairement faciles à recycler, évolutifs, de façon à voir prolongée leur durée de vie. D'autres, au contraire, s'annoncent plus durables. Leurs formes ? Authentiques, hors du temps, classiques, au sens le plus noble du terme.

Quelques prévisions Avançons maintenant quelques hypothèses sur les changements qui vont s'opérer dans le cadre domestique au cours des prochaines années.

Il est fort probable que l'électronique et les télécommunications sont l'ensemble qui en connaîtra le plus. Comme nous allons le voir, ces mutations se dessinent déjà en partie.

Le centre du foyer est, dès à présent, tout ce qui permet de communiquer des données, des sons et des images, et de moins en moins ce qui concerne les fonctions (sommeil, nourriture, hygiène), lesquelles, allant désormais de soi, occupent une place réduite dans le budget temps des années à venir. D'ailleurs, ces formes de communication ne constituent pas à proprement parler une activité à part entière, elles sont une « solution » où baignent les autres activités, comme autrefois la vie familiale baignait dans la chaleur de la flamme.

L'écoute de la musique et la consommation d'images sont un bon exemple. On s'entourera de plus en plus de musique, sous toutes ses formes, mais de façon fragmentée, diluée, dans le contexte d'autres activités. La manipulation se fera plus importante que l'écoute elle-même : on choisira, achètera, gardera, stockera, compilera de la musique. Comme pour tout autre matériel, c'est sur ordinateur ou par téléphone que s'opérera le choix.

Les équipements liés la musique se miniaturisent et s'intègrent à des nouveaux ensembles. L'ordinateur ou le téléphone semblent donc appelés à être de plus en plus les diffuseurs musicaux de demain.

L'un des trois terminaux actuels – l'ordinateur, le téléphone, la télévision – étant amené à disparaître, en bonne logique, on peut imaginer que le téléphone

3. Voir, entre autres, Stanislas Lem, *Retour des étoiles*, Paris, Denoël, 1994, p. 120.

4. Encore un rêve interprété par un auteur de science-fiction, Greg Bear, dans *Eon*, Paris, Le Livre de poche, 1999, chap. 9.

5. Sujet analysé dans un roman de Philip K. Dick, *Ubik*, Paris, Gallimard, coll. « 10/18 », 1999.

devrait conserver sa fonction d'échange à deux, tandis que l'ordinateur paraît le plus adapté à la connexion avec des réseaux.

La radio, objet symbole de tout le xxe siècle, s'efface en tant qu'objet. Elle est désormais un tuner intégré à des appareils sono complexes. Il est vrai que le rapport à la musique « en boîte » s'est modifié au point qu'écouter un air que l'on n'a pas choisi, sans possibilité d'intervenir personnellement (enregistrer, revenir en arrière, se régaler d'une autre prise de son du même passage... tout ce que permettra le son numérisé) est chose de plus en plus rare.

Les automates, ou robots, auront intérêt à faire leur apparition comme jouets ou animaux de compagnie. Le « tamagotchi » devient rapidement lassant, tandis qu'un jouet doté de programmes variés, de mobilité et de fonctions appropriées (nettoyer la moquette, apporter le journal, vous rejoindre là où vous êtes pour vous rappeler un rendez-vous ou l'agenda du jour) devrait connaître un meilleurs succès.

Concluons ces prévisions avec la tendance — qui, nous semble-t-il, va s'accentuer — à concevoir la maison comme un ensemble d'espaces multifonctionnels. Sur ce chapitre, le présent vient, là encore, conforter nos hypothèses.

La chambre à coucher est le lieu propice au rêve, à la soirée de télévision ou de musique. Elle va héberger de plus en plus d'électronique.

La cuisine — et même la salle de bains — sont aussi des pièces où l'on apprécie un environnement musical, où l'on se sent bien pour téléphoner.

Ces espaces multifonctionnels vont favoriser le développement d'objets portables, dont on peut disposer là où on le souhaite. Leur caractéristique est de graviter autour du corps, de façon relativement indifférente aux lieux domestiques et à leurs fonctions.

Le « look » des ustensiles et agencements devra être interchangeable, par exemple des meubles de cuisine qui ne ressemblent pas à des meubles de cuisine...

Les objets portables créés à l'imitation du téléphone mobile ou du Walkman vont connaître les développements les plus intéressants. N'annonce-t-on pas pour demain un téléphone baladeur musical, une montre téléphone, des terminaux Internet sans fil, permettant enfin une liberté d'action dans l'appartement ?

Giovanni Pavesi
Société Thema, Paris

Composé en Triplex dessiné par Zuzana Licko, 1990

Repères bibliographiques

AMBASZ Emilio, *Italy : the New Domestic Landscape*, New York, Museum of Modern Art, 1972

AMIOT Edith, AZIZOLLAH Jean-Louis, sous le patronage de l'Institut national de la propriété industrielle, *Les Marques françaises. 150 ans de graphismes 1824-1974*, Paris, Historicom Éditions, 1990

ATTWOOD David, *The Radio*, Londres, Aurum Press Ltd, 1997

BARRE-DESPOND Arlette, *Dictionnaire international des arts appliqués et du design*, Paris, Éditions du Regard, 1996

BATAILLE BENGUIGUI Marie-Claire, COUSIN Françoise, *Cuisine, reflets des sociétés*, Musée de l'Homme, Paris, Éditions Sepia, 1996

BAUDRILLARD Jean, *Le Système des objets*, Paris, Gallimard, 1968

BEECHER Catherine E., BEECHER-STOWE Harriet, *The American Woman's Home*, New York, 1869

BEL GEDDES Norman, *Horizons* (1930), rééd. Dover Publication, New York, 1977

BERNÈGE Paulette, *De la méthode ménagère*, Paris, Dunod, 1928

BIZEUL Hervé, *Irremplaçable moulin à légumes. Histoires, mythes et influences. 100 recettes*, Paris, Éditions Glenat, 1997

BOISSIÈRE Olivier, *Streamline. Le design américain des années 30-40*, Paris, 1987

BRANZI Andrea, *La Casa calda*, Milan, 1984 ; traduction française, *Le Design italien : La Casa calda*, Paris, L'Equerre, 1985

BRETON Paul, *l'Art ménager*, Paris, Flammarion, 1963

BUDEENSIEG Tilmann, en collaboration avec Henning ROGGE, *Industriekultur, Peter Behrens and the AEG, 1907-1914*, Berlin, Mann Verlag, 1979

BUSH Donald J., *The Streamlined Decade*, New York, George Braziller, 1975

BURKHARDT François, FUCHS Heinz, *Products form Geschichte. 150 Jahre Deutsches Design*, Berlin, 1988

CHEVREL Claudine, CORNET Béatrice, DEVYNCK Thierry, GRICHOIS Marie-Catherine, GUÉLON Jeanne, LELIEUR Anne-Claude, MOSELLE Paul-André, PITOISET Sylvie, *Le Plumeau, la cocotte et le petit robot. Un siècle d'arts graphiques et d'arts ménagers*, Paris, Éditions d'Art Somogy, 1994

DECELLE Philippe, HENNEBERT Diane, LOZE Pierre, *L'Utopie du tout plastique 1960-1970*, Bruxelles, Fondation pour l'architecture, 1994

DREYFUSS Henry, *Industrial Design. A pictorial accounting 1929-1957*, Éditions Donald Holden, 1957

FREDERICK Christine, *The New Housekeeping. Efficiency Studies in Home Management,* New York, Garden City, 1914

GASTON-BRETON Tristan, DEFEVER KAPFERER Patricia, *La Magie Moulinex*, Paris, Le Cherche Midi éditeur, 1999

GIEDION Siegfried, *Mechanization Takes Command*, New York, Oxford University Press Inc., 1948 ; trad. française, *La Mécanisation au pouvoir,* Paris, Centre Georges Pompidou, 1980 ; rééd. *La Mécanisation au pouvoir*, tome 1 : « Les Origines », tome 2 : « Technique et Environnement humain », tome 3 : « Les Machines dans la maison », Paris, Bibliothèque Médiation, Denoël/Gonthier, 1983

GILBRETH Frank B., *Principles of Scientific Management*, 1938

GRIEF Martin, *Depression Modern. The Thirties Style in America*, New York, Universe Books, 1975

GUIDOT Raymond, « Au grand bazar des nouveautés », *Les Années 50*, Paris, Centre Georges Pompidou, 1988

GUIDOT Raymond, *Histoire du design 1940-1990*, Paris, Hazan, 1990

GUIDOT Raymond, *Histoire du design 1940-2000,* Paris, Hazan, 1999

PASSER Harold C., *The Electrical Manufacturers 1875-1900*, Cambridge University Press, 1953

HAWES Robert, en collaboration avec Gad SASSOWER, *Bakelite Radios*, Apple Press, Londres, 1996

HIESINGER Kathryn B., MARCUS George, H. *Landmarks of Twentieth Century Design,* Abbeville Press, New York, 1993

KASUGA MATRANGA Victoria, KOHN Karen, *A Celebration of America Twentieth Century at Homes Housewares*, National Housewares Manufacturers Association, 1997

KAUFMANN Jean-Claude, *Le Cœur à l'ouvrage. Théorie de l'action ménagère*, Paris, Nathan, 1997

KLATT Jo, STAEFFER Günter, *Braun+Design Collection*, Hambourg, 1995

KREPS Juanita, *Sex in the Marketplace : American Woman at Work*, Baltimore, 1971

LUPTON Ellen, *Mechanical Briders. Women and Machines from Home to Office*, Cooper-Hewitt National Design Museum, Smithsonian Institution, Princeton Architectural Press, New York, 1993

MC DERMOTT Catherine, *Design Museum Twenty Century Design*, Carlton Books Ltd, Londres, 1997

Les Plus Beaux Objets, Paris, Musée de Radio France, 1996

NOBLET Jocelyn de, *Design. Le Geste et le Compas*, Paris, Éditions Aimery Somogy, 1988

NOBLET Jocelyn de (dir.), *Design, miroir du siècle*, Paris, Flammarion, 1993

Nouveau Larousse Ménager, librairie Larousse, 1955

POLETTI Raffaella, *La Cucina elettrica. Les petits électroménagers de cuisine des origines aux années soixante-dix ; projets Philips pour Alessi* ; trad. française, Milan, Electa, 1994

ROUAUD Jacques, *Soixante ans d'arts ménagers,* tome 1 : « 1920-1939, le confort. » ; tome 2 : « 1948-1983, la Consommation », Paris, Éditions Syros Alternatives, 1989

SIMONDON Gilbert, *Du mode d'existence des objets techniques*, Paris, Aubier, 1958

SOCIETY OF INDUSTRIAL DESIGNERS, *U.S, Industrial Design 1949-1950*, The Cumberland Press Inc., New York, 1949

SPARKE Penny, *Italian Design. 1870 to the Present*, Londres, Thames and Hudson, 1982

TAYLOR Frederick, *The Principle of Scientific Management*, New York, 1911

YELAVICH Susan, *Design for Life*, New York, Cooper-Hewitt National Design Museum, Smithsonian Institution, 1997

The Machine Age in America, New York, The Brooklyn Museum/Harry N. Abrams Inc., 1986

Catalogues d'exposition

La Marque, Paris, Centre Georges Pompidou, 1977

Eureka 83. Un siècle d'inventions françaises, Paris, Centre Georges Pompidou, 1983

Industrial Design. Unikate Serienerzeugnisse, Die Neue Sammlung ein neuer Museumsty, Munich, Prestel-Verlag, 1985

Design Français 1960-1990 trois décennies, Paris, Centre Georges Pompidou/APCI, 1988

L'École d'Ulm : textes et manifestes, Paris, Centre Georges Pompidou, 1988

Le Téléphone au fil du temps. 1889-1989. 100 ans de téléphone public, Paris, Musée d'art moderne de la Ville de Paris, 1990

Raymond Loewy, un pionnier du design américain, Paris, Éditions du Centre Georges Pompidou, coll. « Monographie », 1990

Philips, Honderd, 1891-1991, Eindhoven, Philips,1991

Oïkos, von der Feuerstelle zur Mikrowelle, Haushalt und Wohnen im Wandel, Berlin, Anabas- Verlag, 1992

Tout électrique. 100 ans d'AEG électroménager, Centre de Culture industrielle, et de la division AEG appareils ménagers, Nuremberg, 1992

Roger Tallon, itinéraire d'un designer industriel, Paris Éditions du Centre Pompidou, coll. «Monographie», 1993

Pathé, premier empire du cinéma, Paris, Éditions du Centre Georges Pompidou, 1994

Histoires de cuisines, Paris, Musée national d'histoire naturelle, 1996

Miele, 1899-1999. Voyage à travers 100 ans d'histoire, Miele, Gütersloh, 1999

Revues

L'Art Ménager (1927-1939), devenue *Arts Ménagers* (1949-1983)

Esthétique Industrielle (1951-1965), devenue *Design Industrie* en 1965(1965-1974)

Formes Utiles (1950-1981)

Bulletin *D'Hier à Demain*, Juvisy, Association D'Hier à Demain (1992-1998)

Culture technique, n° 3 spécial « Machines au foyer », septembre 1980, et n° 21 « Communications techniques et usages », Éditions du CRTC, février 1992

Index

des noms et des firmes

Les Bons Génies de la vie domestique
exposition présentée au Centre Pompidou
Galerie Sud
11 octobre 2000– 22 janvier 2001

EXPOSITION
Commissaires : **Raymond Guidot, Marie-Laure Jousset**
assistés de **Raffaella Cattaneo, Marielle Dagault-Ferrari**
avec la collaboration de **Nicole Chapon-Coustère**

Assistante de l'exposition : **Nicole Gersen**
avec la collaboration d'**Orida Djada**
Scénographe : **Nathalie Crinière**
Régisseur des œuvres : **Viviane Faret**
Régisseur d'espace : **Alain Chaume**, assisté de **Jackie Le Thery**
Eclairagiste : **Philippe Fourrier**, assisté de **Thierry Kouache**
Graphiste : **Western Design**

Réalisations audiovisuelles

Chef du service audiovisuel : **Harouth Bezdjian**
Conception des audiovisuels des « period rooms » : **Philippe Puicouyoul**
Réalisation : **Patrick Arnold, Bernard Clerc-Renaud, Philippe Puicouyoul,**
Infographiste : **Bernard Lévêque**
Chargée de production : **Myriam Bezdjian**
Chargée de production et des droits : **Murielle Dos Santos**
Recherches documentaires : **Daniel Catan**
Video : montage **Nadia Lorand**, infotruquiste **Yann Bellet**,
conformation **Christian Bahier, Didier Coudray**,
mixage son **Nicolas Joly**
Création sonore : **Gérard Chiron**
Laboratoire photographique : **Guy Carrard, Valérie Leconte, Ingrid Lunenberger, Francine Mingot, Alain Pacouret, Daniel Valet**
Installation et maintenance : **Vahid Hamidi**, assisté de **Patrick Gapenne, Eric Hagopian** et **Jacques-Yves Renaud**
Photographes : **Georges Méguerditchian, Philippe Migeat, Jean-Claude Planchet, Bertrand Prévost, Adam Rzepka**

« Angèle Dust et les machines », vidéo sur une idée originale des **Serial Cleaners**, réalisation de **Jérôme Lefdup**

« Les Fées du logis », vidéo de **Françoise Dumas** et **Nicolas Stern**, production **INA** et **France 3**

Direction de la Production

Directeur : **François Belfort**
Chef du service des manifestations : **Martine Silie**
Chef du service administratif et financier : **Marianne Noël**
Chef du service de la régie des œuvres : **Annie Boucher**
Chef du service architecture et réalisations muséographiques : **Katia Laffitte**, et **Colette Oger**, chargée de production
Ateliers et moyens techniques : **Noël Viard**, chef de service,
avec la collaboration de **Gérard Herbaux**, et la participation de **Alain Boton, Michel Boukreis, Philippe Chagnon, Philippe Delapierre, Pascal Dossat, Emmanuel Gentilhomme, Dominique Gentilhomme, Jean-Marc Mertz, Moklos Farhat, Salim Saoud**

Direction de la Communication

Directeur : **Jean-Pierre Biron**
Edith Bonnenfant, directeur adjoint
Laurent Claquin, adjoint au directeur
Responsable du pôle presse : **Carol Rio**
Attachée de presse : **Emmanuelle Toubiana**
Mécénat : **Stéphanie Hussonnois**
Responsable du pôle graphique : **Christian Beneyton**

Le Centre Georges Pompidou tient à remercier chaleureusement les étudiants stagiaires qui ont activement contribué à la préparation de l'exposition
Alexandre Comte, Cécile Coupinot, Anne Lucie Crosson, Marion Dana, Romain Delattre, Marion Gintzburger, Julie Laville, Delphine Levilland, Jasmin Oezcebi, Marion Pohu, Marie Pottier

CATALOGUE
Raymond Guidot, Marie-Laure Jousset, directeurs d'ouvrage

Étienne Robial, conseiller artistique
Pierre Dusser, conception graphique et mise en page
Marie-Claire Llopès, chargée d'édition
Marielle Dagault, iconographie
Patrice Henry, fabrication

Direction des Éditions

Martin Bethenod, directeur
Philippe Bidaine, directeur adjoint
Françoise Marquet, responsable du service éditorial
Claudine Guillon, gestion des droits
Nicole Parmentier, administration des éditions
Danièle Alers, Evelyne Poret, attachées de presse

Crédits photographiques

A.M. Cassandre, Paris, tous droits réservés : p. 65 bas.
AEG Allemagne : p. 37 milieu, 41 haut dr., 82 haut dr., 84, 85, 86 bas g. et bas dr., 94 bas dr., 96 haut dr.
Agence Dite, Paris : p.115 bas, 116 bas.
AKG, Paris : p. 67 haut g.
Apple, États-Unis : p. 170 haut, 171 haut.
Archives André Keime Robert-Houdin : p. 59.
Archives De Lucchi, Milan, ph. Giorgio Molinari : p. 154 bas, p. 155.
Archives Jacques Rouaud, Paris : p. 43, 45 bas dr., 48, 49 bas dr., 51 haut, 52, 53 haut g. et haut dr., 54, 55 haut et milieu dr., 56, 57 haut dr.
Archives nationales, Centre des archives contemporaines, Fontainebleau : p. 21 bas, 24 haut g., 46 bas g. et dr., 47 bas, 50 milieu dr. et milieu g., 51 milieu et bas, 53 bas, 55 milieu g., 57 bas g. et bas dr., 58.
Archives Peyrière, Paris : p. 31 haut et milieu g.
Artifort, Italie : p. 139 bas g.
Balfet H. : p. 12 bas dr.
Bang & Olufsen, Danemark : p. 160 haut, p. 165 milieu.
Berthelot J., Boulogne-sur-Seine : p. 12 bas g.
Bibliothèque Forney, Ville de Paris, Paris : p. 24 bas dr. et bas g., 25, 27, 28 haut g., 29, 30 milieu dr., 31 milieu dr. et bas dr., 32, 34, 35 dr., 39 haut dr., 65 haut, 66, 67 dr., 68 bas dr. et g., 69, 70, 71, 72, 100 haut dr., 121 bas, 125 haut g., 128 haut, 130, 141, 143 haut dr., 144 haut, 146 bas, 149 g.
Centre Georges Pompidou, Paris : J. Faujour : p. 114 haut dr. ; G. Meguerditchian : p. 143 haut g. ; Ph. Migeat : p. 166 bas, 167 haut et bas g. ; J.-C. Planchet : p. 38 bas dr., 39 milieu g., 96 bas, 111, 122 milieu, 124 bas et haut dr., 126 haut g. et milieu bas, 131 bas, 137 milieu g., 138 haut, 144 bas dr., 145 bas, 147 milieu, 154 haut g., 156 bas, 157 milieu dr. et bas dr., 158 haut g., 160 bas, 168 bas ; B. Prévost : p. 112 haut, 137 milieu dr. ; Documentation générale, fonds Raymond Loewy : 110 milieu dr., 113 milieu et bas
Charmet/Explorer, Paris : p. 31 haut dr.
Cité des sciences et de l'industrie, Paris : S. Meunier : p. 40 bas g.
CNC, Paris : p. 148
Coll. Musée de l'homme, Paris : Dansk Folkmuseum, p. 12 haut ; M. Delaplanche : p. 14 bas ; D. Destable, K. Lemzaouda : p. 14 ; M. Duval : p. 11 milieu, p. 13 haut g. ; L. Pales p. 13 bas.
Cousin F., Paris : p. 10, 11 haut, 12 milieu g.
DaimlerChrysler Classic Archives, Stuttgart : p. 98
Devynck Th., Paris : p. 24 haut dr.
Die Neue Sammlung, Staatliches Museum für angewandte Kunst, Munich : p. 109 haut, 115 haut, 121 haut, 124 milieu dr., 125 bas, 139 haut, 153 bas dr., 159 bas g. ; A. Bröhan : p. 93, 101 bas, 112 bas, 113 haut, 114 haut g. et bas dr., 116 haut g. et haut dr., 125 haut dr., 142 bas g., 143 bas, 145 haut, 154 milieu g., 165 haut ; C. Hansmann : p. 100 bas.
Dyson Appliances Ltd., Royaume-Uni : p. 169, 183 bas.
Éditions Jean Dupuis, Paris : p. 131 milieu.
Explorer Archives, Paris : Mary Evans, p. 96 haut et milieu g.
Fonds national d'art contemporain, Paris : p. 181.
France Telecom, Direction de la communication, Paris : p. 188 bas.
Getty One Stone, Paris : p.26 bas, 40 haut dr., 114 milieu g.
Grenand F et P., Orléans : p. 13 milieu dr.
Groupe Electrolux, Senlis : p., p. 167 bas dr., 168 haut, 172, 183 haut.
Groupe Seb, Lyon : p. 99 haut g. (Calor), p. 166 haut dr.
Gufram, Italie : p. 147 haut.
Keystone/L'Illustration, Paris : p. 64 bas, 104 bas.
Kharbine-Tapabor, Paris : p. 36 bas g., 38 haut g. et haut dr., 42 milieu, bas g. et bas dr., 64 haut g., 129 haut, 140, 149 dr.
Miele, Allemagne : p. 101 haut g., 158 bas dr., 184 haut dr.
Moulinex France, Paris : p. 21 haut g., 126 milieu g.,153 haut, 174, 175, 185.
Musée de la poste, Paris : p. 36 haut, milieu, bas dr.
Musée de la publicité, UCAD, Paris : p. 30 bas dr., 45 haut, 46 haut g., 47 haut dr., 49 haut dr., 50 haut g., 68 haut g., 158 haut dr.
Musée du Louvre, Réunion des musées nationaux, Paris : J. Berizzi : p. 15 bas.
Musée Electropolis, Mulhouse : p. 122 bas g. et bas dr., 123, p. 137 haut.
Musée national des arts et traditions populaires, Réunion des musées nationaux, Paris : p. 15 haut, 16, 18 haut dr. ; D. Adam : p. 17 haut g., 17 bas, 18 haut g., milieu, bas, 19 haut, 20.
Necchi, Italie : p. 33 milieu, 127.
Nokia/Agence 14 Juillet, Paris : p. 171 bas.
Paris Match, Paris : Willy Rizzo : p. 128 bas dr.
Péchon, Pierre, Paris : p. 38 bas g.
Pesce, Gaetano, New York : p. 142 bas dr.
Philips Design, Eindhoven : p. 184 milieu et bas g., 186.
Philips France, Suresnes : p. 170 bas.
Prisunic, Paris : p. 142 haut.
Roger Viollet, Paris : p. 17 haut dr., 19 bas, 22 bas, 23, 39 bas dr., 41 bas dr., 95 bas dr. et g., 99 haut dr., bas dr.
Sakamura, Ken, Tokyo : p. 63 bas.
Sharp Corp., Osaka : p. 177.
Sony Corp., Tokyo : p 126 haut dr., 131 haut, 154 haut dr., 157 bas g., 173, 176.
Thomson Multimedia, Paris : p. 182.
Trium France, Nanterre : p. 188 haut et milieu.
Twentieth Century Fox, p. 124 milieu g.
Vaye Marc, Paris : p. 159 haut.
Whirlpool Europe, Varese : p. 187.
Whirlpool France, Suresnes : p. 166 haut g., 184 haut g.
Zanotta, Italie : p. 139 bas dr.

DR : p. 21 milieu dr., 22 haut, 26 haut., 28 bas g. et haut dr, 30 haut g. et bas g., 33 haut, 35 haut, 37 haut et bas, 40 haut g., 41 haut g. et bas g., 44, 60, 61, 62, 63 haut, 81 haut et bas, 82 haut et bas g., bas dr., 83, 86 haut g., 87, 88, 94 haut g., 95 haut, 97, 102, 103, 104 haut, 109 bas, 110 haut g. et bas, 128 bas g., 129 bas, 137 bas, 138 bas, 146 haut, 156 haut

Angèle Dust et les machines,
collage de Zab, Serial Cleaners,
Paris, 2000

Achevé d'imprimer sur les presses de l'imprimerie Mame, Tours,
octobre 2000
Reliure : Sirc, Marigny-le-Chatel